中等职业学校计算机系列教材
zhongdeng zhiye xuexiao jisuanji xilie jiaocai

Flash 8 中

动画制作基础

（第2版）

宋一兵 马震 主编
李高菊 江春玲 史利霞 副主编

人 民 邮 电 出 版 社
北 京

图书在版编目（CIP）数据

Flash 8中文版动画制作基础 / 宋一兵，马震主编
. -- 2版. -- 北京 : 人民邮电出版社，2013.3（2020.6重印）
中等职业学校计算机系列教材
ISBN 978-7-115-30449-0

Ⅰ. ①F… Ⅱ. ①宋… ②马… Ⅲ. ①动画制作软件－中等专业学校－教材 Ⅳ. ①TP391.41

中国版本图书馆CIP数据核字(2012)第309177号

内 容 提 要

Flash是目前最受欢迎的二维矢量动画制作软件之一，在网页制作、多媒体、影视等领域都有着广泛应用。

本书共分13个项目，以项目为引导，循序渐进地讲解如何在Flash 8中创建基本动画元素、引入素材、建立和使用元件，如何制作基本动画、多层动画，介绍ActionScript动作脚本的基本概念和语法规则，通过实例说明如何在动画中应用动作脚本、引入并控制音视频素材。每个项目都配有练习题和实训，可以加深读者对学习内容的理解，轻松掌握Flash动画的设计和制作方法。

本书可作为中等职业学校“动画设计制作”课程的教材，也可供动画创作人员学习参考。

◆ 主　编　宋一兵　马　震
副 主 编　李高菊　江春玲　史利霞
责任编辑　王　平
◆ 人民邮电出版社出版发行　北京市丰台区成寿寺路11号
邮编 100164　电子邮件 315@ptpress.com.cn
网址 http://www.ptpress.com.cn
涿州市京南印刷厂印刷
◆ 开本：787×1092　1/16
印张：13.75　2013年3月第2版
字数：340千字　2020年6月河北第13次印刷

ISBN 978-7-115-30449-0

定价：28.80元

读者服务热线：(010)81055256　印装质量热线：(010)81055316
反盗版热线：(010)81055315
广告经营许可证：京东市监广登字20170147号

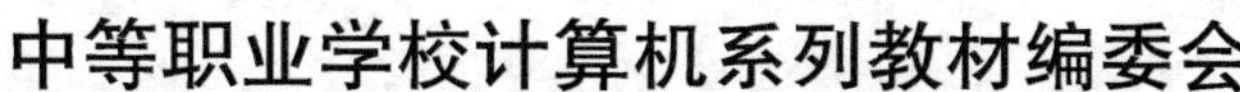

中等职业学校计算机系列教材编委会

序

中等职业教育是我国职业教育的重要组成部分，中等职业教育的培养目标定位于具有综合职业能力，在生产、服务、技术和管理第一线工作的高素质的劳动者。

随着我国职业教育的发展，教育教学改革的不断深入，由国家教育部组织的中等职业教育新一轮教育教学改革已经开始。根据教育部颁布的《教育部关于进一步深化中等职业教育教学改革的若干意见》的文件精神，坚持以就业为导向、以学生为本的原则，针对中等职业学校计算机教学思路与方法的不断改革和创新，人民邮电出版社精心策划了《中等职业学校计算机系列教材》。

本套教材注重中职学校的授课情况及学生的认知特点，在内容上加大了与实际应用相结合案例的编写比例，突出基础知识、基本技能。为了满足不同学校的教学要求，本套教材中的 4 个系列，分别采用 3 种教学形式编写。

- 《中等职业学校计算机系列教材——项目教学》：采用项目任务的教学形式，目的是提高学生的学习兴趣，使学生在积极主动地解决问题的过程中掌握就业岗位技能。
- 《中等职业学校计算机系列教材——精品系列》：采用典型案例的教学形式，力求在理论知识“够用为度”的基础上，使学生学到实用的基础知识和技能。
- 《中等职业学校计算机系列教材——机房上课版》：采用机房上课的教学形式，内容体现在机房上课的教学组织特点，学生在边学边练中掌握实际技能。
- 《中等职业学校计算机系列教材——网络专业》：网络专业主干课程的教材，采用项目教学的方式，注重学生动手能力的培养。

为了方便教学，我们免费为选用本套教材的老师提供教学辅助资源，教师可以登录人民邮电出版社教学服务与资源网（http://www.ptpedu.com.cn）下载相关资源，内容包括如下。

- 教材的电子课件。
- 教材中所有案例素材及案例效果图。
- 教材的习题答案。
- 教材中案例的源代码。

在教材使用中有什么意见或建议，均可直接与我们联系，电子邮件地址是 wangping@ptpress.com.cn。

中等职业学校计算机系列教材编委会

2012 年 11 月

第 2 版前言

随着计算机技术的发展，动画设计与制作的应用范围越来越广泛。职业学校的 Flash 动画课程教学存在的主要问题是传统的教学方式与学生的认知能力、兴趣特点有较大的差异。

本书根据教育部 2010 年颁布的《中等职业学校专业目录》中关于专业技能和职业岗位的要求而编写，目的是适应中等职业学校动画设计相关课程的教学任务。在编写上尝试打破原来的课程内容体系，按学习的一般规律和动画制作特点来构建技能培训体系。既强调基础，又力求体现操作和技能，教学内容与国家职业技能鉴定规范相结合。在编写体例上采用项目教学的形式，简洁的文字表述，加上大量实例，直观明了，便于读者学习。通过本课程的学习，学生将具备利用 Flash 8 进行二维动画作品设计的基本技能，达到相关任职和考级需要。

本书严格贯彻了项目式教学理念，以项目为牵引，合理组织和设计教学内容，不仅注重项目的典型性，也注重其趣味性。为了使读者能够迅速掌握 Flash 8，书中对于每个知识点都利用典型案例来解析，用详细的操作步骤引导学生跟随练习，进而通过课堂实训使学生自己动手，熟悉软件中各个绘图和编辑工具的使用方法，掌握各种类型动画的设计方法，并理解动作脚本在复杂动画和交互式动画设计中的重要作用。

本书的课时安排如下表所列，教师可以参考进行教学的安排。

项 目	课 程 内 容	课 时 分 配	
		讲授	实践训练
项目一	入门：认识 Flash 动画	1	2
项目二	线条与色彩：乡间小屋	1	2
项目三	图形编辑：烛台烛光	2	2
项目四	元件：水晶导航图标	2	2
项目五	滤镜：软件界面	2	2
项目六	简单动画：体育大竞技	2	2
项目七	变形动画：口腔健康	2	2
项目八	动画特效：戒指广告	2	2
项目九	脚本动画：雾里看花	4	2
项目十	交互动画：五彩飞花	2	2
项目十一	组件、行为与演示文稿	2	2
项目十二	音视频应用：绘声绘影的动画	2	2
项目十三	课件：组装实验仪器	2	4
课 时 总 计		26	28

本书由宋一兵、马震担任主编，李高菊、江春玲任副主编，参加编写工作的还有沈精虎、黄业清、谭雪松、向先波、冯辉、计晓明、滕玲、董彩霞、管振起等。

由于作者水平有限，书中难免存在疏漏和不妥之处，恳请广大读者批评指正。

编者

2012 年 12 月

目 录

项目一

入门：认识 Flash 动画

二维画面是指平面上的画面。无论纸张、照片或计算机屏幕上显示的画面立体感有多强，终究只是在二维空间上模拟真实的三维空间效果。二维动画是对手工传统动画的改进，就是可以事先将手工制作的原动画逐帧输入计算机，由计算机帮助完成画线上色的工作，并且由计算机控制完成记录工作。

Flash 作为目前主流的二维动画制作工具，以其绚丽的画面效果、丰富的网络功能和强大的交互能力，赢得了人们的普遍喜爱。目前，世界上几乎所有的网站都使用 Flash 动画来装扮自己的站点，几乎所有的浏览器都安装了能够播放 Flash 动画的插件。这也为 Flash 动画的应用和普及奠定了坚实的基础，使其成为网络动画行业事实上的工业标准。对于动画设计人员来说，Flash 是其进行网络动画设计的必备工具；对于广大的网络爱好者而言，Flash 是其展现自我的最佳手段。

本项目主要通过以下几个任务完成。

- 任务一　了解动画设计的基础理论和知识
- 任务二　认识 Flash
- 任务三　制作彩球弹跳动画
- 任务四　作品测试与导出发布

学习目标

了解动画的定义和基本知识。
掌握 Flash 动画的特点、分类及基本操作。
掌握 Flash 动画的设计、测试与发布的方法。

任务一　动画设计基础

虽然许多人是看着动画片长大的，但对于“什么是动画”这一问题，可能回答正确的人不多。动画究竟是什么呢？动画是一门在某种介质上记录一系列单个画面，并通过一定的速率回放所记录的画面而产生运动视觉的技术。动画中包含了大量的多媒体信息，融合了图、文、声、像等多种媒体形式。

（一）动画的生理学基础

在公元前两千年的埃及古墓壁画中，已绘制出描述摔跤动作的连续画面，摔跤动作形象

生动，并且动作连续有序。当观赏者随着走路移动身体观看这些画面时，就会产生画中人物动起来的错觉。这种把不同时间发生的动作通过分解分别画出来，利用观者身体位置的移动，使绘画产生了运动和时间的效应，反映出人类对动作连续表现的欲望。为什么许多不动的图画在旋转时能造成活动的感觉呢？产生这种现象是人们视觉生理和心理作用的结果。

(1) 视觉暂留

视觉暂留是一种视觉生理的运动知觉。19 世纪 20 年代，英国科学家发现了人眼的“视觉暂留”现象。人体的视觉器官，在看到的物象消失后，仍然可以暂时保留视觉的印象。经科学家研究证实，视觉印象在人的眼中大约可保持 0.1s 之久。如果两个视觉印象之间的时间间隔不超过 0.1s，那么前一个视觉印象尚未消失，而后一个视觉印象已经产生，并与前一个视觉印象融合在一起，就形成视觉暂留现象。电影就是利用人们眼睛的这个特点，将画面内容以一定的速度连续播放，从而造成景物活动的感觉。如雨点下落形成雨丝、光点旋转变成圆环、风扇叶片快速转动成为圆盘等，都是由于视觉暂留的作用，说明影像在视网膜中的重叠现象。根据视觉暂留原理，人们掌握了把静止的影像转化为活动画面的秘密。

(2) 似动现象

似动现象是视觉生理另一特殊形式的运动知觉。例如，在屏幕先呈现一条竖线，后在它的旁边再呈现一条横线，若两线出现的相隔时间短于 0.2s，则可似乎见到竖线向横线倒下的过程，这种情况就叫似动现象。这是由于第一个刺激（竖线）消失后，它所引起的神经兴奋还能持续一个短暂的时间，在这短暂时间内出现的第二个刺激（横线）所引起的神经兴奋，就会与第一个刺激所引起的持续兴奋相连，而使人感到竖线在做倒下运动。

(3) 视觉心理

假设处在高处的物体，一旦失去了依托，必然会下落到地面；假设步行着的人，迈了左脚以后，还会迈出右脚。这些经验能将连续出现在眼前的某一运动阶段的各个静止画面，很自然地联系起来，形成动感，看到了实际上没有见到的现象。

传统的动画，是产生一系列动态相关的画面，每一幅图画与前一幅图画略有不同，将这一系列单独的图画连续地拍摄到胶片上，然后以一定的速度放映这个胶片来产生运动的幻觉。根据人的视觉滞留特性，为了要产生连续运动的感觉，每秒钟需播放至少 24 幅画面。所以一个1分钟长的动画，需要绘制1440张不同的画面。为了表现动画中人物的一个动作，如抬手，动画制作人员需根据故事要求设计出动画人物动作前后两个动作极端的关键画面，接着，动画辅助人员在这两个关键画面之间添加中间画面的工作，使画面逐步过渡到第二关键画面，以期在放映时人物的动作产生流畅、自然和连续的效果。

（二）动画的定义

动画有各种不同的定义。著名动画艺术家约翰•汉纳斯（John Halas）认为“运动是动画的本质”，也有人认为“动画就是运动着和变化着的图形”。可见，运动和变化是动画的灵魂。

动画有多个英文名称，如 animation、cartoon、animated cartoon，其中 animation 源自于拉丁文字根的“anima”，意思为灵魂、赋予……以生命，引申为使某物活起来的意思，所以 animation 可以解释为经由创作者的安排，使原本不具生命的东西仿佛获得生命一般地活动。动画是通过连续播放一系列画面，给视觉造成连续变化的图画。它的基本原理与电影、电视一样，都是视觉原理。常见的动画关键词除了动画以外，还包括卡通和动画片。

(1) 动画

“动画”顾名思义是一种活动的、被赋予生命的图画。“动画”一词，起源于第二次世界大战前的日本，当时日本把用线条描绘的漫画称为“动画”。二战以后，则把线绘、木偶等形式制作的影片统称为“动画”。这种出现在电影和后来电视中的活动图画，是把人为绘制的、表现动体运动过程的一幅幅静止的图画，运用现代科学技术，通过逐格拍摄或逐帧录制的方法，记录到胶片、磁带等储存载体上，再以一定速度，连续地在屏幕上呈现，使其活动起来。

随着科技发展，现今的动画可以通过计算机生成和适时播放，从制作方式到观念，较传统动画都产生了革命性的变化。

当今，在美、日等国家，动画已作为一种现代产业，由影视片出品，延伸到书刊画册、录像带、VCD 等音像制品，进而发展到以动画人物、形象为依托的文具、玩具、服装、工艺等其他衍生的产品，甚至扩大到与此相关的公园、游乐园等。从而大大超越了其原有的含义越来越广地渗透到人们的生活之中，并过渡到商业化阶段。“动画”定义的界限也越来越模糊，它的表现形式极为自由，充满着个性与创意。无论是报刊电视等大众媒体、文化娱乐、日常生活，还是科技教育各个领域，都是它所涉及的对象，都有它的踪影。“动画”已成为使用率最高、最大众、最普及和最通俗的美术形式。

(2) 卡通

动画又称“卡通”。“卡通”一词是 Cartoon 的译音，最早起源于文艺复兴时期的意大利，原是指当时在绘制大型壁画之前，在厚纸板上所画的底稿。“卡通电影”早期的意思是指，用绘画语言讲述故事的电影形式，也是相对于“真人电影”而言的名称。20 世纪初的卡通电影，风格简练轻松，往往充满幽默讽刺的漫画意味。而现代卡通艺术则包括了 3 种独立又相互关联的艺术形式——漫画、连环画、动画片，并已成为它们和“活动的视觉造型艺术”的代名词。

(3) 动画片

动画片（即动画影片），是用图画表现戏剧情节的一种影片，可以说是画出来的电影片，又称卡通片。

当人们经过无数次实验，终于能够使静止的图画动起来的时候，与首次在银幕上重现现实影像和动作的电影一样，确实是非常新奇和了不起的事情。但是后来，随着最初新奇感的消失，人们就不再只是停留在仅使生活中的影像与动作能够在屏幕上简单地复现，或是使原来静止的图画能够活动起来，而是逐步地把这种技术发展成为用于表达思想情感的手段和艺术。所以运用活动图画来表现戏剧情节的电影片，就不再只是简单的“活动图画”，而是把绘画艺术和电影技艺相结合，成为以绘画和电影两个基本要素构成的、具有电影思维和语言的“运动绘画艺术”，是一种独特的、综合性的影片形式。我们纵观历来国内外优秀动画片，都是因为其所具有的高度艺术性和表现力而给人们留下深刻的印象。

由于动画的发展表现手法和形式的越来越多样，现今所谓的“动画片”，实际上也早也不仅仅是指画出来的影片，还包括剪纸、木偶等所有以平面或立体美术形式所制作的影片，故在我国又统称为“美术片”。

计算机动画是计算机图形图像技术与传统动画艺术结合的产物，它是在传统动画基础上使用计算机图形图像技术而迅速发展起来的一门动画技术。传统手工动画在百年历史中形成了自己特有的艺术表现风格，而计算机图形图像技术的加入不仅发扬了传统动画的特点，缩短了动画制作周期，而且给动画加入了更加绚丽的视觉效果。

计算机动画是使用计算机来产生运动图像的技术，大致可以分为两类。

- 二维动画系统又叫做计算机辅助动画制作系统，又称为关键帧系统。计算机可以自动生成两幅关键画面间的中间画。
- 三维动画系统，属于计算机造型动画系统，该系统是用数学描述来绘制和控制在三维空间中运动的物体。

（三）图像基本知识

(1) 图形与图像

计算机屏幕上显示出来的画面与文字通常有两种描述方法：一种方法称为矢量图形或几何图形方法，简称图形（Graphics）；另一种描述画面的方法叫做点阵图像或位图图像方法，简称图像（Image）。

矢量图形是用一个指令集合来描述的。这些指令描述构成一幅图的所有直线、圆、矩形、曲线等的位置、大小、形状、颜色等要素，显示时需要相应的软件读取这些指令，并将其转变为计算机屏幕上所能够显示的形状和颜色。矢量图形的优点是可以方便地实现图像的移动、缩放和旋转等变换。绝大多数 CAD 软件和动画软件都是使用矢量图形作为基本图形存储格式的。

位图图像是由描述图像中各个像素点的亮度与颜色的数值集合组成的。它适合表现比较细致、层次和色彩比较丰富、包含大量细节的图像。它所需空间比矢量图形大得多，因为位图必须指明屏幕上显示的每个像素点的信息。显示一幅图像所需的 CPU 计算量要远小于显示一幅图形的 CPU 计算量，这是因为显示图像一般只需把图像写入到显示缓冲区中，而显示一幅图形则需要 CPU 计算组成每个图元（如点、线等）的像素点的位置与颜色，这需要较强的 CPU 计算能力。

(2) 亮度、色调和饱和度

只要是彩色都可用亮度、色调和饱和度来描述，人眼中看到的任意一种彩色光都是这 3 个特征的综合效果。那么亮度、色调和饱和度分别指的是什么呢？

- 亮度：是光作用于人眼时所引起的明亮程度的感觉，它与被观察物体的发光强度有关。
- 色调：是当人眼看到一种或多种波长的光时所产生的彩色感觉，它反映颜色的种类，是决定颜色的基本特性，如红色、棕色就是指色调。
- 饱和度：指的是颜色的纯度，即掺入白光的程度，或者说是指颜色的深浅程度，对于同一色调的彩色光，饱和度越深颜色越鲜明或说越纯。

通常把色调和饱和度通称为色度。一般说来，亮度是用来表示某彩色光的明亮程度，而色度则表示颜色的类别与深浅程度。除此之外，自然界常见的各种颜色光，都可由红（R）、绿（G）、蓝（B）3 种颜色光按不同比例相配而成；同样绝大多数颜色光也可以分解成红、绿、蓝 3 种色光，这就形成了色度学中最基本的原理——三原色原理（RGB）。

(3) 分辨率

分辨率是影响位图质量的重要因素，分为屏幕分辨率、图像分辨率、显示器分辨率和像素分辨率。在处理位图图像时要理解这四者之间的区别。

- 屏幕分辨率：指在某一种显示方式下，以水平像素点数和垂直像素点数来表示计算机屏幕上最大的显示区域。例如，VGA 方式的屏幕分辨率为 640×480，

SVGA 方式为 1 024 × 768。

- 图像分辨率：指数字化图像的大小，以水平和垂直的像素点表示。当图像分辨率大于屏幕分辨率时，屏幕上只能显示图像的一部分。
- 显示器分辨率：指显示器本身所能支持各种显示方式下最大的屏幕分辨率，通常用像素点之间的距离来表示，即点距。点距越小，同样的屏幕尺寸可显示的像素点就越多，自然分辨率就越高。例如，点距为 0.28 mm 的 14 英寸显示器，它的分辨率即为 1 024 × 768。
- 像素分辨率：指一个像素的宽和长的比例（也称为像素的长度比）。在像素分辨率不同的计算机上显示同一幅图像，会得到不同的显示效果。

(4)　图像色彩深度

图像色彩深度是指图像中可能出现的不同颜色的最大数目，它取决于组成该图像的所有像素的位数之和，即位图中每个像素所占的位数。例如，图像深度为 24，则位图中每个像素有 24 个颜色值，可以包含 16 772 216 种不同的颜色，称为真彩色。

生成一幅图像的位图时要对图像中的色调进行采样，调色板随之产生。调色板是包含不同颜色的颜色表，其颜色数依图像深度而定。

(5)　图像文件的大小

图像文件的大小是指在磁盘上存储整幅图像所占的字节数，可按下面的公式计算：

```
文件字节数＝图像分辨率（高×宽）×图像深度÷8
```

例如，一幅 1 024×768 大小的真彩色图片所需的存储空间为

```
1 024×768×24÷8＝2 359 296Byte＝2 304KB
```

显然图像文件所需的存储空间很大，因此存储图像时必须采用相应的压缩技术。

(6)　图像类型

数字图像最常见的有 3 种：图形、静态图像和动态图像。

- 图形：一般是指利用绘图软件绘制的简单几何图案的组合，如直线、椭圆、矩形、曲线或折线等。
- 静态图像：一般是指利用图像输入设备得到的真实场景的反映，如照片、印刷图像等。
- 动态图像：动态图像是由一系列静止画面按一定的顺序排列而成的，这些静止画面被称为动态图像的“帧”。每一帧与其相邻帧的内容略有不同，当帧画面以一定的速度连续播放时，由于视觉的暂留现象而造成了连续的动态效果。动态图像一般包括两种类型：对现实场景的记录被称为视频，利用动画软件制作的二维或三维动态画面被称为动画。为了使画面流畅而没有跳跃感，视频的播放速度一般应达到每秒 24 ~ 30 帧，动画的播放速度要达到 20 帧以上。

(7)　常见图像格式

静态图像存储格式主要有 BMP、GIF（Graphics Interchange Format）、JPEG（Joint Photographic Experts Group）、TIFF（Tag Image File Format）、PCX、TGA（Tagged Graphics）、WMF（Windows Metafile）、EMF（Enhanced Metafile）、PNG（Portable Network Graphics）等。

常用的视频文件格式主要有 AVI 视频文件（*.avi）、QuickTime 视频文件（*.mov/*.qt）、MPEG 视频文件（*.mpeg/*.mpg/*.dat）、Real Video 视频文件（*.rm）等。

任务二 认识 Flash

Flash 是由 Adobe 公司开发的一款交互式动画创作工具，早期的目的主要是用来制作平面动画、游戏等。随着 Flash 的飞速发展，它已经成为一种功能强大的多媒体创作工具，能够设计包含交互式动画、视频、音乐和复杂演示文稿在内的多媒体应用程序。

本书主要介绍 Flash Professional 8 的基本功能和使用方法，但作为基础教程，本书介绍的很多知识在 Flash Basic 8 中也同样适用。为简便起见，在后面的学习中，软件名称将统一使用 Flash 8。

（一） Flash 动画的特点

Flash 动画是一种矢量动画格式，具有体积小、兼容性好、直观动感、互动性强大、支持 MP3 音乐等诸多优点，是当今最流行的网络动画格式。一般来说，Flash 动画具有以下特点。

- 文件的数据量小

  Flash 特别适用于创建通过 Internet 提供的内容，因为它的文件非常小。与位图图形相比，矢量图形需要的内存和存储空间小很多，因为它们是以数学公式而不是大型数据集来表示的。位图图形之所以需要的内存和存储空间更大，是因为图像中的每个像素都需要一组单独的数据来表示。

- 图像质量高

  由于矢量图像可以做到真正的无级放大，因此图像不仅始终可以完全显示，而且不会降低图像质量。而一般的位图，当用户放大它们时，就会看到一个个锯齿状的色块。

- 交互式动画

  一般的动画制作软件，如 3ds Max 等，只能制作标准的顺序动画，即动画只能连续播放。借助 ActionScript 的强大功能，Flash 不仅可以制作出各种精彩眩目的顺序动画，也能制作出复杂的交互式动画，使用户可以对动画进行控制。这是 Flash 一个非常重要的特点，它有效地扩展了动画的应用领域。

- 流媒体播放技术

  Flash 动画采用了边下载边播放的“流式（Streaming）”技术，在用户观看动画时，不是等到动画文件全部下载到本地后才能观看，而是“即时”观看。虽然后面的内容还没有完全下载，但是前面的内容同样可以播放。这实现了动画的快速显示，减少了用户的等待时间。

- 丰富的视觉效果

  Flash 动画有崭新的视觉效果，比传统的动画更加新颖与灵巧，更加炫目精彩。不可否认，它已经成为一种新时代的艺术表现形式。

- 成本低廉

  Flash 动画制作的成本非常低，使用 Flash 制作的动画能够大大地减少人力、物力资源的消耗。同时，在制作时间上也会大大减少。

- 自我保护

  Flash 动画在制作完成后，可以把生成的文件设置成带保护的格式，这样维护

了设计者的版权利益。

正是由于 Flash 动画具有这些突出的优点，使它除了制作网页动画之外，还被应用于交互式软件的开发、展示和教学方面。由于 Flash 软件可以制作出高质量的二维动画，而且可以任意缩放，因此在多媒体制作领域得到了广泛应用，并取得了很好的效果。另外，Flash 在影视制作中也同样能够一展身手。

（二） Flash 动画分类

一般来说，Flash 动画按照其创作的形式，可以划分为补间动画和逐帧动画。下面简要介绍一下。

(1) 补间动画

也称为渐变动画。在创作 Flash 动画时，若同一个舞台对象在两个关键帧分别表现了不同的位置或大小，那么如何实现对象的连续移动或变形呢？这就需要在两个关键帧之间做“补间动画”，也就是为中间帧定义出对象在此帧应当处于的状态和位置，才能实现对象的变化。这种中间帧对象位置的定义是由 Flash 自动通过插值计算生成的。

在 Flash 中，补间动画分为两类：一类是形状补间，是利用舞台对象的形状变形而产生的动画；另一类是动画补间，主要是通过舞台对象的位置、角度发生变化而生成的动画。

(2) 逐帧动画

在时间帧上逐帧绘制帧内容称为逐帧动画，由于是一帧一帧的画，所以逐帧动画具有非常大的灵活性，几乎可以表现任何想表现的内容。

由于逐帧动画的各帧内容都不一样，无法进行插值运算，需要单独存储，不仅增加制作负担而且最终输出的文件量也很大，但它的优势也很明显：因为它相似与电影播放模式，很适合于表演很细腻的动画，如 3D 效果、人物或动物急剧转身等等效果。

（三） Flash 8 的操作界面

启动 Flash 8，首先出现版权页，然后会出现初始用户界面，如图 1-1 所示。

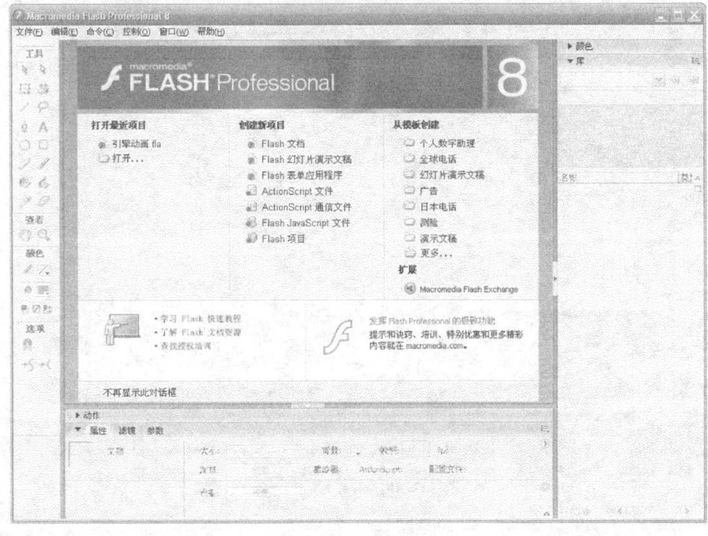

图1-1　初始用户界面

选择菜单栏中的【文件】/【新建】命令，会弹出【新建文档】对话框，如图 1-2 所示。这是 Flash 8 为用户提供的非常便利的向导工具。利用该向导能够创建某种类型的文档，也可以借助模板来创建某种样式的文稿。

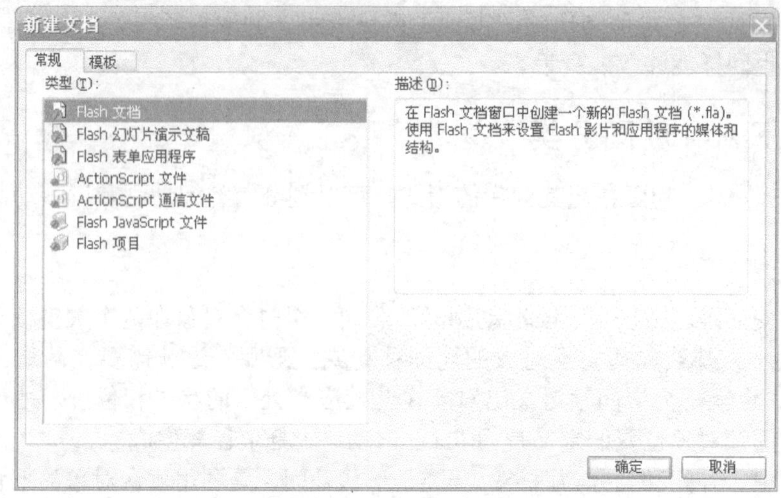

图1-2 Flash 8 新建文档向导

一般情况下，选择【Flash 文档】选项，单击 确定 按钮后，就可以进入软件的操作界面，如图 1-3 所示。界面采用了一系列浮动的可组合面板，使用户可以按照自己的需要来调整，使用非常方便。

Flash 8 的操作界面主要包括菜单栏、主工具栏、编辑栏、工具面板、舞台、时间轴以及【属性】检查器、浮动面板等。

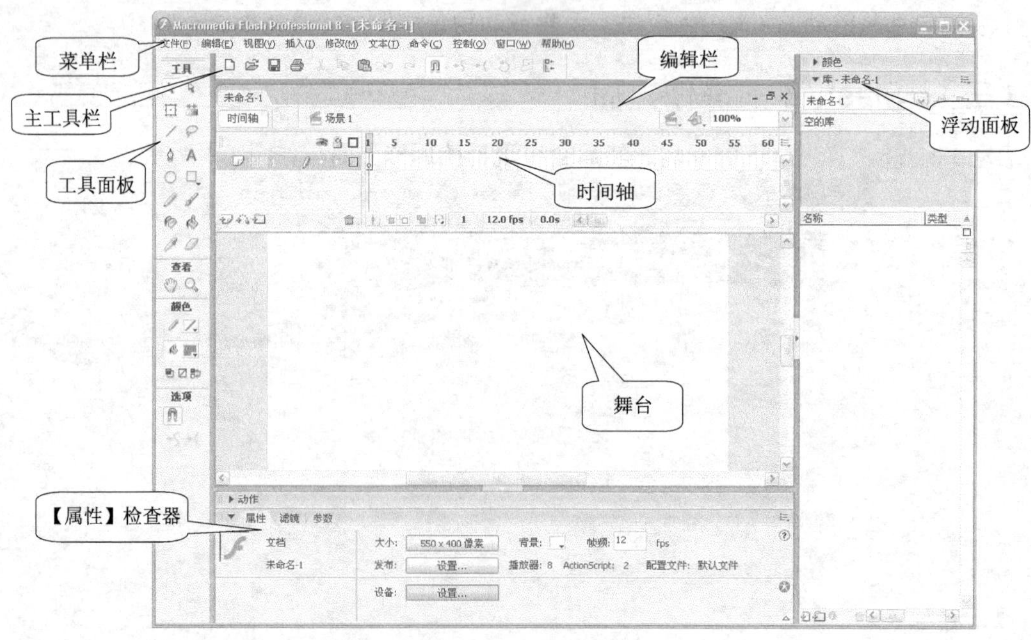

图1-3 Flash 8 操作界面

(1) 菜单栏

菜单栏主要包括【文件】、【编辑】、【视图】、【插入】、【修改】、【文本】、【命令】、【控

制】、【窗口】和【帮助】菜单选项，每个菜单又都包含了若干菜单项，它们提供了包括文件操作、编辑、视窗选择、动画帧添加、动画调整、字体设置、动画调试、打开浮动面板等一系列命令。

(2) 主工具栏和编辑栏

主工具栏和编辑栏可以通过选择【窗口】/【工具栏】的子菜单命令来决定其显示状态，如图 1-4 所示。

图1-4 【工具栏】的子菜单命令及主工具栏、编辑栏

主工具栏一般位于操作界面上部，菜单栏下方，共提供了 15 个文件操作和编辑的常用命令按钮。其中主要按钮的名称及作用如表 1-1 所示。

表 1-1　　常用工具栏中主要按钮的名称及作用

按钮图标	按钮名称	作　　用
	贴紧至对象	可在编辑时进入“贴紧对齐”状态，以便绘制出圆或正方形，调整对象时能够准确定位，设置动画路径时能够自动贴紧
	平滑	可使选中的曲线或图形外形更加光滑，多次单击具有累积效应
	伸直	可使选中的曲线或图形外形更加平直，多次单击具有累积效应
	旋转与倾斜	用于改变舞台中对象的旋转角度和倾斜变形
	缩放	用于改变舞台中对象的大小
	对齐	对舞台中多个选中对象的对齐方式和相对位置进行调整

编辑栏包含用于编辑场景和元件的按钮，利用这些按钮可以跳转到不同的场景，打开选中的元件。编辑栏还包含了用于更改舞台缩放比例的下拉框，选择设定的比例值或直接输入需要的比例值，就能够改变舞台的显示大小。但是这种改变并不会影响舞台的实际大小，即动画输出时的实际画面大小。

(3) 工具面板

工具面板提供了各种工具，可以用来绘图、上色、选择、修改插图等，并可以更改舞台的视图。面板分为以下 4 个区域。

- 【工具】区域：包含绘图、上色、选择等工具。
- 【查看】区域：包含在应用程序窗口内进行缩放和移动的工具。
- 【颜色】区域：包含用于笔触颜色和填充颜色的功能键。
- 【选项】区域：显示当前所选工具的功能和属性。

工具面板可以通过【窗口】/【工具】菜单命令来选择是否将其显示。

(4) 场景和舞台

在当前编辑的动画窗口中，进行动画内容编辑的整个区域叫做场景。在电影或话剧中，经常要更换场景，在 Flash 动画中，为了设计的需要，也可以更换不同的场景，每个场景都

有不同的名称。可以在整个场景内进行图形的绘制和编辑工作，但是最终动画仅显示场景中白色区域（也可能会是其他颜色，这是由动画属性设置的）内的内容，我们就把这个区域称为舞台。而舞台之外的灰色区域称为工作区，如图 1-5 所示。

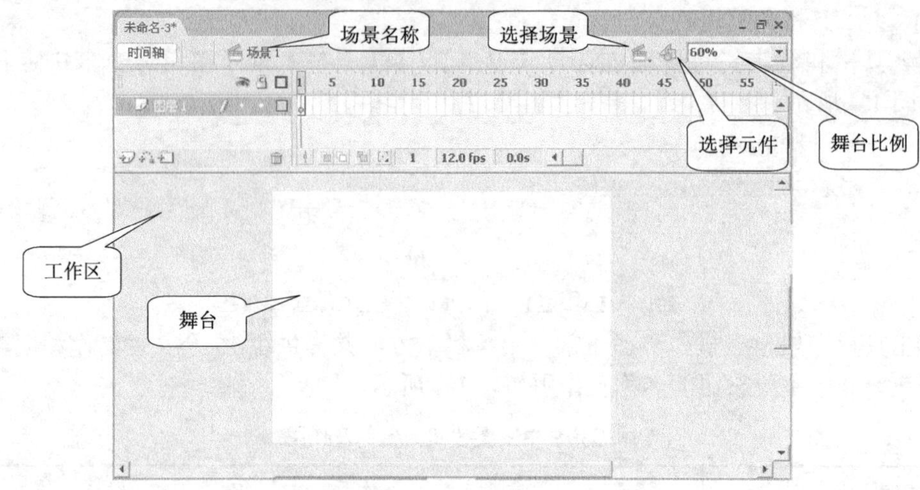

图1-5　场景与舞台

舞台是绘制和编辑动画内容的矩形区域，这些动画内容包括矢量图形、文本框、按钮、导入的位图图形或视频剪辑等。动画在播放时仅显示舞台上的内容，对于舞台之外的内容是不显示的。

在设计动画时，往往要利用工作区做一些辅助性的工作，但主要内容都要在舞台中实现。这就如同演出一样，在舞台之外（后台）可能要做许多准备工作，但真正呈现给观众的只是舞台上的表演。

(5)　时间轴

时间轴用于组织和控制文档内容在一定时间内播放的层数和帧数，就像剧本决定了各个场景的切换以及演员出场的时间顺序一样。

从其功能来看，【时间轴】面板可以分为左右两个部分，左边为层控制区，右边为帧控制区。时间轴能够显示文档中哪些地方有动画，包括逐帧动画、补间动画和运动路径，可以在时间轴中插入、删除、选择和移动帧，也可以将帧拖到同一层中的不同位置，或是拖到不同的层中。

【时间轴】面板的主要组件是层、帧和播放头，还包括一些信息指示器，如图 1-6 所示。

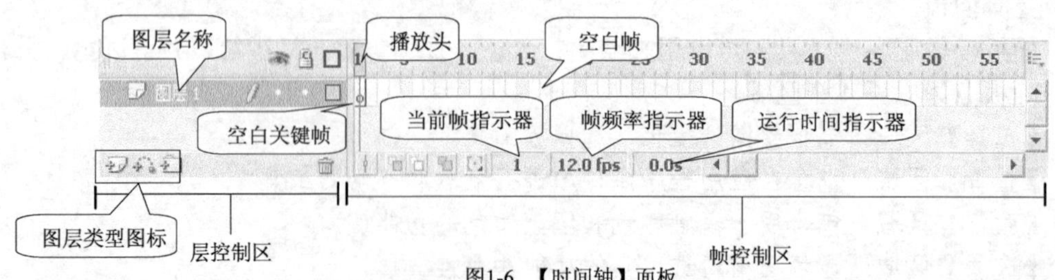

图1-6　【时间轴】面板

帧是进行动画创作的基本时间单元，关键帧是对内容进行了编辑的帧，或包含修改文档的“帧动作”的帧。Flash 可以在关键帧之间补间或填充帧，从而生成流畅的动画。

层就像透明的投影片一样，一层层地向上叠加。层可以帮助用户组织文档中的插图，在某一层上绘制和编辑对象，不会影响其他层上的对象。如果一个层上没有内容，那么就可以

透过它看到下面的层。当创建了一个新的 Flash 文档之后，它就包含一个层。可以添加更多的层，以便在文档中组织插图、动画和其他元素。可以创建的层数只受计算机内存的限制，而且层不会增加发布的 SWF 文件的大小。

(6) 功能面板

Flash 提供了多个功能面板，用于查看、组织和更改文档中的元素。用户可以自定义面板的显示/隐藏情况，也可以调整面板的位置和组合方式。通过拖动面板标题栏左侧的 标志，可以将功能面板从组合中拖出来，也可以利用它将独立的功能面板添加到面板组合中。常用的面板主要有以下几种。

- 【属性】检查器（也称为【属性】面板）：使用【属性】检查器可以很容易地查看舞台或时间轴上当前选定项的最常用属性，根据当前选定内容的不同，【属性】检查器可以显示当前文档、文本、元件、帧等对象的信息和设置。当选定了两个或多个不同类型的对象时，它会显示选定对象的总数。
- 【库】面板：【库】面板用于存储和组织在 Flash 中创建的各种元件以及导入的文件，包括位图图像、声音文件、视频剪辑等。使用【库】面板可以组织文件夹中的库项目，查看项目在文档中使用的频率，并按类型对项目排序等。
- 【动作】面板：【动作】面板用于创建和编辑对象或帧的动作脚本，其中主要包括动作工具箱和脚本窗口。根据所选内容的不同，【动作】面板的标题也会变为“动作—按钮”、“动作—影片剪辑”或“动作—帧”。
- 【历史记录】面板：【历史记录】面板显示自文档创建或打开某个文档以来在该活动文档中执行的操作步骤列表，可以使用【历史记录】面板撤销或重做最近完成的步骤。

Flash 8 中还有许多其他面板，这些面板都可以通过【窗口】菜单命令的子菜单来打开或关闭。在此不再赘述。

任务三　制作彩球弹跳动画

一个彩球，从画面的上方落下，碰到地面后，发生变形变色，然后又弹起，上升到原始下落位置；如此反复弹跳。动画效果如图 1-7 所示。

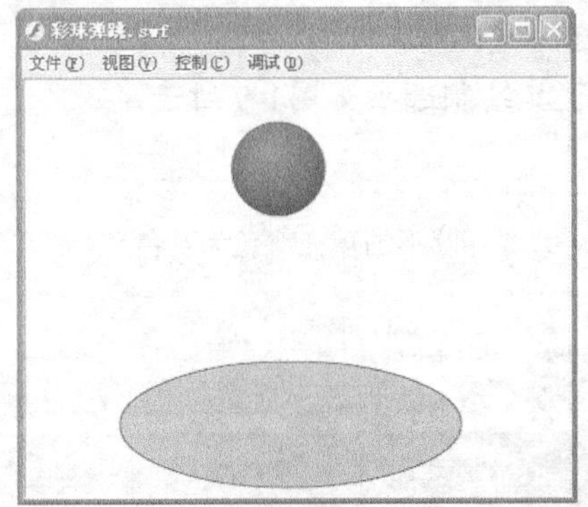

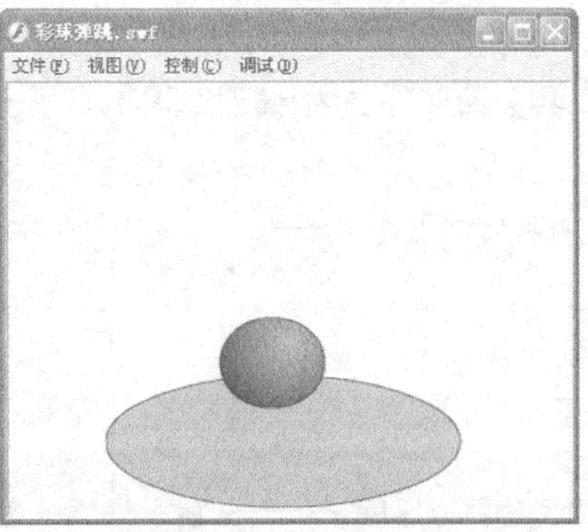

图1-7　彩球弹跳效果

（一） 创建彩球

【任务要求】

制作动画场景中要用到的彩球、地面，并根据需要填充颜色。

【基础知识】

动画制作过程中，要用到绘图工具栏中的椭圆工具、颜料桶工具和选择工具，要设置帧的属性等。这些知识将在后续项目中介绍，下面通过练习使读者对 Flash 有一个感性的认识。

【操作步骤】

1. 选择【文件】/【新建】菜单命令，弹出【新建文档】对话框，要求选择需要创建的文档类型。
2. 选择“Flash 文件”，单击 确定 按钮，则进入动画编辑环境，也就是前面讲述的 Flash 8 操作界面。

> 说明：在 Flash 8 启动时，也会自动创建一个新的 Flash 文档，其默认的文件名为“未命名-1”。每次再创建新的文档，就会自动顺序定义默认文件名为“未命名-2”、“未命名-3”等。

3. 在【属性】面板上，单击 550 x 400 像素 按钮，打开【文档属性】对话框，设置【尺寸】为“400px” × “300px”，单击 确定 按钮，可以看到，【属性】面板中，文档舞台大小已经被修改为“400 × 300 像素”。操作过程如图1-8 所示。

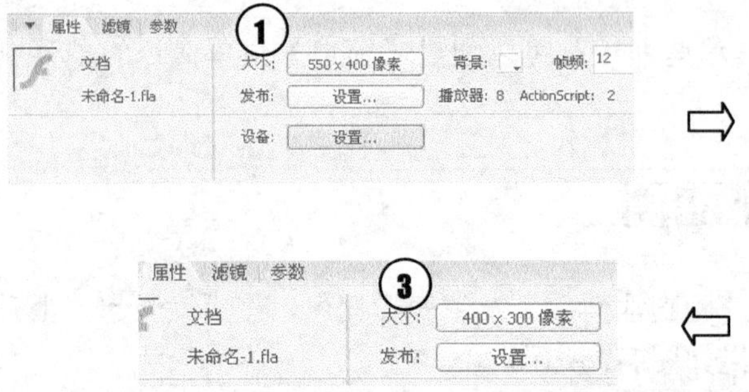

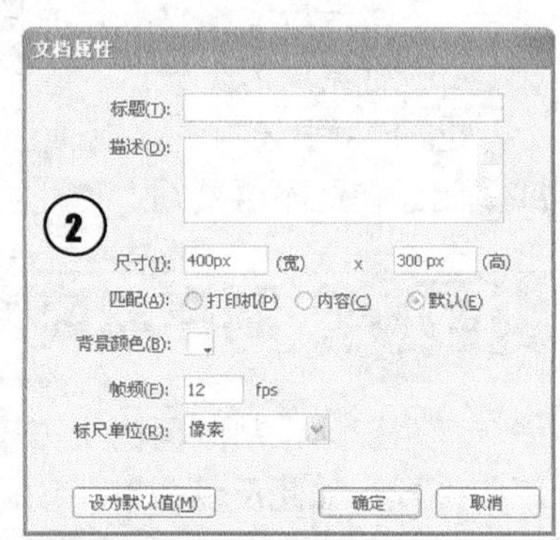

图1-8 修改舞台大小

4. 从【工具】面板中选择椭圆工具，并设置其绘制选项如图1-9 所示。

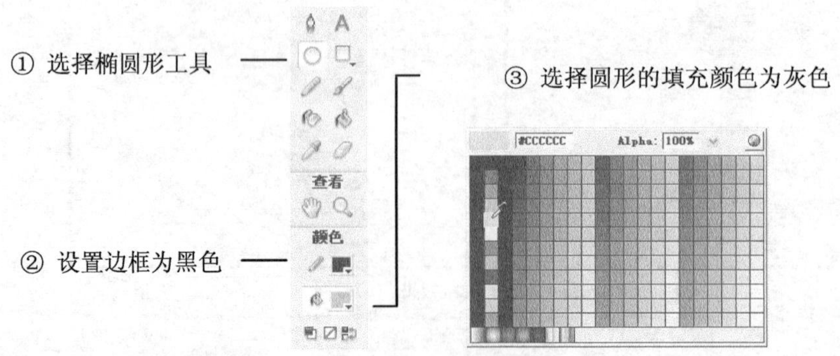

图1-9 选择椭圆形工具

5. 将光标移动到舞台上，可见此时光标变为“+”形状；按下鼠标左键，然后拖动鼠标，在舞台下方绘制一个椭圆形，如图 1-10 所示。
6. 在时间轴窗口单击按钮，增加一个新层。下面要在这个新层上绘制圆球。
7. 将光标移动到舞台上，在舞台上方位置绘制出一个圆形，如图 1-11 所示。

图1-10　绘制地面

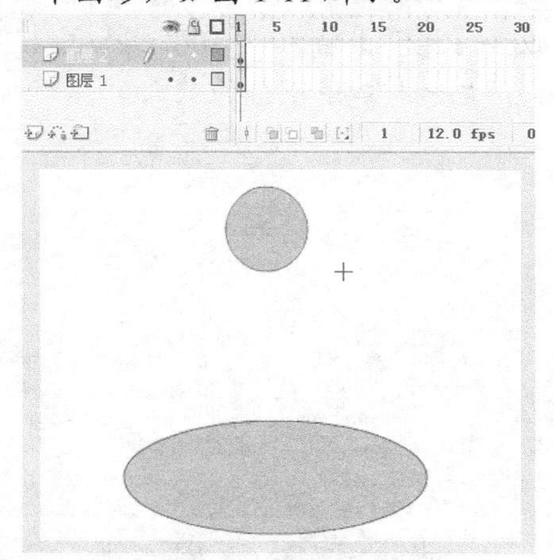

图1-11　在舞台上方位置绘制出一个圆形

按住键盘上的 Ctrl 键再拖动鼠标，能够在屏幕上画出正圆形。注意，这个圆形要在新层“图层 2”的舞台上绘制。

8. 再选择工具，设置填充色为红色渐变；然后在圆形的侧上方单击，在图形上产生一个高光点，从而使圆形表现出球的形态，如图 1-12 所示。

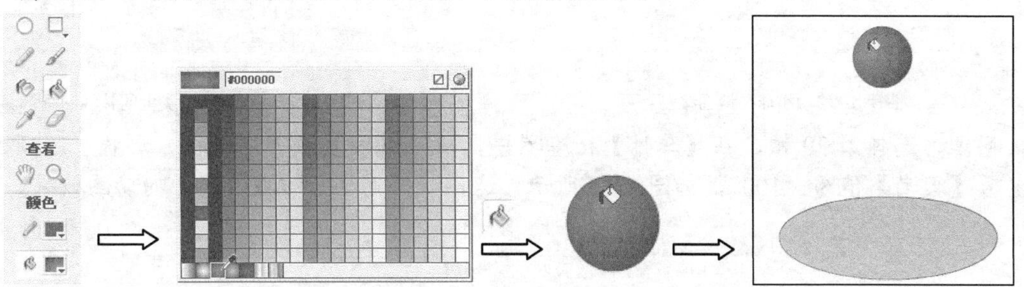

图1-12　绘制彩色圆球

（二）　彩球运动效果

【任务要求】

使彩球上下运动，并呈现一种加速下落和减速弹起的效果。

【操作步骤】

1. 在【时间轴】面板上，选择“图层 1”的第 40 帧，按下 F5 键。这样动画长度就可以扩展到 40 帧，如图 1-13 所示。
2. 选择“图层 2”的第 40 帧，按下 F6 键，在该帧插入一个关键帧。该帧自动继承了前面关键帧的内容。
3. 再选择“图层 2”的第 20 帧，按下 F6 键，也插入一个关键帧，如图 1-14 所示。

4. 继续选择第 20 帧，然后从面板上选择 工具，在舞台上选择小球，将其拖动到舞台下方，与地面接触，如图 1-15 所示。
5. 选择“图层 2”的第 1 帧，然后在【属性】检查器中，从【补间】属性中选择“形状”选项，则在【时间轴】面板上会显示形状动画的产生情况。
6. 设置【缓动】值为“-100”，如图 1-16 所示。这样，小球的运动则表现为由慢到快，从而产生一种加速下落的效果。

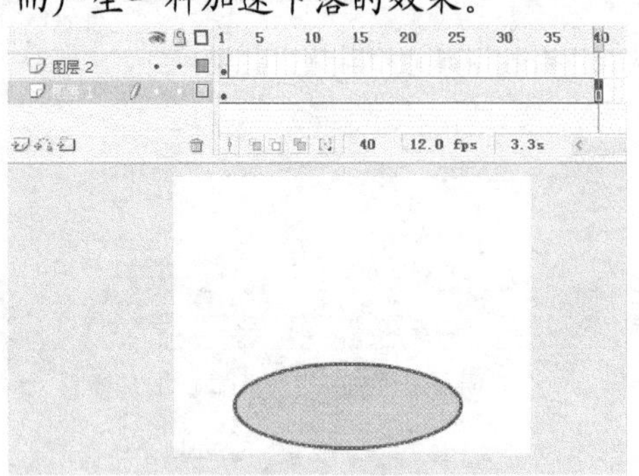

图1-13 将动画长度扩展到 40 帧

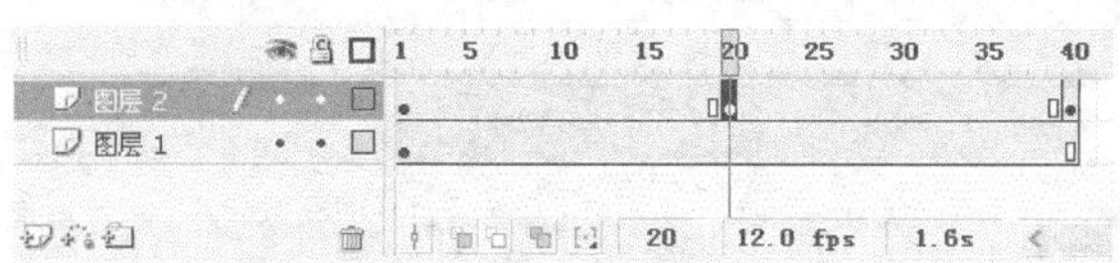

图1-14 在第 20 帧、40 帧各插入一个关键帧

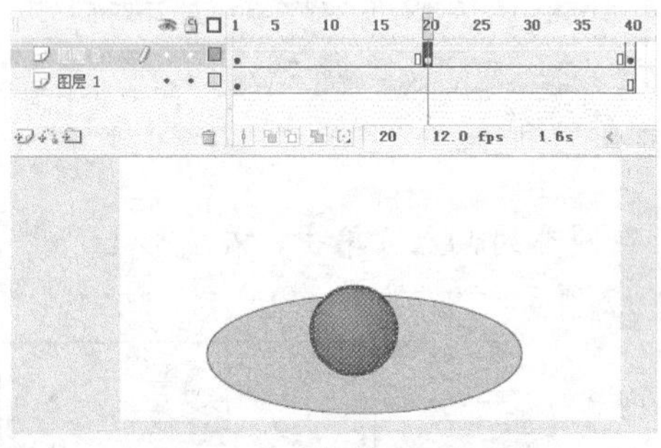

图1-15 移动小球与地面接触

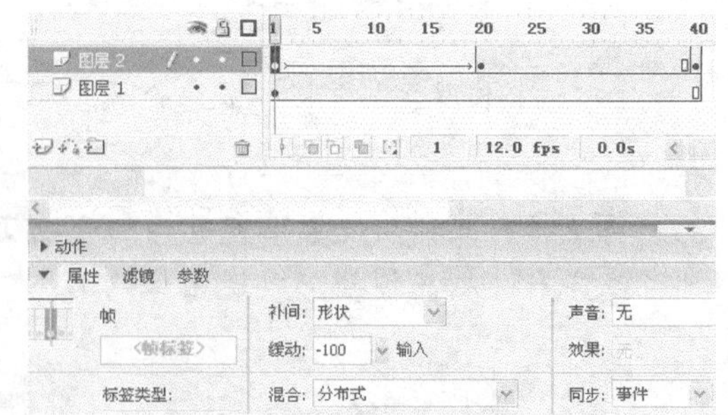

图1-16 产生“形状”类型的补间动画

7. 同理，选择第 20 帧，在【属性】检查器中，从【补间】属性中选择“形状”选项，设置【缓动】值为“100”，如图 1-17 所示。这样能够产生一种减速向上的动画效果。

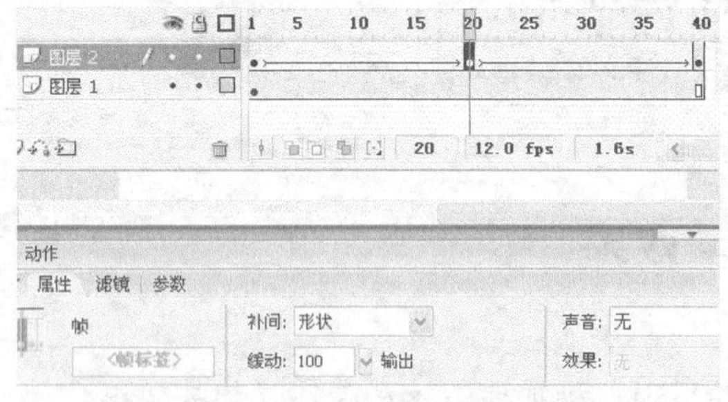

图1-17 设置第 15 帧为形状动画

8. 选择【控制】/【测试影片】菜单命令，出现动画测试窗口，可见小球会不停地从窗口上方下落到地面并弹起，而且有一个明显的加速和减速的过程。

（三） 彩球变形和变色

【任务要求】

彩球落地时，产生一个变形和变色的效果。

【操作步骤】

1. 在【时间轴】面板上，选择“图层 2”的第 20 帧，则当前圆球被选中。
2. 打开右侧的【对齐】面板（也可以使用【窗口】/【对齐】菜单命令来打开），取消【约束】，然后将横向变形栏数值设为“110.0％”，纵向变形栏数值设为“90.0％”。
3. 按 Enter 键，则圆球发生变形，如图 1-18 所示。

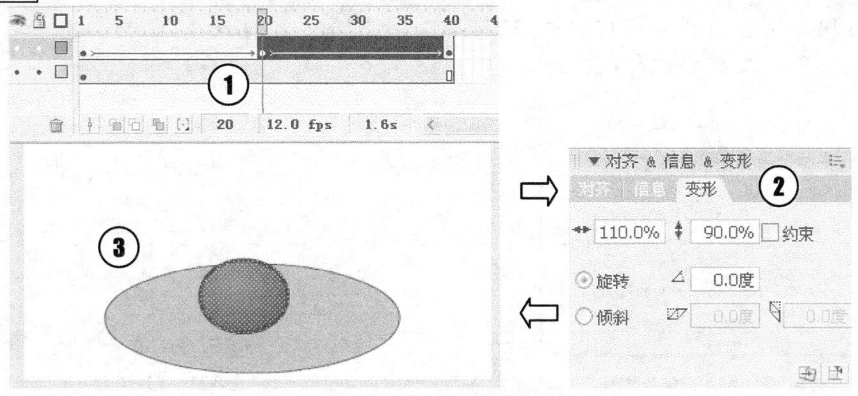

图1-18　圆球发生变形

4. 选择工具，选择填充色为绿色渐变，然后在舞台上将圆球重新填充为新的颜色，并注意适当调整亮光位置，如图 1-19 所示。

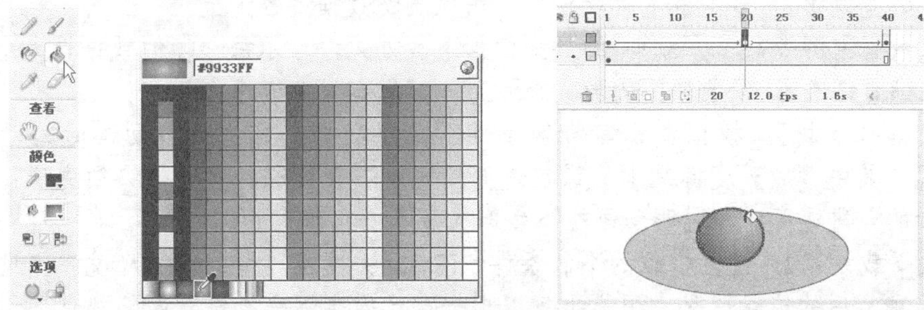

图1-19　为圆球填充新的颜色

5. 再次选择【控制】/【测试影片】菜单命令，出现动画窗口，可见小球会不停地从窗口上方下落到地面并弹起，而且有一个明显的色彩变化。在落地时也发生了变形，很好地模仿了小球的弹跳效果。

任务四　作品测试与导出发布

Flash 作品设计完成后，可以生成独立的图像或动画文件，以便与朋友和同学分享。Flash 8 提供了“导出”和“发布”两种功能，能够根据需要生成不同格式的文件。

（一）　测试动画效果

最简单的动画测试方法是直接使用编辑环境下的播放控制器。从系统菜单中选择【窗口】/【工具栏】/【控制器】命令，会出现一个动画播放的控制器，如图1-20所示。利用其中的按钮可以实现动画的播放、暂停、逐帧前进或倒退等操作。

图1-20　独立的动画控制器

一般简单的动画，如补间动画、逐帧动画等，都可以利用这种方式测试。但是播放控制器的功能太弱了，如果作品中含有“影片剪辑”类型的元件、多个场景或具有动作脚本时，直接使用编辑界面内的播放控制按钮就不能完全正常地显示动画效果了，这时就需要利用【测试影片】命令对动画进行专门的测试。

选择【控制】/【测试影片】命令，进入动画测试环境，如图 1-21 所示。其中【视图】菜单主要提供了用于设置带宽和显示数据传输情况的命令，如图 1-22 所示。

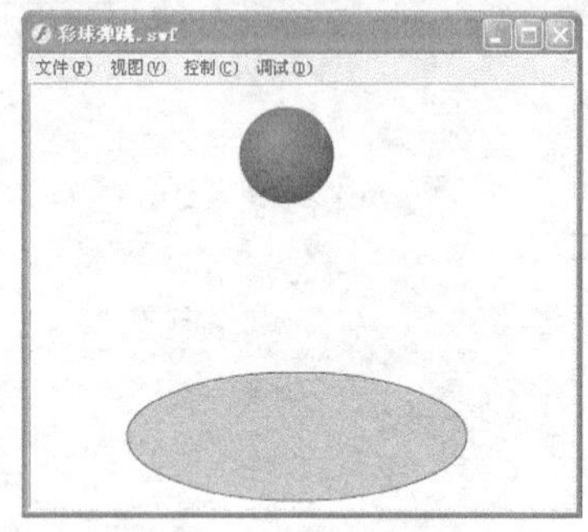

图1-21　动画测试环境

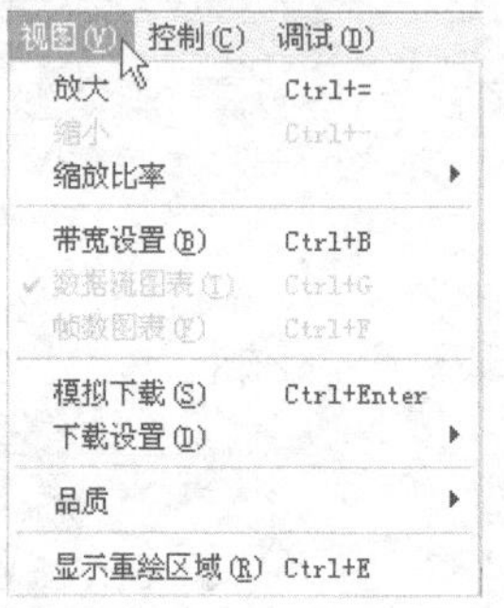

图1-22　【视图】菜单

其中比较重要的几个命令的含义如下。

- 【缩放比率】：按照百分比或完全显示的方式显示舞台内容。
- 【带宽设置】：显示带宽特性窗口，用以表现数据流的情况。
- 【数据流图表】：以条形图的形式模拟下载方式，显示每一帧的数据量大小。
- 【帧数图表】：以条形图的形式显示每一帧数据量的大小。
- 【模拟下载】：模拟在设定传输条件下，以数据流方式下载动画时的播放情况。其中播放进度标尺上的绿色进度块表示下载情况，当它始终领先于播放指针的前进速度时，说明动画在下载时播放不会出现停顿。
- 【下载设置】：设置模拟的下载条件，Flash 8 按照典型的网络环境预先设定了几种常用的传输速率。用户也可以根据自己的实际需要设置网络测试环境，对网络传输速率进行自定义，如图 1-23 所示。

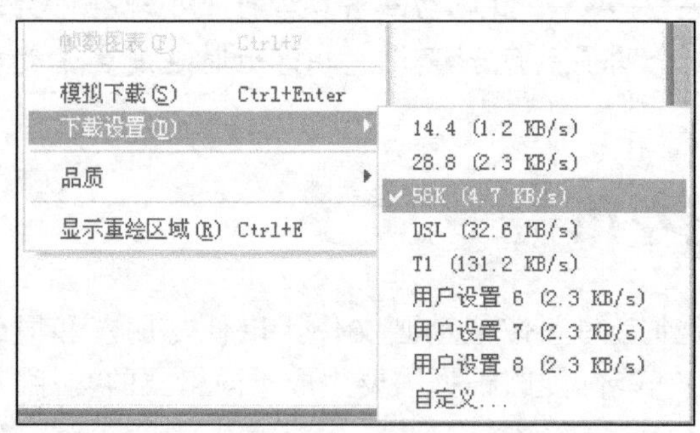

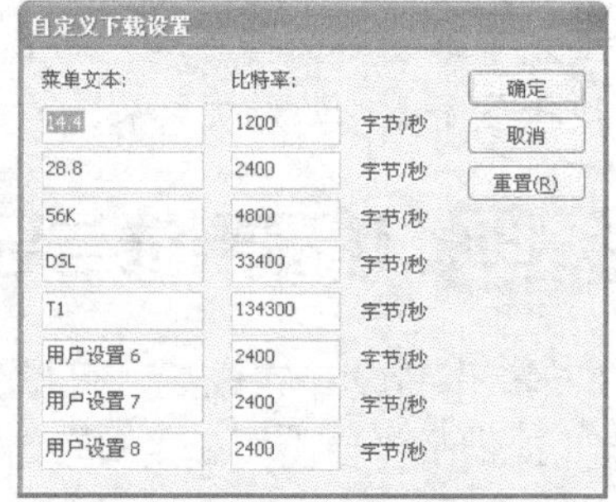

图1-23　下载速率设置

在模拟下载速度的时候，Flash 8 使用典型 Internet 的性能估计，而不是精确的调制解调器速度。例如，如果选择模拟56 kbit/s 的调制解调器速度，Flash 将实际的速率设置为 4.7 kbit/s 来反映典型的 Internet 性能。这种做法有助于以各种准备支持的速度，在准备支持的各种计算机上测试影片。这样就可确保影片在所支持的最慢连接的各种计算机上不会出现负载过度的情况。

说明

- 【品质】：选择用什么样的画面效果来显示动画画面，如果采用【低】方式，则画面图像比较粗糙，但显示速度较快。如果采用【高】方式，画面图像会比较光滑精细，但速度会有所降低。
- 【显示重绘区域】：显示动画中间帧的绘图区域，如图 1-24 所示。

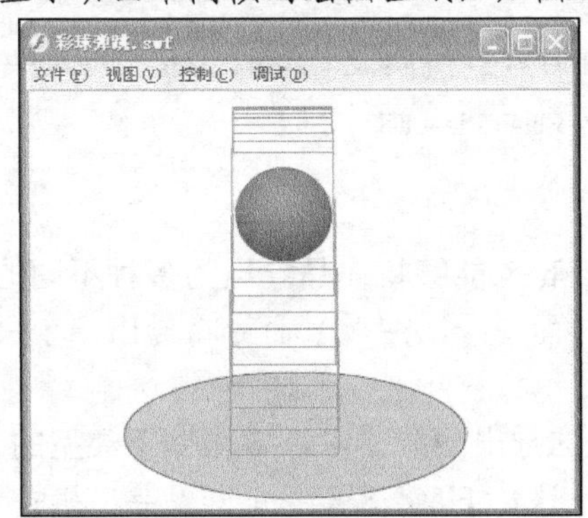

图1-24　显示重绘区域

（二）　导出作品

利用 Flash 8 的导出命令，可以将作品导出为影片或图像。例如，可以将整个影片导出为 Flash 影片、一系列位图图像、单一的帧或图像文件、不同格式的活动和静止图像（包括 GIF、JPEG、PNG、BMP、PICT、QuickTime 或 AVI 格式等）。

下面继续利用前面的“彩球弹跳”说明如何导出动画作品。

【操作步骤】

1. 从菜单中选择【文件】/【导出】/【导出影片】命令，会弹出【导出影片】对话框，如图 1-25 所示，要求用户选择导出文件的名称、类型及保存位置。
2. 选择一种保存类型，如“*.swf”，输入一个文件名，然后单击 保存(S) 按钮，会出现一个文件参数设置对话框，要求用户对导出文件的参数进行设置。如图 1-26 所示。

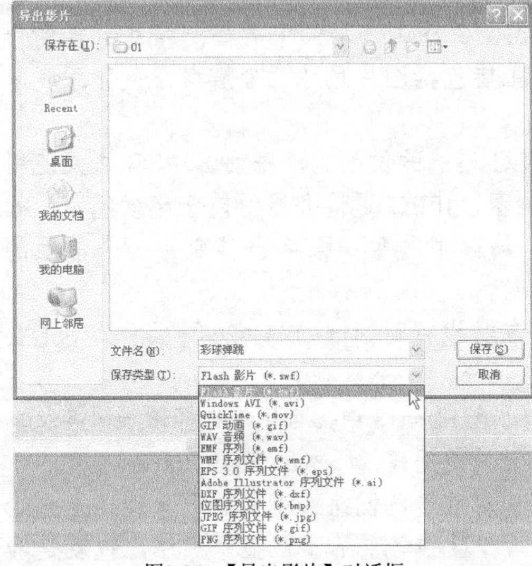

图1-25　【导出影片】对话框

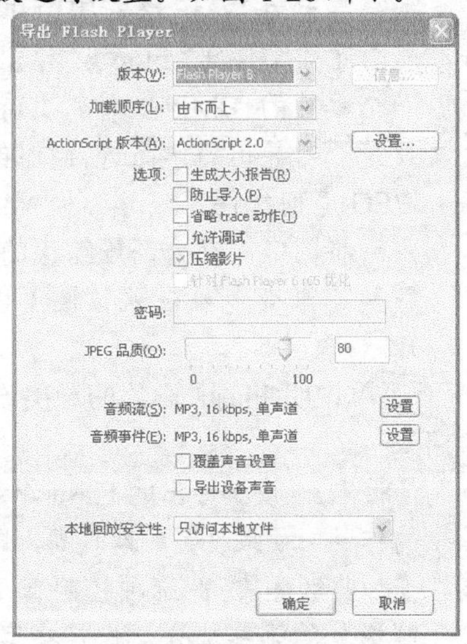

图1-26　导出文件的参数设置

3. 暂时不考虑参数的设置，直接单击 确定 按钮，则出现一个导出进度条，很快作品就被导出为一个独立的 Flash 动画文件了。
4. 关闭 Flash 8 软件。在【我的电脑】中找到刚才导出的文件。双击该文件，就可以播放这个动画。这说明动画文件已经可以脱离 Flash 8 编辑环境独立运行了。

要播放 SWF 文件，用户的计算机中必须安装了 Flash Player（播放器）。Flash Player 有多个版本，随 Flash 8 安装的是 Flash Player 8。

【知识链接】

从图 1-25 可以看出，Flash 8 能够将作品导出为多种不同的格式，其中【导出影片】命令将作品导出为完整的动画，而【导出图像】命令将导出一个只包含当前帧内容的单个或序列图像文件。

一般来说，利用 Flash 8 的导出功能，可以导出以下类型的文件。

- Flash 影片（*.swf）：这是 Flash 8 默认的作品导出格式，这种格式不但可以播放出所有在编辑时设计的动画效果和交互功能，而且文件容量小，可以设置保护。
- Windows AVI（*.avi）：此格式将影片导出为 Windows 视频，但是会丢失所有的交互性。Windows AVI 是标准 Windows 影片格式，它是在视频编辑应用程序中打开 Flash 动画的非常好的格式。由于 AVI 是基于位图的格式，因此影片的数据量会非常大。
- GIF 动画（*.gif）：导出含有多个连续画面的 GIF 动画文件，在 Flash 动画时间轴上的每一帧都会变成 GIF 动画中的一幅图片。
- WAV 音频（*.wav）：将当前影片中的声音文件导出生成为一个独立的 WAV 文件。
- WMF Sequence 序列文件（*.wmf）：WMF 文件是标准的 Windows 图形格式，大多数的 Windows 应用程序都支持此格式。此格式对导入和导出文件会生成很好的效果，Windows 的剪贴画就是使用这种格式。它没有可定义的导出选项。Flash 可以将动画中的每一帧都转变为一个单独的 WMF 文件导出，并使整个动画导出为 WMF 格式的图片序列文件。
- 位图序列文件（*.bmp）：导出一个位图文件序列，动画中的每一帧都会转变为一个单独的 BMP 文件，其导出设置主要包括图片尺寸、分辨率、色彩深度以及是否对导出的作品进行抗锯齿处理。
- JPEG 序列文件（*.jpg）：导出一个 JPEG 格式的位图文件序列，JPEG 格式使用户可将图像保存为高压缩比的 24 位位图。JPEG 更适合显示包含连续色调（如照片、渐变色或嵌入位图）的图像。动画中的每一帧都会转变为一个单独的 JPEG 文件。

下面简单说明 Flash 影片的导出设置。其参数设置对话框如图1-26所示，其中主要选项介绍如下。

- 【版本】：设置导出的 Flash 作品的版本。在 Flash 8 中，可以有选择地导出各版本的作品。如果设置版本较高，则该作品无法使用较低版本的 Flash Player 播放。
- 【加载顺序】：此选项控制着 Flash 在速度较慢的网络或调制解调器连接上先绘制影片的哪些部分，设定在客户端动画作品中各层的下载显示顺序，也就是客户首先看到的是哪些动画对象。可以选择按从下至上的顺序或从上至下的顺序

下载显示。这个选项只对动画作品的开始帧起作用，动画中的其他帧的显示不会受到这一参数的控制。实际上，其他帧中各层的内容是同时显示的。

- 【ActionScript 版本】：选择导出的影片所使用的动作脚本的版本号。
- 【生成大小报告】：在导出 Flash 作品的同时，将生成一个报告（文本文件），按文件列出最终的 Flash 影片的数据量。该文件与导出的作品文件同名。
- 【防止导入】：可防止其他人将 Flash 影片转换回 Flash（fla）文档。可使用密码来保护 Flash 的 SWF 文件。
- 【省略 trace 动作】：使 Flash 忽略导出作品中的 trace 语句，这样，“跟踪动作”的信息就不会显示在【输出】面板中。
- 【允许调试】：激活调试器并允许远程调试 Flash 影片。如果选择该选项，可以选择用密码保护 Flash 影片。
- 【压缩影片】：可以压缩 Flash 影片，从而减小文件大小，缩短下载时间。当文件有大量的文本或动作脚本时，默认情况下会启用此选项。
- 【JPEG 品质】：若要控制位图压缩，可以调整滑块或输入一个值。图像品质越低，压缩比越大，生成的文件就越小；图像品质越高，压缩比越小，生成的文件就越大。可以尝试不同的设置，以便确定文件大小和图像品质之间的最佳平衡点。
- 【音频流】/【音频事件】：设定作品中音频素材的压缩格式和参数。在 Flash 中对于不同的音频引用可以指定不同的压缩方式。要为影片中的所有音频流或事件声音设置采样率和压缩，可以单击【音频流】或【音频事件】旁边的设置按钮，然后在【声音设置】对话框中设置【压缩】、【比特率】和【品质】选项。注意只要下载的前几帧有足够的数据，音频流就会开始播放，它与时间轴同步。事件声音必须完全下载完毕才能开始播放，除非明确停止，它将一直连续播放。
- 【覆盖声音设置】：本对话框中的音频压缩设置将对作品中所有的音频对象起作用。若不选中，则上面的设置只对于那些在属性对话框中没有设置音频压缩（【压缩】项中选择“默认”）的音频素材起作用。若选中，则上面的设置将覆盖在属性检查器的【声音】部分中为各个声音选定的设置。如果要创建一个较小的低保真度版本的影片，可以考虑选中此复选框。

（三）　发布作品

【发布】命令可以创建 SWF 文件，并将其插入 HTML 文档，以便利用浏览器播放。也可以以其他文件格式（如 GIF、JPEG、PNG 和 QuickTime 格式）发布 FLA 文件。

【操作步骤】

1. 选择【文件】/【发布设置】命令，弹出【发布设置】对话框，如图 1-27 所示，选择发布文件的名称及类型。
2. 在【格式】选项卡的【类型】选项中，可以选择在发布操作中导出的作品格式，被选中的作品格式会在对话框中出现相应的参数设置，可以根据需要选择其中的一种或几种。
3. 文件发布的默认目录是当前文件所在目录，我们也可以选择不同的目录。单击按钮，就可以选择不同的目录和名称，当然也可以直接修改。

4. 设置完毕后，如果单击 确定 按钮，则保存设置，并关闭【发布设置】对话框，不发布文件。只有单击 发布 按钮，Flash 8 才按照选定的文件类型发布作品。

Flash 8 能够发布8种格式的文件，选择要发布哪些格式的文件后，相应格式文件的参数就会以选项卡的形式出现在【发布设置】对话框中，如图 1-28 所示。

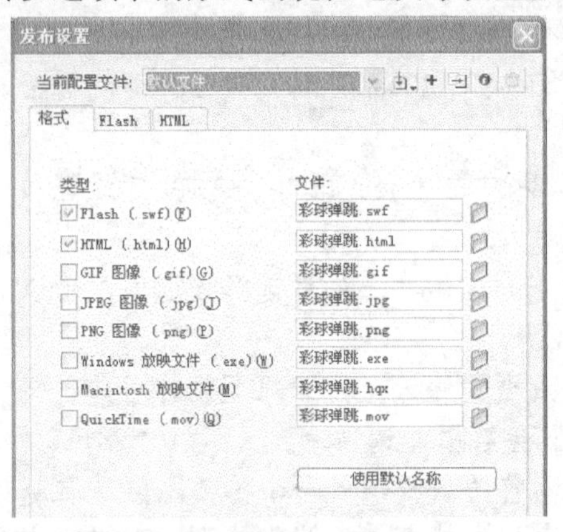

图1-27 【发布设置】窗口

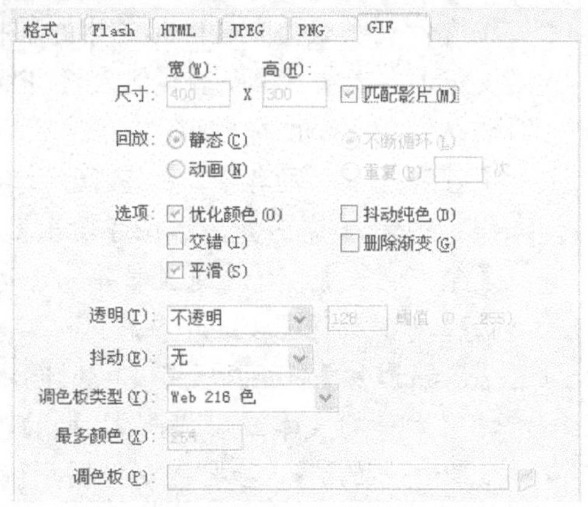

图1-28 以选项卡的形式设置发布文件的参数

选择【Windows 放映文件】和【Macintosh 放映文件】不会出现新的选项卡。利用这两个选项可以生成能够直接在 Windows 系统和苹果电脑中播放而不需要 Flash 播放器的动画作品。

项目实训

在了解了 Flash 8 的界面、简单的操作、动画的测试与发布等基本知识后，以下进行实训练习，对所学的内容加以巩固和提高。

实训一 图形变变变

设计一个简单的 Flash 动画，一个黄色的矩形从画面的左侧运动到右侧，并逐渐变化为多彩的圆形，最后又变回到原始位置。动画效果如图 1-29 所示。

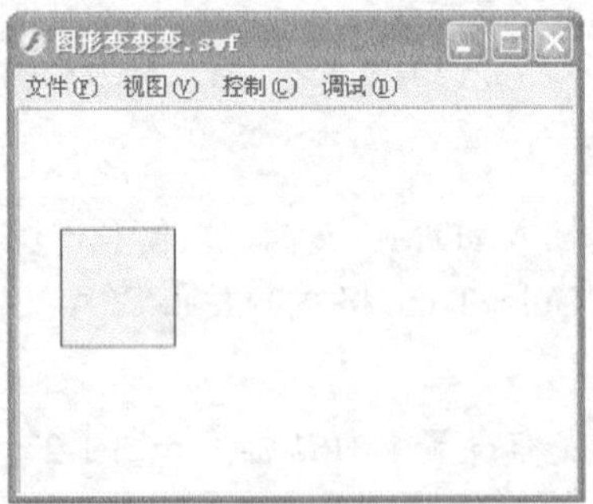

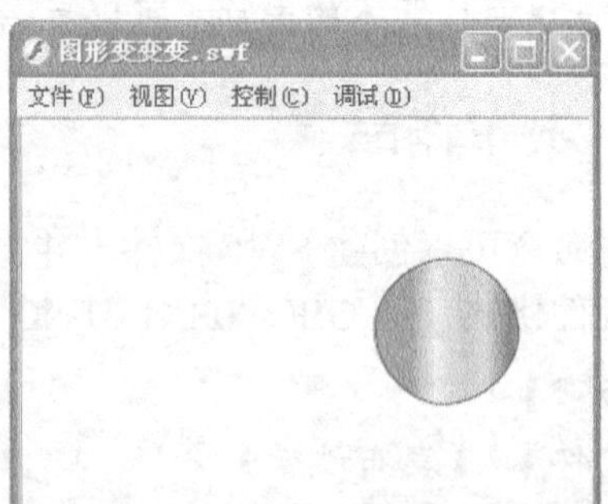

图1-29 滚动的彩球

【操作步骤】

1. 第 1 帧，在舞台左侧绘制一个黄色矩形。
2. 在第 40 帧插入一个关键帧，自动继承第 1 帧的内容。

3. 在第 20 帧插入一个关键帧。
4. 删除第 20 帧的黄色矩形，重新绘制一个圆形，并以彩色填充。
5. 将多彩色圆形拖动到舞台右侧。
6. 设置第 1 帧的【补间】属性为“形状”，【缓动】为“－100”。
7. 设置第 20 帧的【补间】属性为“形状”，【缓动】为“100”。
8. 测试动画。

实训二　发布随心愿

将实训一“图形变变变”发布为一个动态的 GIF 文件。

【操作步骤】

1. 使用【发布设置】命令，出现设置对话框。
2. 选择发布“GIF 图像”格式的文件。
3. 设置 GIF 文件的发布属性，如图 1-30 所示。

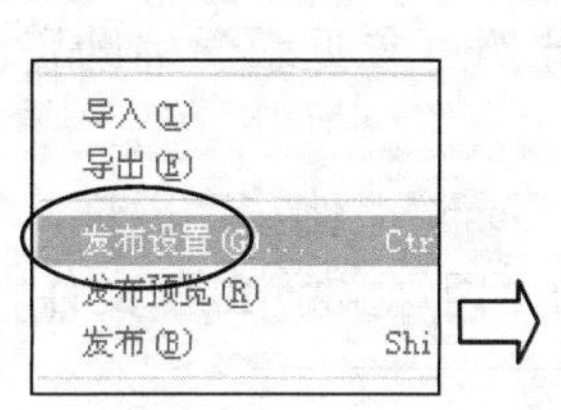

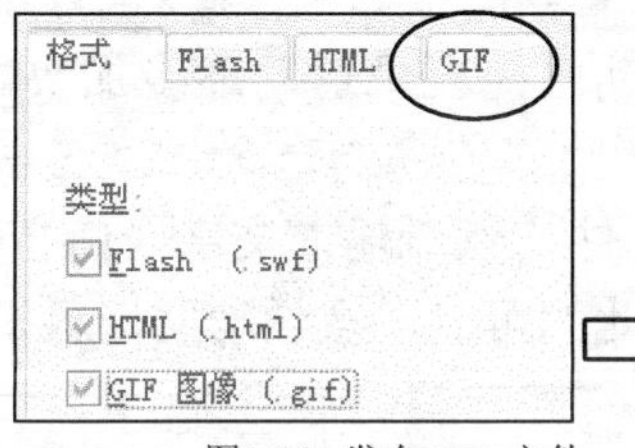

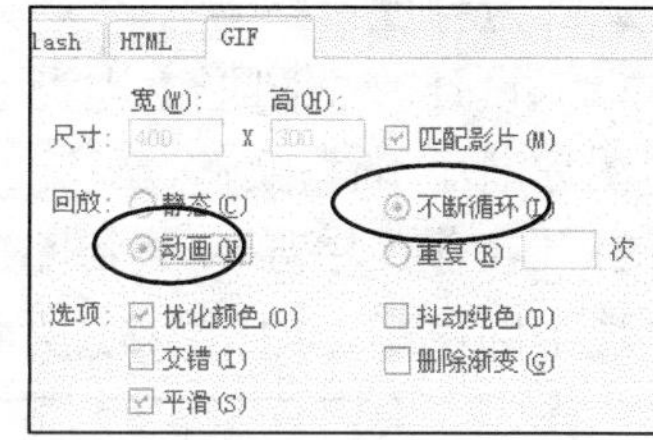

图1-30　发布 GIF 文件

4. 文件发布后，可以使用 ACDSee 等看图软件来查看输出的 GIF 动画。

项目小结

本项简单介绍了 Flash 8，演示了它的用户界面，并通过具体的任务和实训说明了 Flash 8 文档的创建、测试、作品的导出和发布。通过这些内容的学习，使读者对 Flash 8 有一个最基本的感性认识。

在 Adobe 公司的官方网站和联机帮助系统中，对于 Flash 作品大都使用“影片”这个名称。考虑到 Flash 作品的特点与我们传统意义上的“动画”具有同样的概念，因此，本书倾向于使用“Flash 动画”这样的名称，而且在使用时对这两者不加区别。

一般来说，制作 Flash 动画作品的基本工作流程如下。

(1) 作品规划：确定动画要执行哪些基本内容和动作。

(2) 素材添加：创建并导入媒体元素，如图像、视频、声音、文本等。

(3) 元素组织：在舞台上和时间轴中排列这些媒体元素，以定义它们在应用程序中显示的时间和显示方式。

(4) 效果应用：根据需要应用图形滤镜（如模糊、发光和斜角）、混合和其他特殊效果。

(5) 脚本编写：编写 ActionScript 代码以控制媒体元素的行为方式，包括这些元素对用户交互的响应方式。

(6) 动画测试：进行测试以验证动画作品是否按预期工作，查找并修复所遇到的错误。在整个创建过程中应不断测试动画作品。

(7) 作品发布：根据应用需要，将作品发布为可在网页中显示并可使用 Flash Player 回放的 SWF 文件。

思考与练习

一、填空题

1. Flash 8 分为______和______两种版本。
2. Flash 动画是______动画，能够在低速率下实现高质量的动画效果。
3. 工具面板提供了各种工具，可以分为______、______、______和______4 个区域。
4. Flash 8 提供了______和______两种功能，能够根据需要生成不同格式的文件。
5. 作品发布为______，则能够直接在 Windows 系统中播放而不需要 Flash 播放器。

二、操作题

1. 设计一个圆形由大渐小的动画，要求运动逐步加快。此例可参见教学辅助资料中的“图形渐小.fla”文件。
2. 在作品中导入一个 GIF 文件，然后输入文字“Hello，Flash”，使文字闪烁，每次都呈现不同色彩，如图 1-31 所示。此例可参见教学辅助资料中的“闪烁文字.fla”文件。

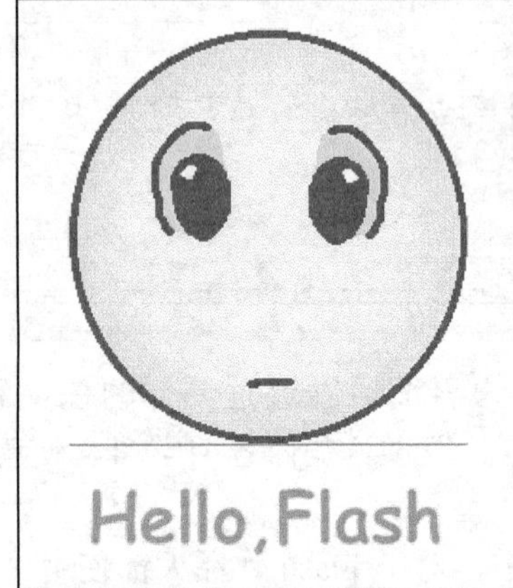

图1-31 Hello，Flash

项目二

线条与色彩：乡间小屋

本项目主要制作图 2-1 所示的乡间小屋，并将其保存为“乡间小屋.fla”文件。

图2-1　乡间小屋

本项目主要通过以下几个任务完成。

- 任务一　设置舞台属性
- 任务二　制作小屋图形
- 任务三　制作文字

掌握舞台属性设置方法。
掌握文字属性设置方法。
掌握绘图工具的使用方法。

任务一　设置舞台属性

该任务主要是设置舞台属性。

【任务要求】

利用【属性】面板，设置舞台尺寸和背景颜色。

【基础知识】

【属性】面板是制作 Flash 动画最为常用的面板，用来显示所选择对象的属性，以便用户操作时查看、设置和修改。对于不同类型的对象，【属性】面板所显示的属性会有很大的不同。比如选择一条矢量线，【属性】面板如图 2-2 所示；选择一个图形元件，【属性】面板如图 2-3 所示。对此，将在以后的案例制作中结合具体情况进行讲解。

图2-2 选择矢量线的【属性】面板

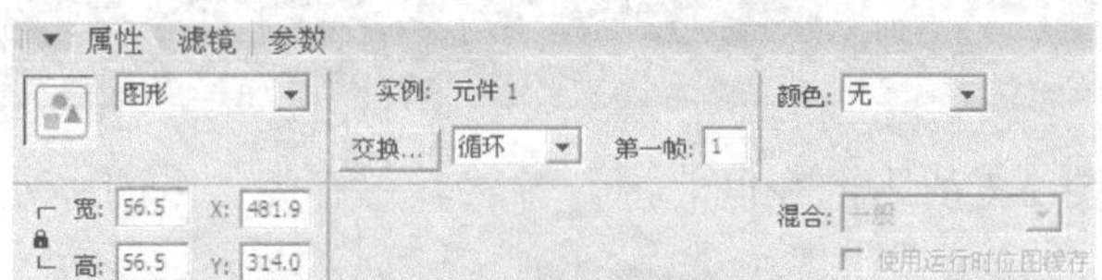

图2-3 选择图形元件的【属性】面板

【操作步骤】

1. 选择【文件】/【新建】菜单命令，创建一个 Flash 文档。此时没有选择任何对象，【属性】面板对应的就是舞台属性设置。
2. 在【属性】面板中，单击【背景】颜色框，设置背景颜色为“#66CCFF”，如图 2-4 所示。

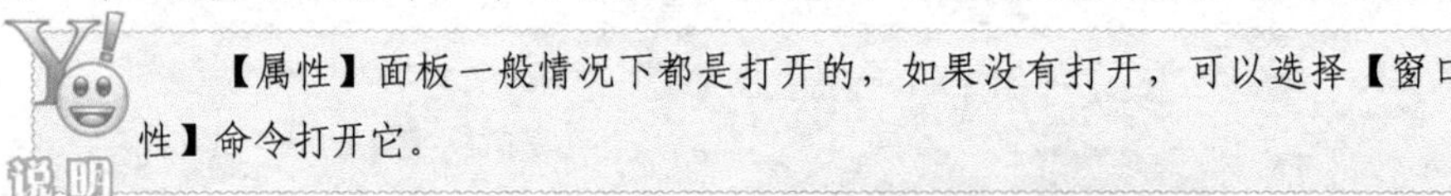

【属性】面板一般情况下都是打开的，如果没有打开，可以选择【窗口】/【属性】/【属性】命令打开它。

图2-4 设置背景颜色

3. 单击【大小】右边的文档属性按钮 550 x 400 像素 ，打开【文档属性】对话框。修改尺寸，将高设为“450px”，如图 2-5 所示。

舞台尺寸决定了动画显示的大小，放置在舞台外部的动画对象，不会显示在动画中。在【文档属性】对话框中，同样可以修改背景颜色。

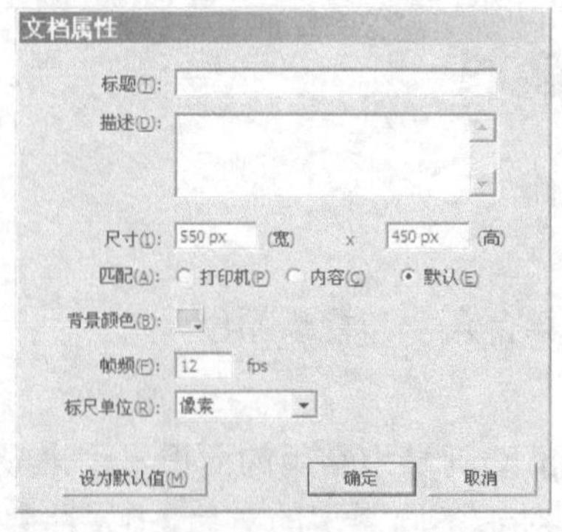

图2-5 修改尺寸

任务二　制作小屋图形

该任务主要是制作小屋图形。

【任务要求】

利用绘图工具和调整工具，制作出图 2-6 所示的小屋图形。

【基础知识】

工具面板划分为 4 个功能区域，即【工具】、【查看】、【颜色】和【选项】，如图 2-7 所示。选择不同的工具时，【选项】区会有所变化。

选择铅笔工具，在【选项】区单击按钮会弹出铅笔工具的 3 个属性设置选项，以确定绘制的线条以何种方式显示，如图 2-8 所示。

图2-6　小屋

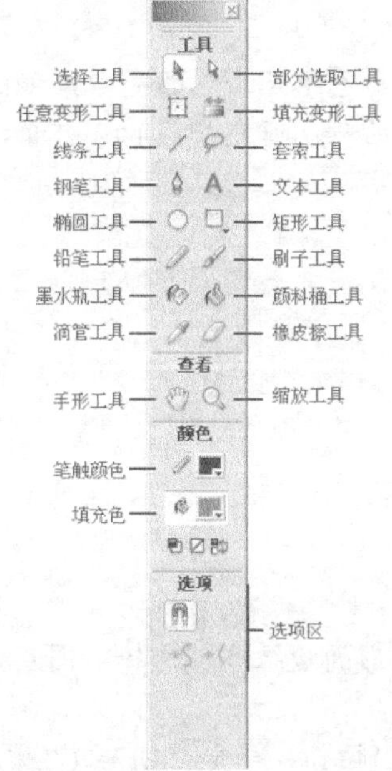

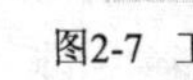
图2-7　工具面板

图2-8　【铅笔】工具选项

选择刷子工具，查看工具面板下方【选项】区共有 5 个选项，如图 2-9 所示。

颜料桶工具既可以填充空的区域，也可以更改已涂色区域的颜色。填充的类型包括纯色、渐变填充以及位图填充，其选项如图2-10所示，其中空隙大小的选择在填充时经常需要调整。

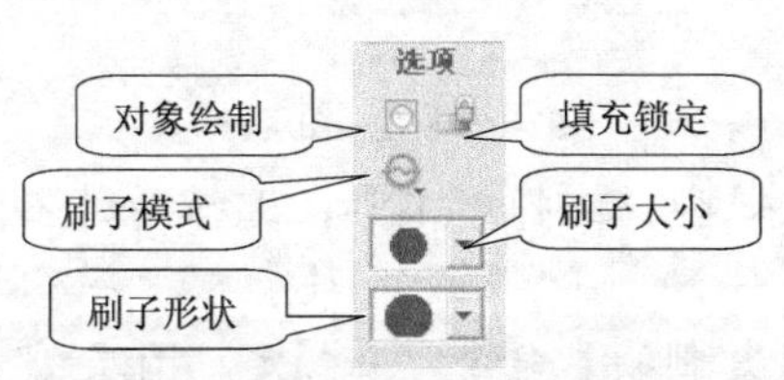

图2-9　刷子工具选项

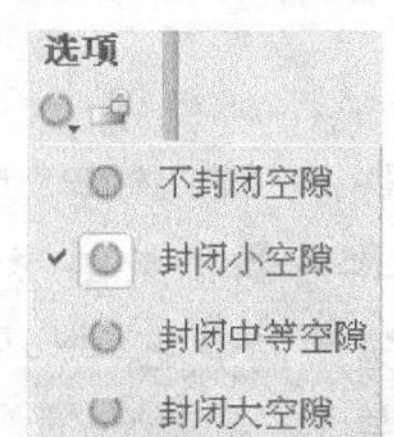

图2-10　颜料桶工具选项

选择工具是使用频率最高的工具，利用它可以进行选择、移动、复制、调整矢量线或矢量图形形状等操作。

【操作步骤】

1. 选择 工具和 工具，笔触选择黑色实线绘制房子的外形，选择 工具调整线条的弧度，形成图 2-11 所示的图形。
2. 选择 工具，选择深蓝色填充房子的暗面，如图 2-12 所示。

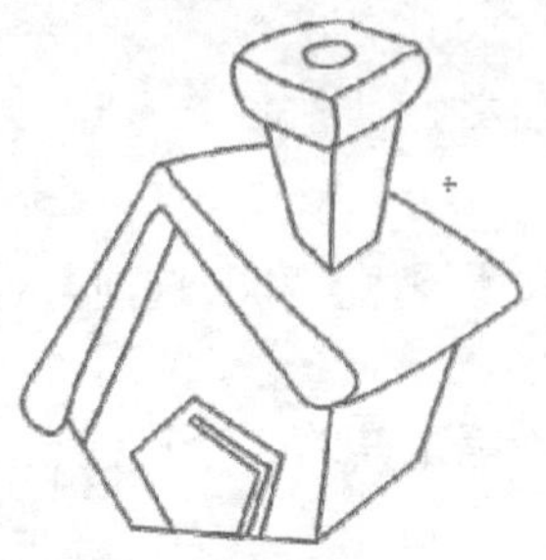
图2-11 绘制房子边线

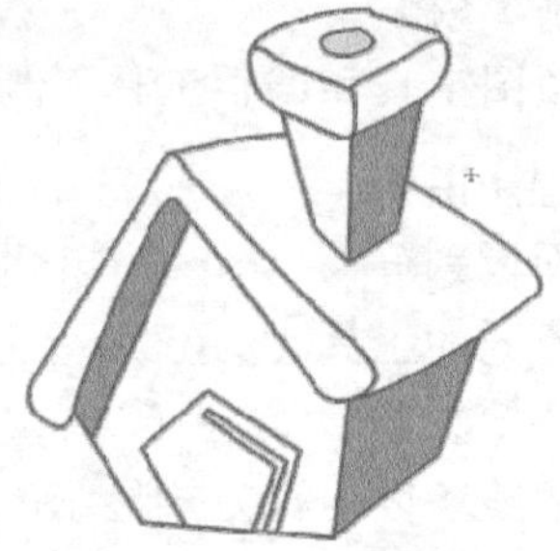
图2-12 填充房子的暗面

3. 选择 工具，选择浅蓝色和白色填充房子的亮面，如图 2-13 所示。
4. 选择 工具，选择两种不同的黄色填充房门的 2 个面，如图 2-14 所示。

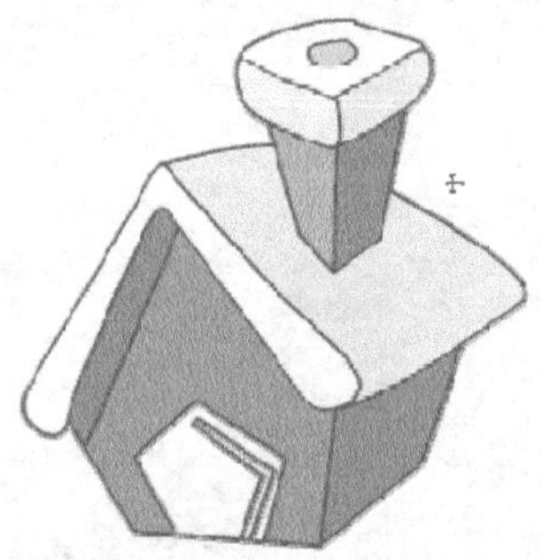
图2-13 填充房子的亮面

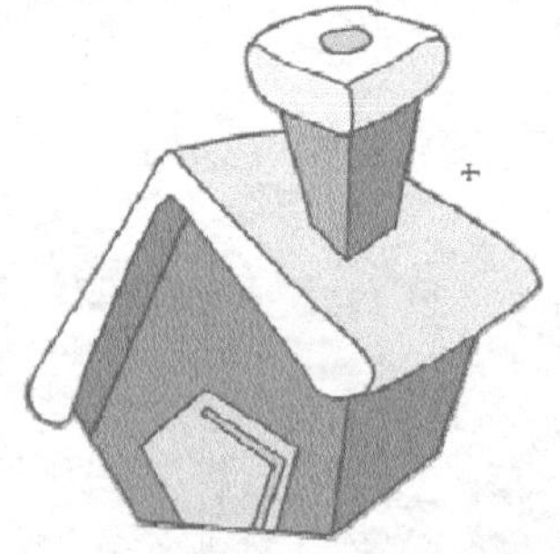
图2-14 填充房门的两个面

5. 选择 工具，选择并删除图形的边缘线。选择“图层 1”的第 1 帧，单击鼠标右键，选择【复制帧】命令。
6. 在【时间轴】面板中，单击 按钮，锁定“图层 1”层，如图 2-15 所示。
7. 在【时间轴】面板中，单击 按钮，增加“图层2”层，如图2-16 所示，选择第 1 帧，单击鼠标右键，选择【粘贴帧】命令。

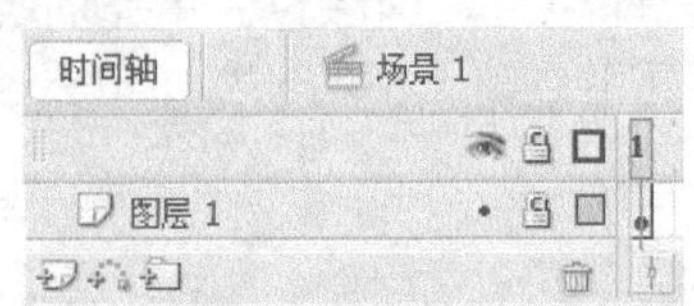

图2-15 锁定“图层 1”层

图2-16 创建新图层

8. 选择 工具，调整新图形的形状，使其变得瘦长一些。选择 工具，选择两种不同的红色填充墙面的颜色，如图 2-17 所示。
9. 选择“图层 1”的第 1 帧，单击鼠标右键，选择【复制帧】命令，并锁定“图层 2”。
10. 在【时间轴】面板中，增加一个新层“图层 3”，单击鼠标右键，选择【粘贴帧】命令。
11. 选择 工具，适当调整新图形的形状。选择 工具，选择两种不同的浅蓝色填充墙面的颜色，如图 2-18 所示。

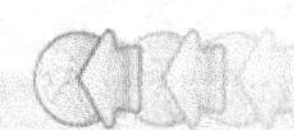

图2-17　调整房子的色彩

图2-18　调整房子的形态

12. 在【时间轴】面板中，增加一个新层“图层4”，选择工具，选择白色绘制房前积雪图形。
13. 选择工具，选择黄色绘制炊烟图形，如图 2-19 所示。

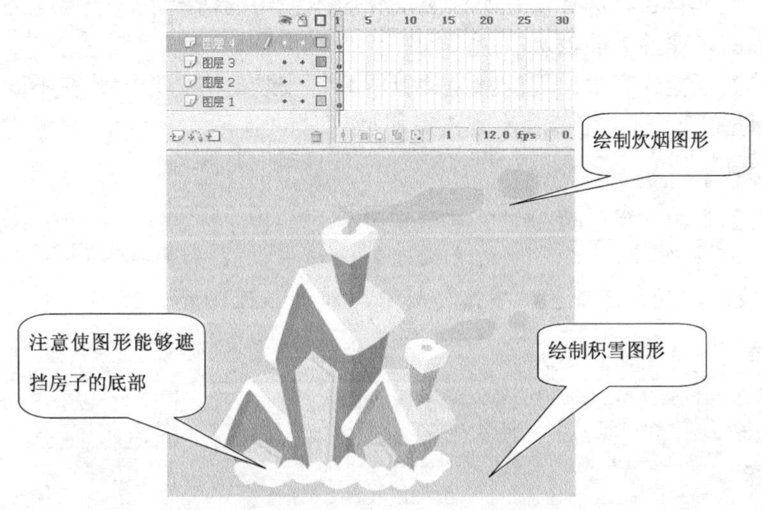

图2-19　绘制积雪和炊烟效果

任务三　制作文字

该任务是在小屋下方的舞台中央制作文字。

【任务要求】

利用文本工具【属性】面板，设置以及修改文字属性，制作“乡间小屋”文字，如图 2-20 所示。

图2-20　文字效果

【基础知识】

使用文本工具可以添加形式多样的文字效果，而文字效果的属性就是在【属性】面

板中设置的，如图 2-21 所示。

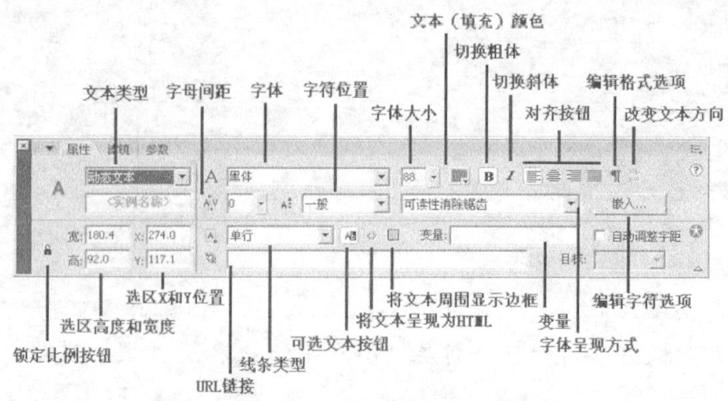

图2-21 文本工具【属性】面板

【文本类型】有 3 种选择，在不涉及动作脚本使用的情况下，使用静态文本。不同的文本类型，对应的【属性】面板会有所不同。

在【字体】下拉列表中出现的都是计算机系统安装的字体，因此在不同的计算机上使用 Flash 8 进行动画制作时，可能会出现没有对应字体的情况。

【操作步骤】

1. 在【时间轴】面板中，增加一个新层“图层 5”。
2. 在工具面板中选择 A 工具。在【属性】面板中，设置【字体】为“黑体”，【字体大小】为“60”，颜色选黄色，字体为斜体，如图 2-22 所示。

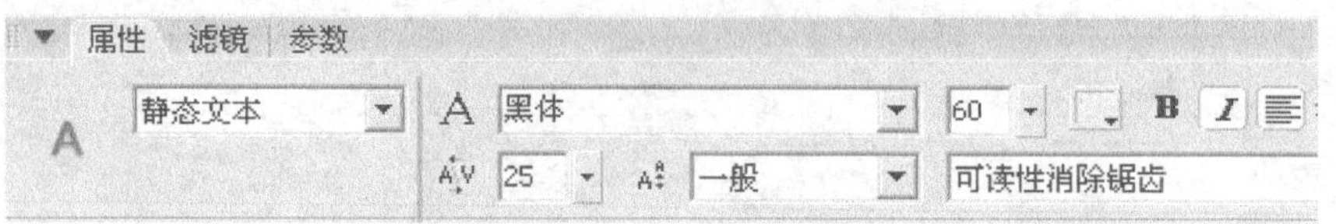

图2-22 设置文本属性

3. 在舞台下方单击，输入字符“乡间小屋”。然后按住鼠标左键拖动，使字符全选，如图 2-23 所示。
4. 在【属性】面板中，调整字符间距，如图 2-24 所示。

图2-23 选择字符

图2-24 调整字符间距

项目实训

完成项目二的各个任务后，读者应初步掌握学习目标中所阐述的内容，以下进行实训练习，对所学内容加以巩固和提高。

实训一　小树苗

嫩绿的小树苗在太阳的照耀下茁壮成长，如图2-25所示。此例可参见教学辅助资料中的“小树苗.fla”文件。

【操作步骤】

1. 新建一个 Flash 文档。选择【修改】/【文档】命令，打开【文档属性】对话框，修改尺寸如图 2-26 所示。

图2-25　小树苗

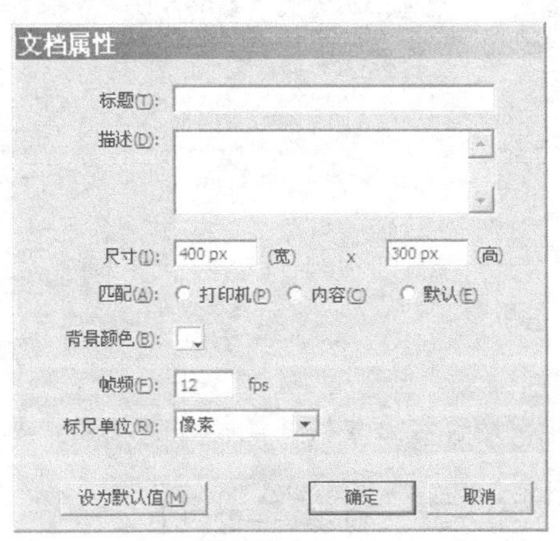

图2-26　修改文档尺寸

2. 选择 工具，在舞台左下方绘制一个树苗基本图形，如图 2-27 所示。
3. 选择 工具，将鼠标指针移到要调整的线条，拖曳图形边线到合适弧度为止，如图 2-28 所示，图形会变得比以前更理想。

图2-27　绘制一个树苗基本图形

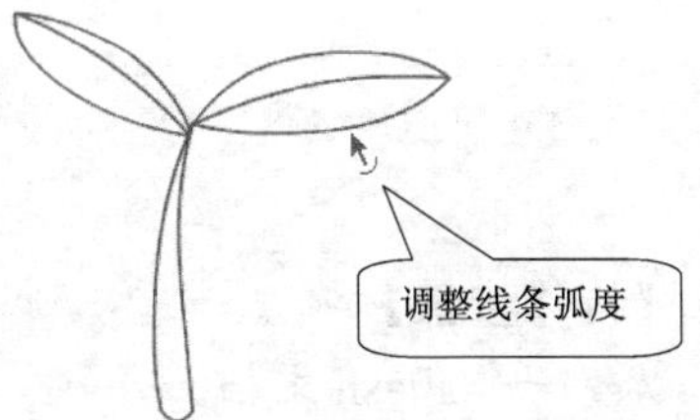

图2-28　调整矢量线

4. 选择 工具，将鼠标指针移到图形的节点位置，当出现方形标识时，调整树叶图形的顶点，如图 2-29 所示。
5. 选择 工具，用两种不同的绿色填充树苗，效果如图 2-30 所示。

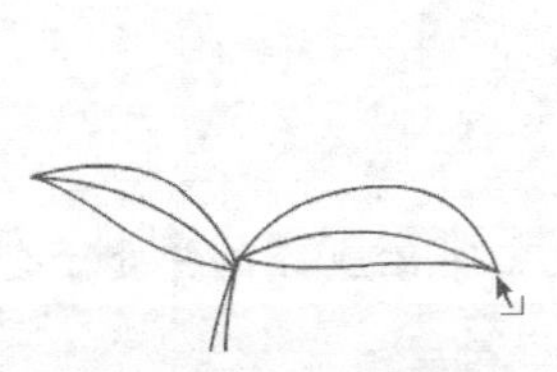

图2-29　调整节点位置

图2-30　填充颜色

6. 单击 工具并按住鼠标左键，从弹出菜单中选择 工具。
7. 在【属性】面板中，设置【笔触颜色】为“无”，【填充颜色】为红色，如图 2-31 所示。

图2-31 设置颜色

8. 在【属性】面板中单击 选项... 按钮，打开【工具设置】对话框，在【样式】下拉列表中选择“星形”，【边数】设为“32”，如图 2-32 所示。

> 说明：【星形顶点大小】中可以输入一个介于 0~1 的数值，以指定星形顶点的深度。此数字越接近 0，创建的顶点就越深（如针）。

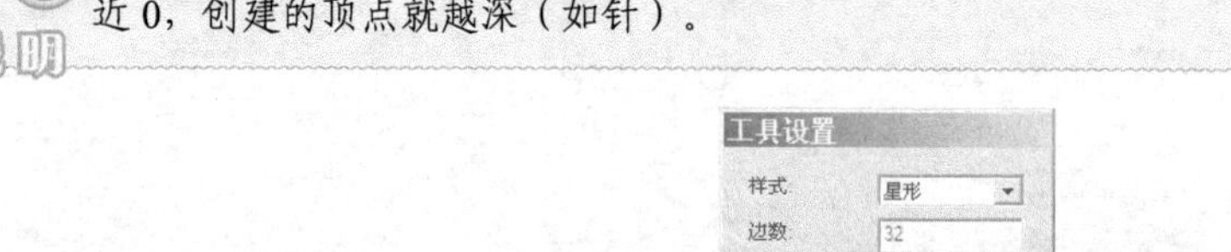

图2-32 “工具设置”对话框

9. 在舞台右上方按住鼠标左键拖动，画出一个太阳。

实训二　标识字设计

制作字体变形的文字效果，如图 2-33 所示。此例可参见教学辅助资料中的“标识字设计.fla”文件。

图2-33 标识字

【操作步骤】

1. 新建一个 Flash 文档。
2. 选择 A 工具，在【属性】面板中，设置【字体】为“黑体”，【字体大小】为“96”，颜色选“深红色”，在舞台上输入文字“庆华”，如图 2-34 所示。

图2-34 输入文字

3. 选择文字，连续执行2次【修改】/【分离】命令，把文字彻底分离并处于全部被选择状态，如图 2-35 所示。

> 说明：执行第 1 次【分离】命令，每个字符成为了单独一个对象；执行第 2 次【分离】命令，字符变成了矢量图形。

4. 选择工具，连接“庆”和“华”图形，延长“华”图形的长度，调整效果参照图 2-36 圈中所示样式。

图2-35　打散文字

图2-36　调整图形

5. 选择工具，调整“庆”和“华”图形之间连接图形的弧度，如图 2-37 所示。
6. 选择工具，然后擦除“庆”图形上面的点，如图 2-38 所示。
7. 选择工具，在“庆”图形上面绘制深红色无边线正圆形，如图 2-39 所示。

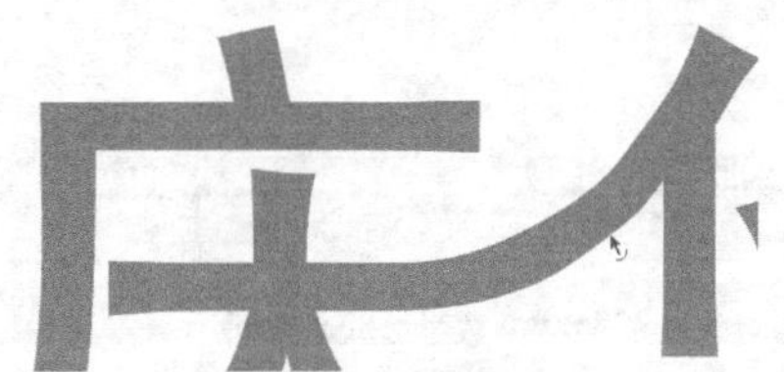

图2-37　连接图形

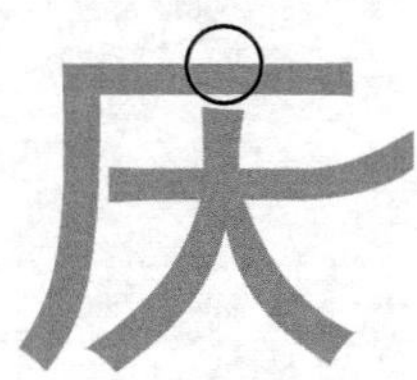

图2-38　擦除图形

图2-39　绘制圆形

8. 选择工具，将“华”图形 3 处形态擦除成切角，调整效果参照图 2-40 圈中所示样式。
9. 选择工具，在【属性】面板中，将【字体大小】设置为“52”，在舞台输入“口腔”文字，如图 2-41 所示。

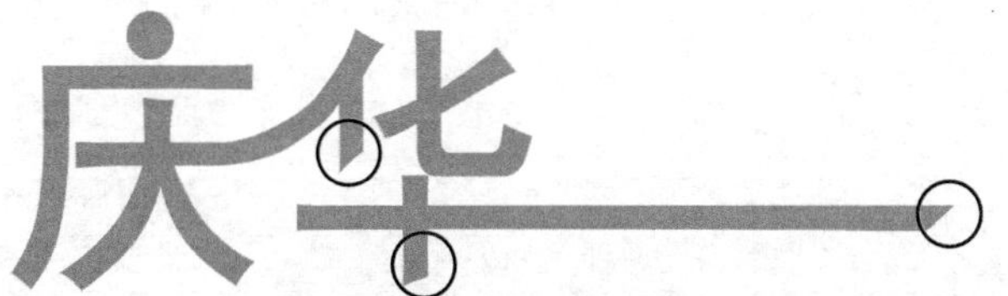

图2-40　擦除切角图形

图2-41　输入文字

项目小结

本项目分 3 个任务：设置舞台属性、制作小屋图形和制作文字，完成了卡通小屋的制作。本项目主要介绍了舞台属性设置方法、文字属性设置方法和绘图工具的使用。本项目所涉及的内容，只是动画制作的一些基本内容。希望通过对这 3 个任务的学习，为以后的学习打下一个坚实的基础。

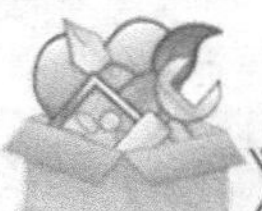

思考与练习

一、填空题

1. 【属性】面板是制作 Flash 动画最为常用的面板，用来显示所选择对象的______，

以便用户查看、设置和修改。

2. 在 Flash 文档中，没有选择任何对象时，【属性】面板对应的就是______属性设置。

3. 颜料桶工具______填充不封闭的区域。

4. 选择工具后，在【属性】面板的【字体】下拉列表中出现的都是______安装的字体。

二、操作题

1. 利用绘图工具绘制如图 2-42 所示的苹果。此例可参见教学辅助资料中的“苹果.fla”文件。

2. 使用工具，创建如图 2-43 所示的数学公式效果。此例可参见教学辅助资料中的“数学公式.fla”文件。

图2-42 苹果

$a^2+b^2+c^2=d$

图2-43 数学公式

项目三

图形编辑：烛台烛光

本项目主要制作图 3-1 所示的烛台，并将其保存为“烛台.fla”文件。

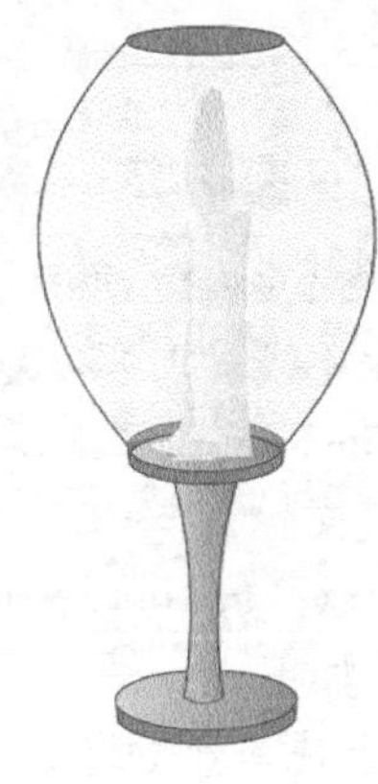

图3-1 烛台

本项目主要通过以下几个任务完成。

- 任务一　制作烛台轮廓
- 任务二　为烛台填充颜色
- 任务三　制作蜡烛
- 任务四　制作灯罩

学习目标

掌握对象的合并方法。
掌握层叠顺序的调整方法。
掌握【混色器】面板的使用方法。
掌握【对齐】面板的使用方法。

任务一　制作烛台轮廓

该任务主要是制作烛台轮廓。

【任务要求】

利用对所绘图形以及对象的编辑处理，制作出烛台轮廓，如图 3-2 所示。

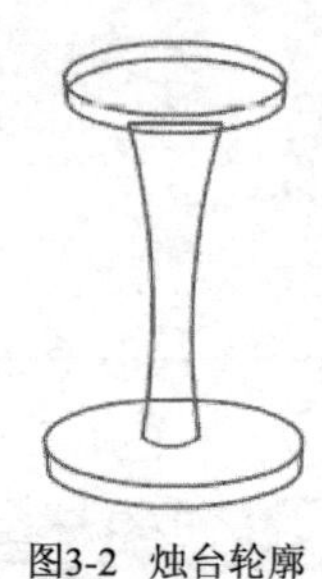
图3-2 烛台轮廓

【基础知识】

选择舞台上的对象后，可以使用【编辑】菜单命令下的子命令，实现复制、剪切、粘贴等操作，这些命令都有快捷键。

使用工具选择某个对象后，按 Alt 键或者 Ctrl 键拖动，会在松开键的位置直接复制出所选对象。

在舞台同一图层上直接绘制的图形，按绘制的先后顺序叠加，相互重叠时会自动合并，其下面的图形在重合部分的内容被删除，如图 3-3 所示。这就是 Flash 的合并绘制模式。

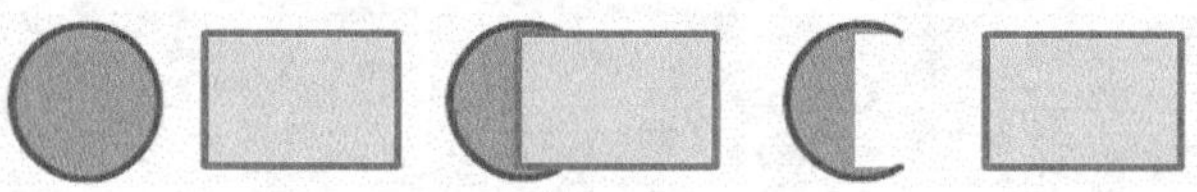
图3-3 多个矢量线条和图形的叠加

由于绘制复杂图案时，很难一次性完成，需要反复调整，因此为避免出现图形被部分删除的弊端，保持各个图形的独立性，Flash 提供了对象绘制模式。在工具面板【选项】部分中单击按钮，就可以采用对象绘制模式。

对于采用对象绘制模式绘制的多个对象，可以采用【修改】/【合并对象】命令下的子命令处理它们相互间的关系。各子命令如下。

- 【联合】：将两个或多个对象合成单个对象。将合并绘制模式下绘制的矢量线条和图形，转换成单个对象。
- 【交集】：创建两个或多个对象交集的对象。
- 【打孔】：删除所选对象的某些部分，这些部分由所选对象与排在所选对象前面的另一个所选对象的重叠部分来定义。
- 【裁切】：使用某一对象的形状裁切另一对象。在前面或最上面的对象中定义裁切区域的形状。

调整多个对象相互间的位置关系，可以采用【修改】/【对齐】命令下的子命令，也可以打开【对齐】面板进行相应操作，如图 3-4 所示。其中【相对于舞台】按钮按下后，操作都会以舞台中心为基准进行调整。

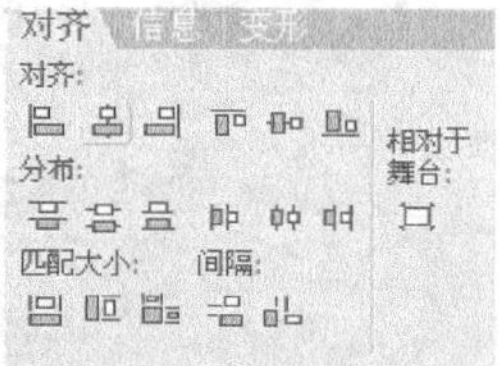

图3-4 调整对象层叠顺序的命令

【操作步骤】

1. 选择【文件】/【新建】菜单命令，创建一个 Flash 文档，设置背景颜色为浅黄色。
2. 选择工具，在【属性】面板中设置【笔触颜色】为黑色，【笔触高度】为“1”，【填充色】为无，如图 3-5 所示。

图3-5 设置椭圆工具属性

3. 在舞台上绘制一个椭圆，使用工具选择椭圆，按住 Alt 键向下拖动复制椭圆，如图 3-6 所示。

4. 删除下面椭圆的边线，如图 3-7 所示。

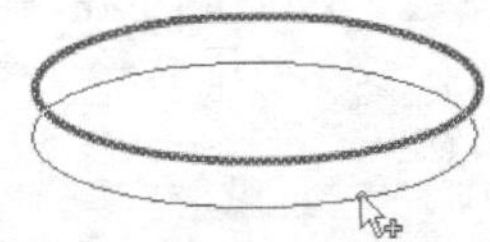

图3-6　复制椭圆

图3-7　删除边线

5. 选择椭圆下面的边线，按 Ctrl+C 组合键复制，然后按 Ctrl+V 组合键粘贴并调整位置，如图 3-8 所示。
6. 单击工具栏中的按钮，选择工具，连接两侧的边线，如图 3-9 所示。

图3-8　复制边线

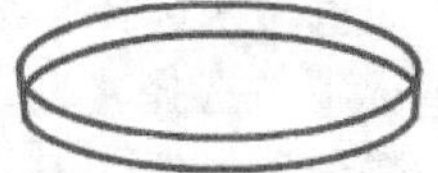

图3-9　连接两侧的边线

7. 按住 Ctrl 键向下拖动复制出新图形，然后删除椭圆内部的边线。
8. 选择工具，按住 Shift 键，等比例放大新复制的图形，如图 3-10 所示。
9. 使用工具选择上面的图形，选择【修改】/【合并对象】/【联合】命令，将其转换成对象。再将下面的图形也转换成对象。

说明

转换成对象后，再次选择图形，会在其四周出现蓝色边框。

10. 选择工具，在工具面板中按下按钮，将【填充色】设为无，在上下两个对象间画一个矩形。然后取消选择，使用工具调整形状，如图 3-11 所示。
11. 将所有对象全选，打开【对齐】面板，按下按钮水平中齐调整 3 个对象的位置关系，如图 3-12 所示。

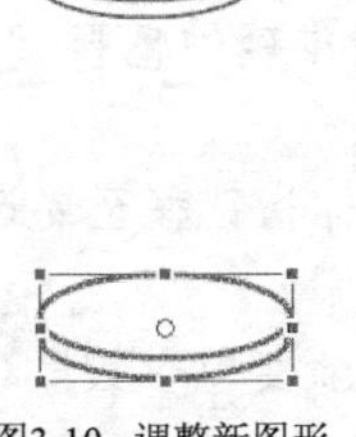

图3-10　调整新图形

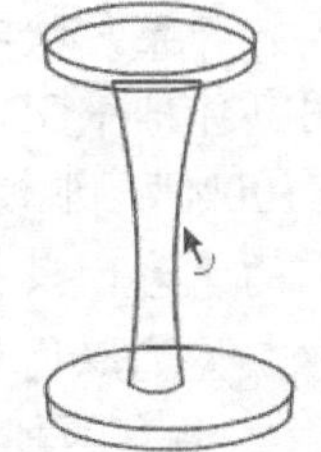

图3-11　调整矩形形状

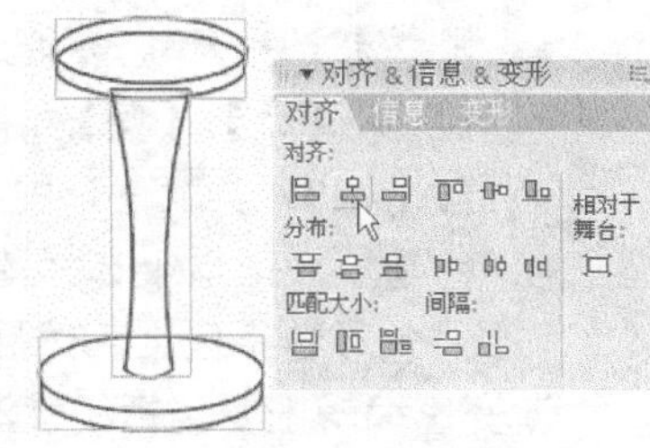

图3-12　调整水平中齐

任务二　为烛台填充颜色

该任务主要是为烛台填充颜色。

【任务要求】

为烛台不同部分填充纯色和渐变色，形成立体感的烛台，如图 3-13 所示。

【基础知识】

按对象绘制模式绘制的多个对象有层叠顺序，并且这个顺序可以通过图3-14 所示的【修改】/【排列】命令下的子命令处理。也可以在对象上单击鼠标右键，从打开的快捷菜单中选取。

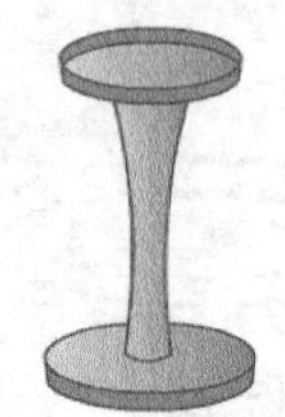
图3-13 放置动画元件

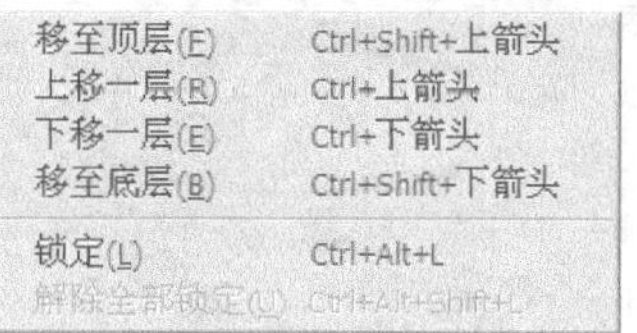

图3-14 调整对象层叠顺序的命令

单击【笔触颜色】按钮、【填充色】按钮等弹出的色彩选择面板，都被称为【颜色选择器】面板，如图 3-15 所示。这在前面的学习中已经有所应用。

【混色器】面板用来选择、编辑纯色与渐变色，是动画制作中经常性的工作，特别是在设置渐变色的情况下。选择【窗口】/【混色器】命令，打开【混色器】面板，如图 3-16 所示。其中【笔触颜色】按钮可以选择、编辑矢量线的色彩。【填充颜色】按钮可以选择、编辑矢量色块的色彩。

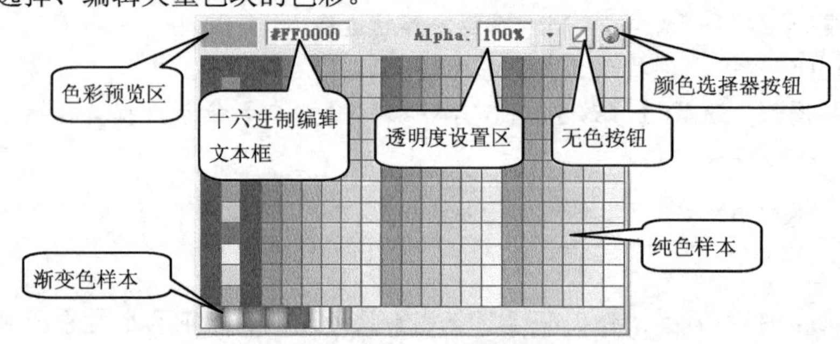

图3-15 【颜色选择器】面板

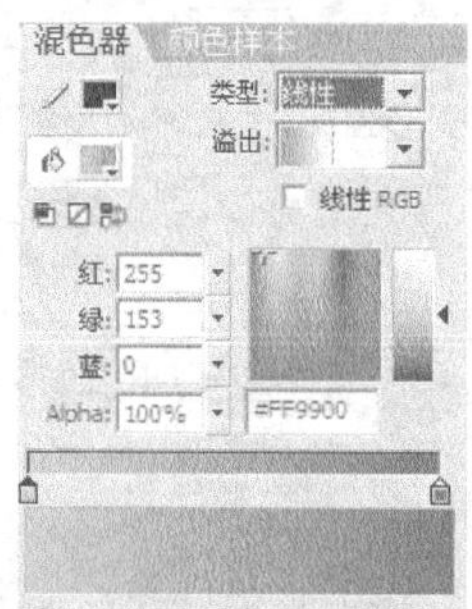

图3-16 【混色器】面板

- 按钮：是默认色彩按钮，可以快速地切换到黑白两色状态。
- 按钮：取消对矢量线或是矢量色块的填充。
- 按钮：用于快速地切换矢量线和矢量色块之间的色彩。
- 【红】、【绿】、【蓝】：用户可以用具体的 RGB 三色数值来取得准确的色彩。
- 【Alpha】：其取值范围是“1%～100%”，取值越小越透明。
- 色选取区：用于选择随意性较强的色彩，其操作方法是将鼠标指针移至要选取的色彩选择区上，然后单击鼠标左键选取色彩就可以了。

渐变色编辑主要包括线性渐变和放射状渐变两种方式。当要增加渐变色彩数量时，可以在渐变色条下面的合适位置单击鼠标以增加指针，然后对该指针的色彩进行调整。指针代表渐变过程中的一个色阶，要删除某一指针，将指针拖曳到色条外即可。

【操作步骤】

1. 选择工具，单击按钮打开【颜色选择器】面板，设置颜色为“#990000”，填充烛台的背光部分，如图 3-17 所示。
2. 打开【混色器】面板，选择线性渐变，调整出由中黄到褐色渐变色，如图 3-18 所示。
3. 选择工具，确信选项中的按钮未按下，填充图形中的其他区域，如图 3-19 所示。

说明：【锁定填充】按钮按下后，将以舞台宽度为基准填充渐变色，舞台最左边对应最左边的指针颜色，舞台最右边对应最右边的指针颜色。

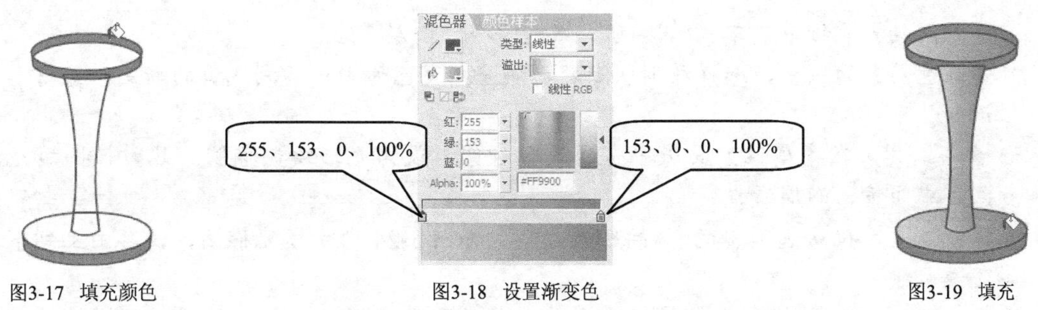

图3-17　填充颜色　　图3-18　设置渐变色　　图3-19　填充

4. 此时可以看出3个对象的层叠关系不正确，选择最上面的对象，选择【修改】/【排列】/【移至顶层】命令，以便遮挡住中间的柱子。

任务三　制作蜡烛

该任务主要是制作燃烧的蜡烛。

【任务要求】

利用绘图工具以及渐变颜色的填充，制作燃烧的蜡烛，如图 3-20 所示。

【操作步骤】

1. 在【时间轴】面板中，单击按钮，增加一个“图层 2”。
2. 在【混色器】面板中，调整渐变色为白色向浅粉红色渐变，如图 3-21 所示。

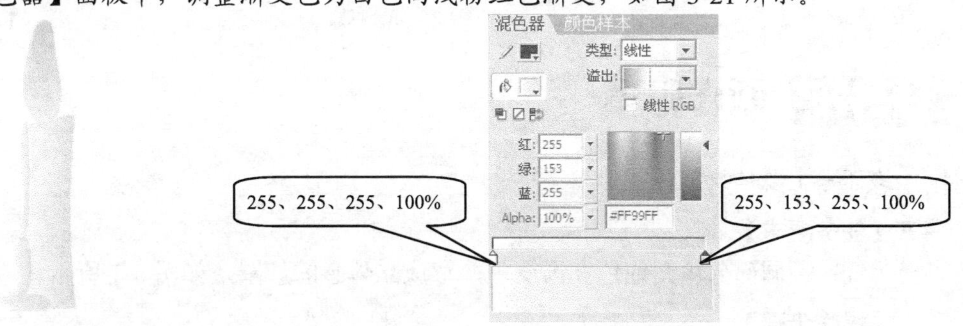

图3-20　蜡烛　　图3-21　调整渐变色

3. 选择工具，绘制矩形，调整矩形两侧的边缘，使边缘向内弯曲。
4. 选择工具，向下调整矩形左上角，使其略低于右侧。
5. 选择工具，适当擦除矩形的上边缘，使其接近于蜡烛的真实形态。
6. 选择工具，分 3 组创建燃烧蜡烛滴下的形态。
7. 选择工具，确认选项中的按钮未按下，填充蜡烛滴下的形态，删除边线，如图 3-22 所示。

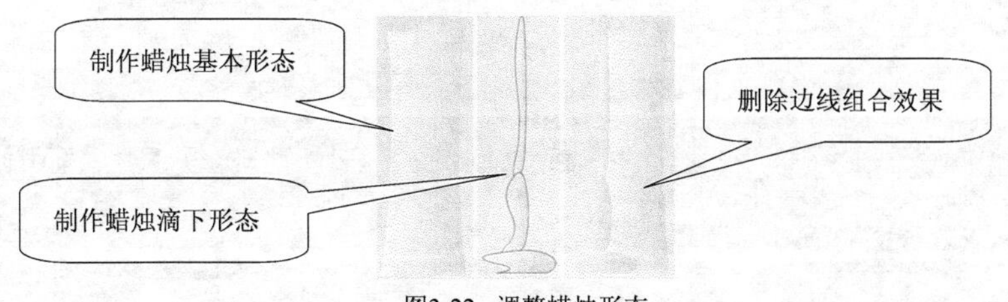

图3-22　调整蜡烛形态

8. 在【时间轴】面板中，单击按钮，增加一个“图层 3”。
9. 在【混色器】面板中，选择放射状渐变，调整渐变色为由中黄到浅黄的渐变，如图 3-23 所示。
10. 选择○工具，在【属性】面板中将【笔触颜色】设为无，绘制椭圆。此时椭圆填充的颜色是中间黄、四周浅。
11. 选择工具，确认选项中的按钮未按下，如图 3-24 所示填充椭圆，使其由上到下逐步变浅。
12. 选择工具，调整椭圆形状接近于蜡烛火苗的形态，调整火苗的位置位于蜡烛的正上方，如图 3-25 所示。

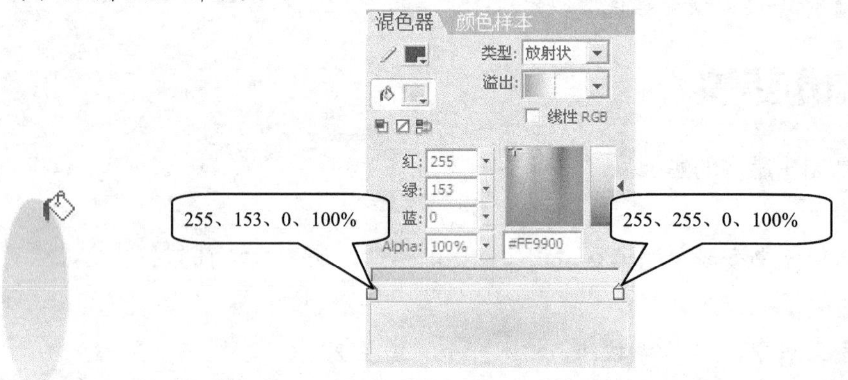

图3-23 调整渐变色　　图3-24 填充椭圆　　图3-25 调整火苗

任务四 制作灯罩

该任务主要是绘制灯罩。

【任务要求】

为灯罩不同部分填充纯色和渐变色，形成立体感的灯罩，如图 3-1 所示。

【操作步骤】

1. 在【时间轴】面板中，增加一个“图层 4”。
2. 选择○工具，在【属性】面板中设置【笔触颜色】为黑色，【笔触高度】为“1”，【填充色】为深褐色，绘制一个椭圆，如图 3-26 所示。
3. 使用工具选择椭圆，按住 Ctrl+Alt 键向下拖动复制椭圆，如图 3-27 所示。

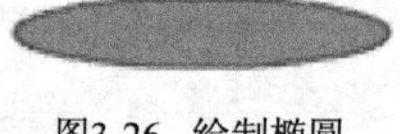

图3-26 绘制椭圆　　图3-27 复制椭圆

4. 单击工具栏中的按钮，选择工具，连接左侧的边线，如图 3-28 所示。
5. 使用工具，调整直线的弧度，如图 3-29 所示。
6. 选择弧线，按住 Ctrl+Alt 组合键向右拖动复制弧线。
7. 选择【修改】/【变形】/【水平翻转】命令，如图 3-30 所示，将其镜像。

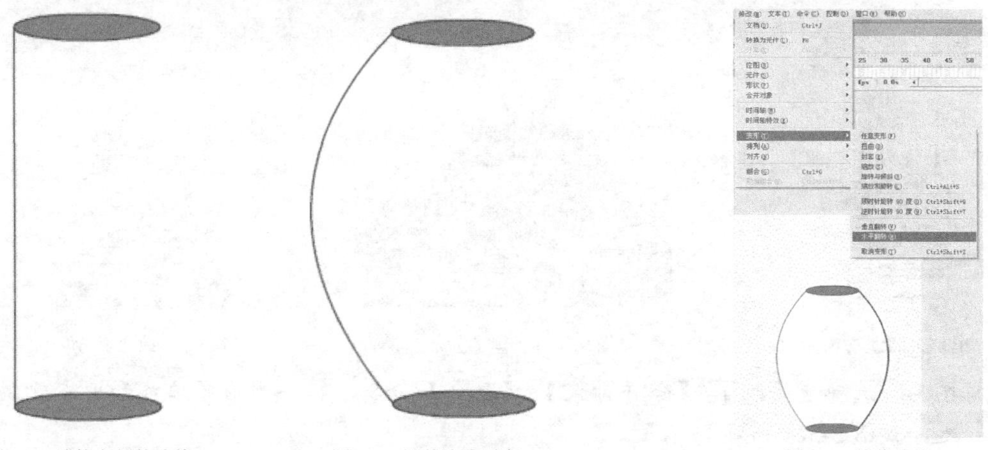

图3-28 连接左侧的边线　　图3-29 调整边线弧度　　图3-30 镜像边线

8. 在【混色器】面板中，选择线性渐变，调整渐变色为由白色到浅粉色的渐变，如图 3-31 所示。
9. 删除下面的椭圆。选择当前图层中所有对象，选择工具，调整大小，如图 3-32 所示。

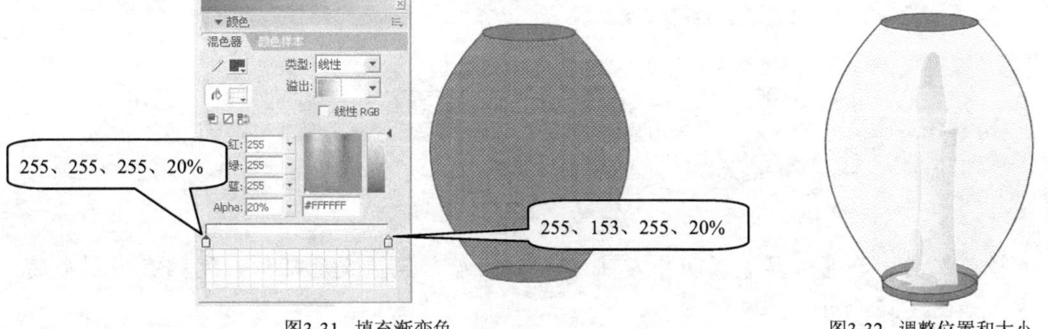

图3-31 填充渐变色　　图3-32 调整位置和大小

项目实训

完成项目三的各个任务后，读者初步掌握了学习目标中所阐述的内容，以下进行实训练习，对所学内容加以巩固和提高。

实训一　金属螺丝

利用【合并对象】命令制作无法直接绘制的图形，形成金属螺丝，如图3-33所示。此例可参见教学辅助资料中的“金属螺丝.fla”文件。

【操作步骤】

1. 新建一个 Flash 文档。选择工具，按 Shift 键绘制黑边灰色圆形。选择工具，绘制黑边灰色矩形，遮挡在圆形的下方，如图 3-34 所示。此时工具栏中的按钮不按下。

2. 选择并删除矩形，得到半圆图形。选择图形，设置填充色为白色到黑色的放射状渐变，如图 3-35 所示。

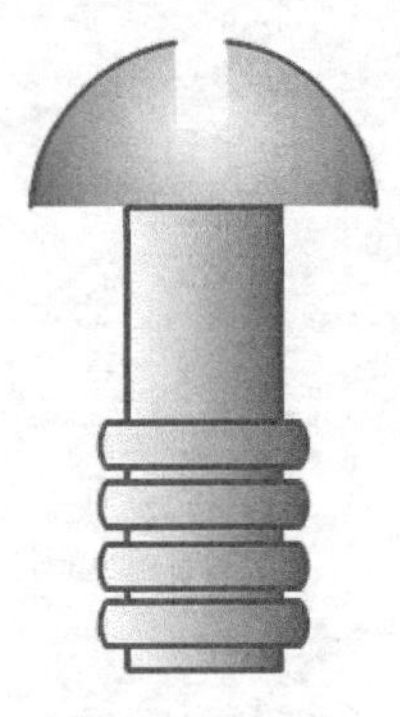

图3-33 金属螺丝

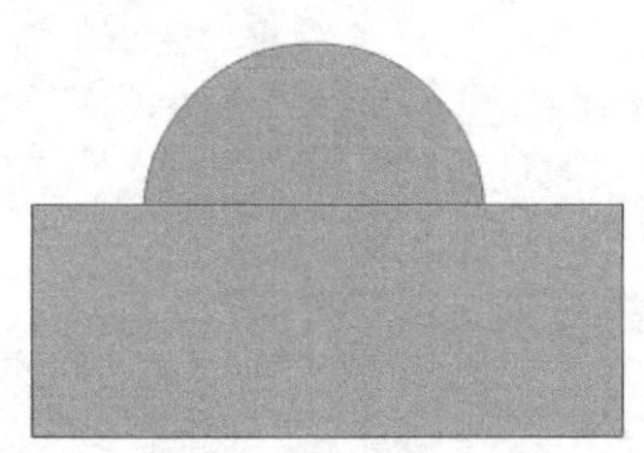

图3-34 绘制遮挡矩形

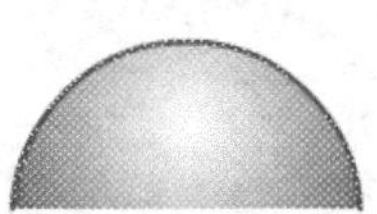

图3-35 改变填充色

3. 选择图形，选择【修改】/【合并对象】/【联合】命令，将半圆形的边线和填充色联合在一起，如图 3-36 所示。

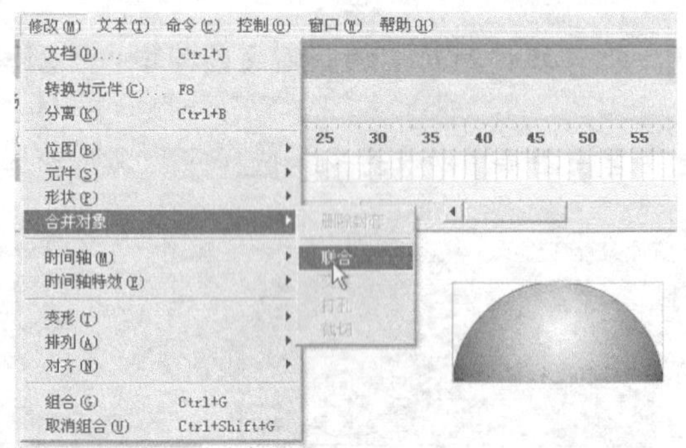

图3-36 联合图形

4. 选择工具，在【工具】面板中单击按钮，绘制黑边灰色矩形，遮挡在半圆形的上方，如图 3-37 所示。

5. 同时选择两个图形，选择【修改】/【合并对象】/【打孔】命令，下面的图形与上面图形重合的区域被裁剪掉，如图 3-38 所示。

6. 选择工具，确认按钮已按下，设置【笔触颜色】为黑色，【填充色】为白色到黑色的线性渐变，在半圆形的下方绘制矩形，如图 3-39 所示。

图3-37 绘制遮挡矩形

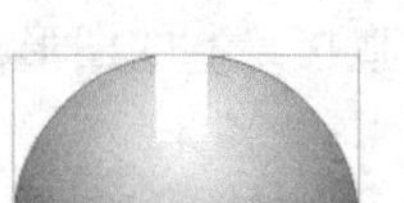

图3-38 裁切图形

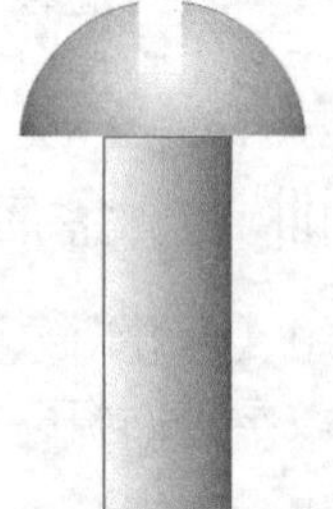

图3-39 绘制矩形

7. 选择工具，绘制黑边灰色椭圆形对象。

8. 选择□工具，绘制黑边灰色矩形对象，遮挡在椭圆形的中部，如图 3-40 所示。
9. 同时选择新绘制的两个图形，选择【修改】/【合并对象】/【交集】命令，两个图形的重叠部分保留下来（保留的是上面图形的部分），其余部分被裁剪掉，得到螺纹图形。
10. 选择螺纹图形，设置白色到黑色的线性渐变，如图 3-41 所示。
11. 选择工具移动螺纹图形到螺丝上面，然后按住 Alt 键在垂直方向上拖曳复制3个螺纹图形，并利用【对齐】面板使它们等距离分布，如图 3-42 所示。
12. 选择所有图形，【调整笔触】高度为“3”，此时螺丝图形如图 3-43 所示。

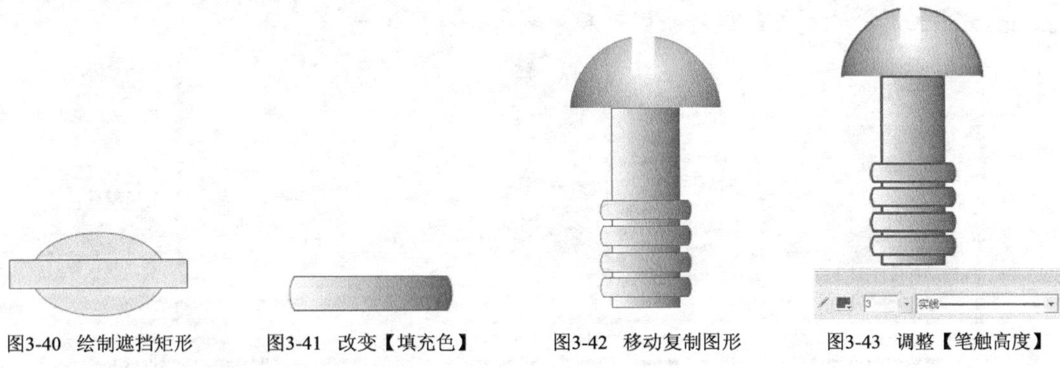

图3-40 绘制遮挡矩形　图3-41 改变【填充色】　图3-42 移动复制图形　图3-43 调整【笔触高度】

实训二　红绿灯与广告牌

此例重点在于对笔触颜色和填充颜色进行渐变色调整，如图3-44所示。此例可参见教学辅助资料中的“红绿灯与广告牌.fla”文件。

【操作步骤】

1. 新建一个 Flash 文档。选择○工具，按 Shift 键在舞台中绘制圆形。
2. 选择圆形，在工具面板单击按钮，在打开的【颜色选择器】面板中选择白色到黑色的线性渐变色。
3. 在工具面板中单击按钮，在打开的【颜色选择器】面板中选择绿色到黑色的放射状渐变色。
4. 在【属性】面板中，设置【笔触高度】为“10”，如图 3-45 所示。
5. 选择图形，选择工具，按 Alt 键向下拖曳复制一个新圆形。
6. 选择新圆形，在【属性】面板中，设置填充颜色为红色到黑色的放射状渐变色，如图 3-46 所示。

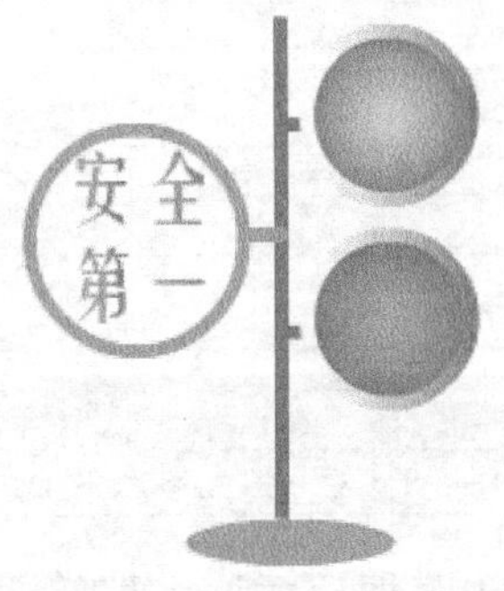

图3-44 红绿灯与广告牌

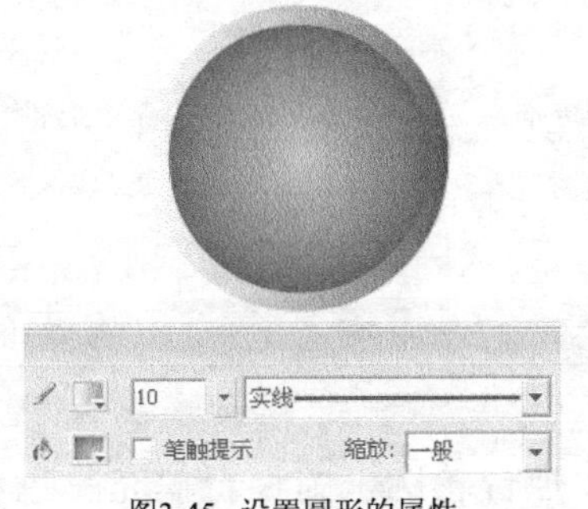

图3-45 设置圆形的属性

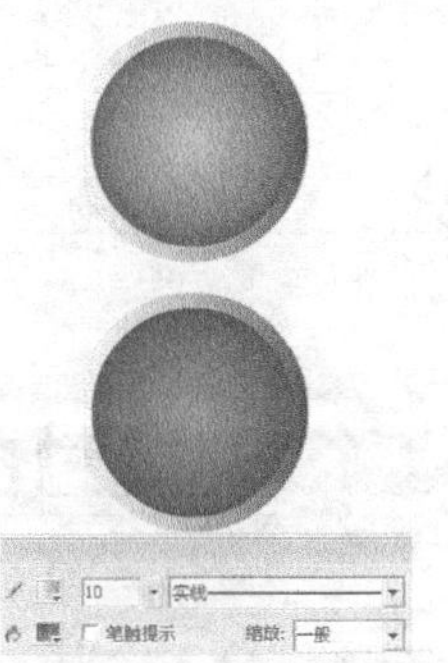

图3-46 设置新圆形的属性

7. 将所有图形全选，选择【修改】/【合并对象】/【联合】命令，将两个圆形联合在一起。
8. 选择 ⁄ 工具，【笔触颜色】设为黑色，绘制 3 条直线，用于连接两个圆形。
9. 选择对象，选择【修改】/【排列】/【移至顶层】命令，然后调整位置如图 3-47 所示。
10. 选择 ○ 工具，【笔触颜色】设为无，在竖线下方绘制深灰色椭圆形，如图 3-48 所示。
11. 在工具栏单击 按钮，交换颜色。按 Shift 键，在舞台左侧绘制灰边无色圆形，作为广告牌图形。
12. 选择 ⁄ 工具，绘制直线连接新圆形和竖线，如图 3-49 所示。

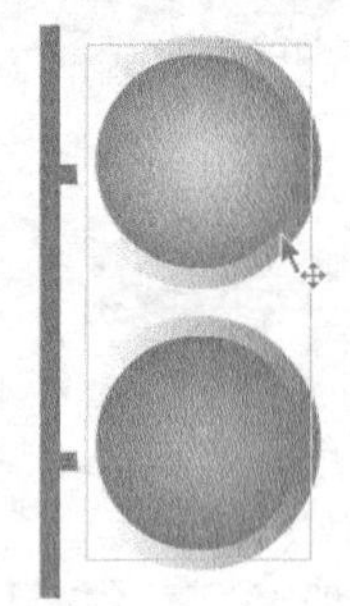
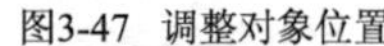
图3-47 调整对象位置

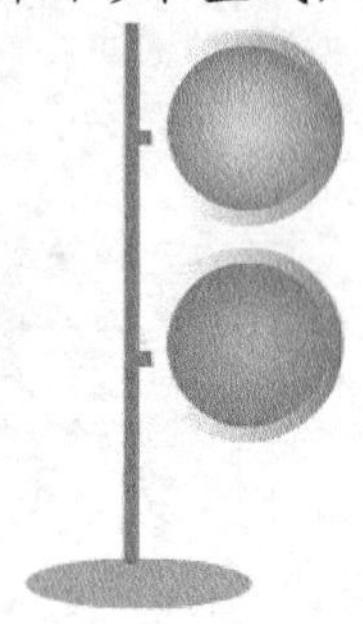
图3-48 绘制无边椭圆形

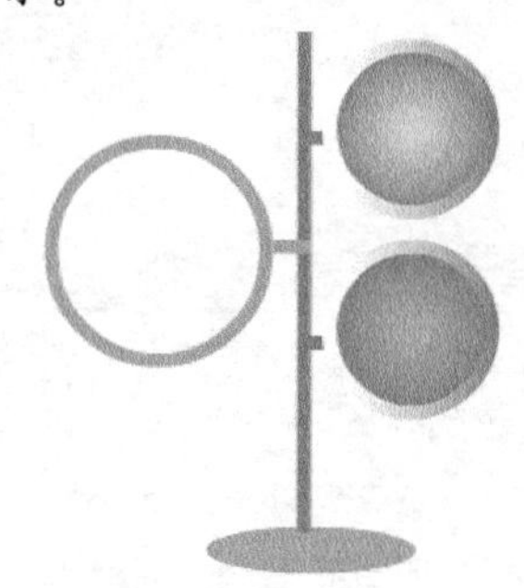
图3-49 绘制直线

13. 选择 A 工具。在【属性】面板中，【字体】选择“方正姚体简体”，【字体大小】设为“55”，颜色选“蓝色”，加粗。在舞台输入字符“安全第一”，如图 3-50 所示。
14. 选择【修改】/【分离】命令两次，将字符变成矢量图形。
15. 打开【混色器】面板，选择线形渐变，调整渐变色为由红到黑的渐变，文字随之改变颜色，如图 3-51 所示。

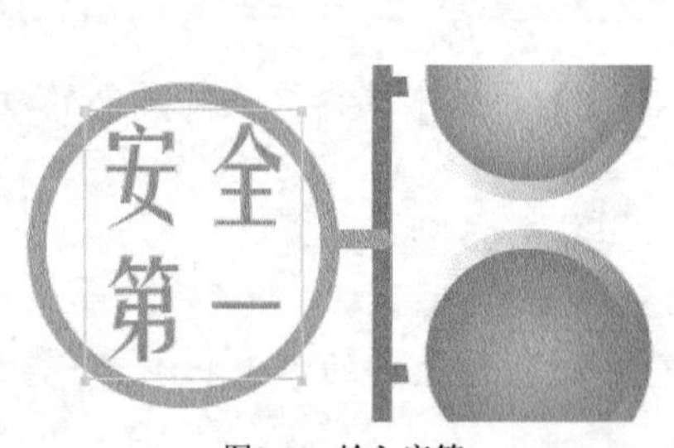

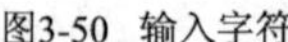
图3-50 输入字符

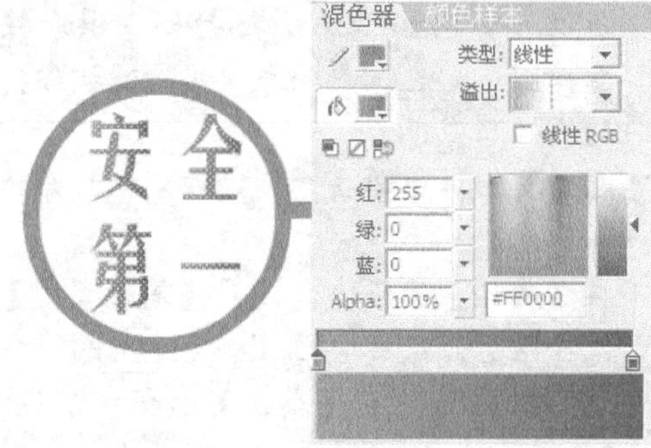

图3-51 调整渐变色

说明

输入的字符无法填充渐变色，只能将其分离成矢量图形进行填充。

项目小结

本项目分 3 个任务：制作烛台轮廓、为烛台填充颜色和制作蜡烛，完成了烛光的制作，所涉及的内容，主要是对象的合并、层叠顺序的调整、【混色器】面板的使用、【对

齐】面板的使用等。要真正掌握这些内容，还需要在实践中注意体会和总结。例如，绘制一个图案，往往可以采用多种方法，但其中必然有一种最便捷方法，这就需要分析比较，总结提高。

思考与练习

一、填空题

1. 采用对象绘制模式绘制的图形，相互重叠时会自动合并，下面的图形在重合部分的内容______。

2. 调整多个对象相互间的位置关系等，可以采用【修改】/【对齐】命令下的子命令，也可以打开______面板进行相应操作。

3. 使用 工具选择某个对象后，按 Alt 键或者 Ctrl 键拖动，会在松开键的位置______。

4. 颜色调整中的【Alpha】值，取值越小______。

5. 【修改】/【合并对象】/【交集】命令的含义是______。

二、操作题

1. 采用对象绘制模式绘制两个正方形，最终形成图3-52所示的按钮效果。此例可参见教学辅助资料中的“按钮.fla”文件。

图3-52　按钮

2. 在第 1 题的基础上进一步拓展，制作出图3-53所示的古钱币效果。此例可参见教学辅助资料中的“钱币.fla”文件。

图3-53　古钱币

项目四

元件：水晶导航图标

本项目主要制作图 4-1 所示的水晶导航图标，并将其保存为“导航图标.fla”文件。

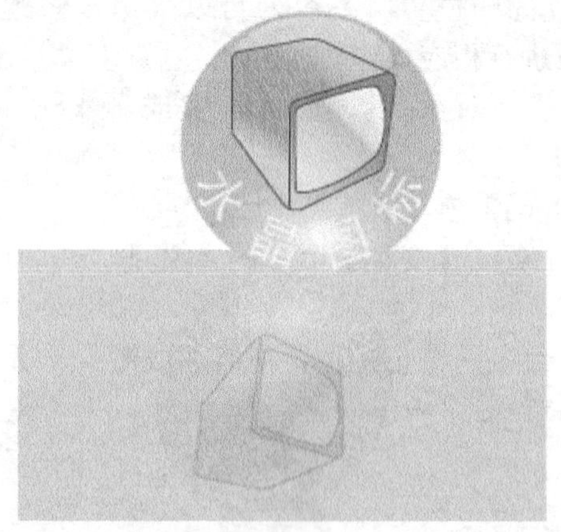

图4-1　导航图标

本项目主要通过以下几个任务完成。

- 任务一　制作水晶球
- 任务二　绘制前景图案
- 任务三　添加文字
- 任务四　组合元件
- 任务五　合成效果

学习目标

掌握【填充变形】工具的使用方法。
掌握元件的应用。
掌握工具和菜单命令的使用方法。
掌握【变形】面板的使用方法。

任务一　制作水晶球

该任务主要是制作水晶球。

【任务要求】

创建一个元件，然后利用调整渐变色填充样式，制作出水晶球，如图 4-2 所示。

【基础知识】

渐变色彩填充到图形后，可以使用【填充变形】工具 调整填充样式，使其产生较为丰富的变化，比如移动渐变的中心位置，调整渐变色彩的区域，压缩变形渐变的样式等。这主要通过控制手柄操作来实现，如图 4-3 所示。

图4-2　水晶球

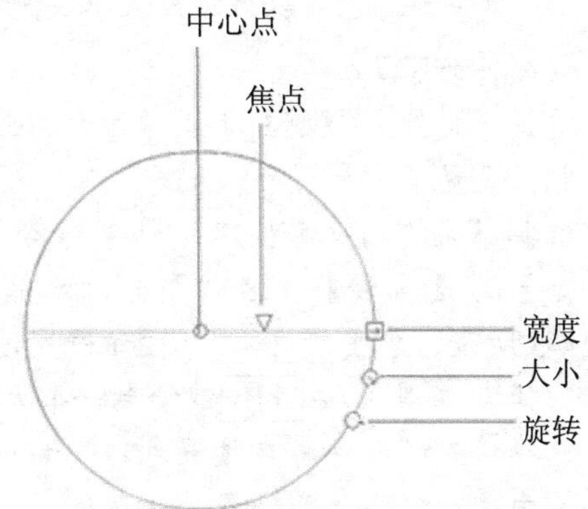

图4-3　工具控制手柄

- 中心点：选择和移动中心点手柄可以更改渐变的中心点。中心点手柄的变换图标是一个四向箭头。
- 焦点：选择焦点手柄可以改变放射状渐变的焦点。仅当选择放射状渐变时，才显示焦点手柄；焦点手柄的变换图标是一个倒三角形。
- 大小：单击并移动边框边缘中间的手柄图标可以调整渐变的大小。大小手柄的变换图标是内部有一个箭头的圆。
- 旋转：单击并移动边框边缘底部的手柄可以调整渐变的旋转。旋转手柄的变换图标是 4 个圆形箭头。
- 宽度：单击并移动方形手柄可以调整渐变的宽度。宽度手柄的变换图标是一个双头箭头。

元件是指创建一次即可以多次重复使用的矢量图形、按钮、字体、组件或影片剪辑。当创建一个元件后，该元件会存储在文件的库中。当将元件放在舞台上时，就会创建该元件的一个实例。元件减小了文件大小，因为无论创建多少个元件实例，Flash 只会将该元件在文件中存储一次。用户可以修改实例的属性而不影响元件，也可以通过编辑元件来更改所有实例。

选择【插入】/【新建元件】命令，打开【创建新元件】对话框，如图4-4 所示。可以看到有 3 种类型，即【影片剪辑】、【按钮】和【图形】。

图4-4　【创建新元件】面板

- 【图形】元件 ：对于静态图形可以使用【图形】元件，并可以创建几个连接到主影片时间轴上的可重用动画片段。【图形】元件与影片的时间轴同步运行。交互式控件和声音不会在【图形】元件的动画序列中起作用。

- 【按钮】元件：使用【按钮】元件可以在影片中创建响应鼠标单击、滑过或其他动作的交互式按钮。可以定义与各种按钮状态关联的图形，然后指定按钮实例的动作。
- 【影片剪辑】元件：使用【影片剪辑】元件可以创建可重用的动画片段。影片剪辑拥有它们自己的独立于主影片的时间轴播放的多帧时间轴，即可以将影片剪辑看作主影片内的小影片，它们可以包含交互式控件、声音甚至其他影片剪辑实例。也可以将影片剪辑实例放在按钮元件的时间轴内，以创建动画按钮。

【操作步骤】

1. 选择【文件】/【新建】菜单命令，创建一个 Flash 文档，设置【背景颜色】为浅黄色。
2. 选择【插入】/【新建元件】命令，建立一个【类型】为【图形】,【名称】为“水晶”的元件，如图 4-5 所示。单击 确定 按钮进入元件编辑窗口。

图4-5 新建元件

3. 选择工具，按 Shift 键绘制一个无边线的圆形。
4. 选择填充的颜色，在【混色器】面板中调整放射状渐变为 3 种色彩渐变，左侧色彩设置为白色，中间色彩设置为浅蓝色，右侧色彩设置为蓝色，并且调整 3 个指针位置。
5. 选择工具，向下移动渐变中心位置，并在纵向上压缩渐变色，如图 4-6 所示，形成底部聚光的效果。
6. 在【时间轴】面板中单击按钮，增加一个“图层 2”，如图 4-7 所示。

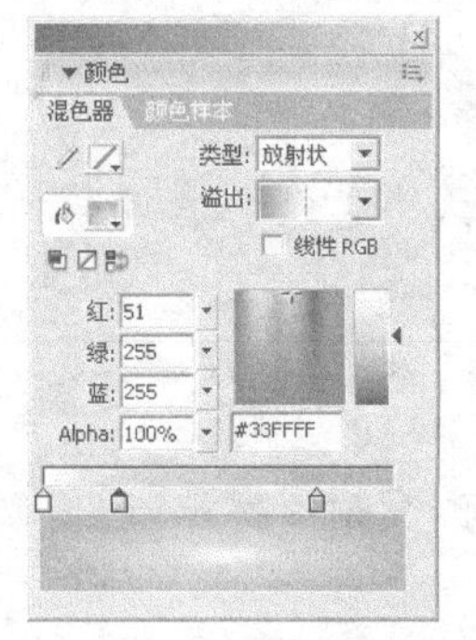

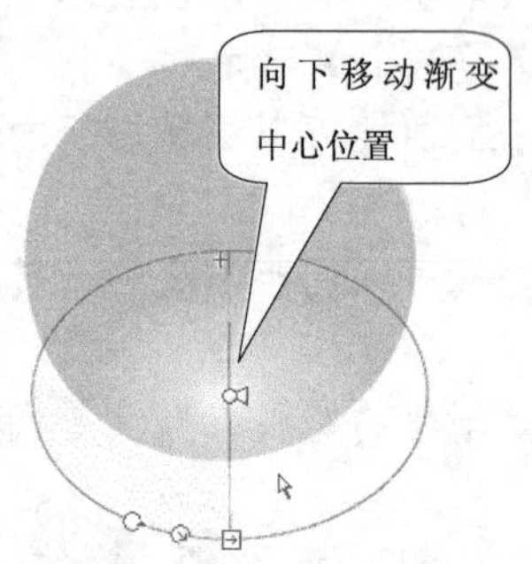

图4-6 绘制放射状渐变圆形

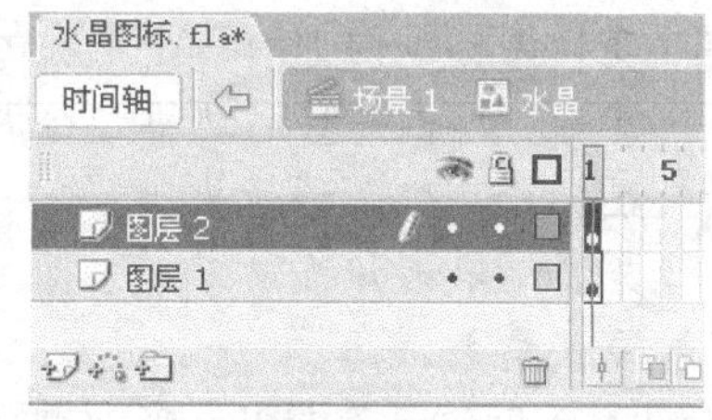

图4-7 创建新图层

7. 选择工具，绘制无边线椭圆形，在【混色器】面板，调整放射状渐变为线性渐变并填充椭圆形。
8. 选择工具，旋转渐变色为纵向渐变，并在纵向上拉伸渐变色，如图 4-8 所示。

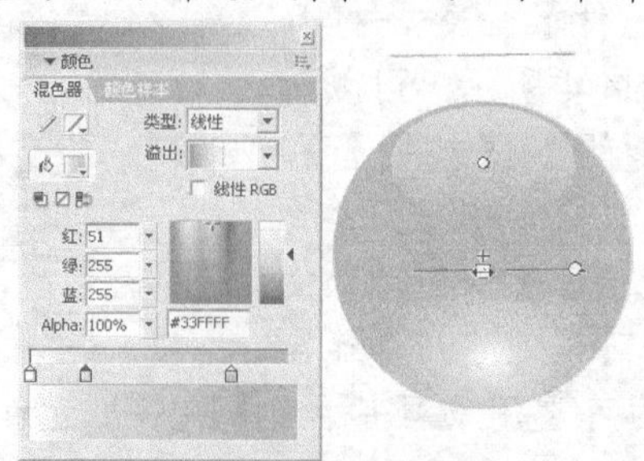

图4-8 绘制并填充椭圆形

任务二 绘制前景图案

该任务主要是绘制前景图案。

【任务要求】

创建一个元件，利用【任意变形】工具调整形状，调整填充的渐变色，形成有立体感的前景图案，如图 4-9 所示。

【基础知识】

选择【任意变形】工具后，会在工具栏的选项中出现封套按钮、扭曲按钮、旋转与倾斜按钮和缩放按钮，可以对图形对象、组、文本块和元件实例进行变形。也可选择【修改】/【变形】菜单命令中的子命令，如图 4-10 所示。根据处理对象类型不同，有些子命令不可用，比如对元件实例不能使用【扭曲】命令。

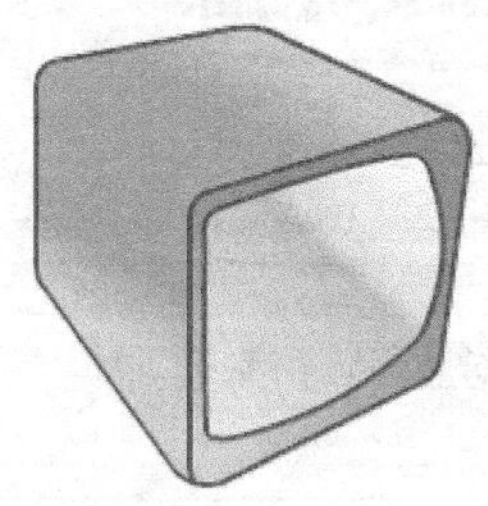

图4-9　前景图案

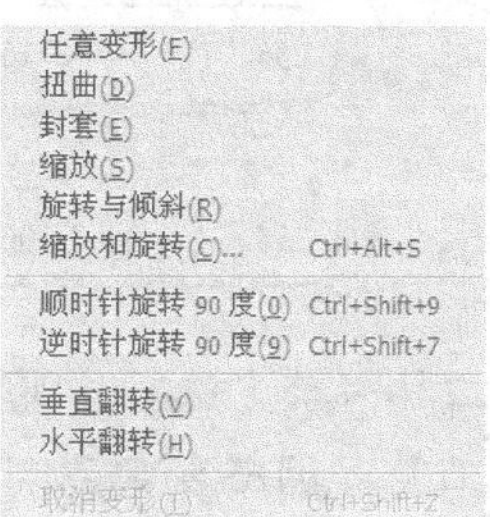

图4-10　【变形】菜单命令中的子命令

【操作步骤】

1. 选择【插入】/【新建元件】命令，建立一个【类型】为【图形】元件的“图标”，进入元件编辑窗口。
2. 选择工具，设置选项【边角半径】为“8”，绘制红色倒角矩形，如图 4-11 所示。
3. 选择工具，推斜变形倒角矩形，如图 4-12 所示。

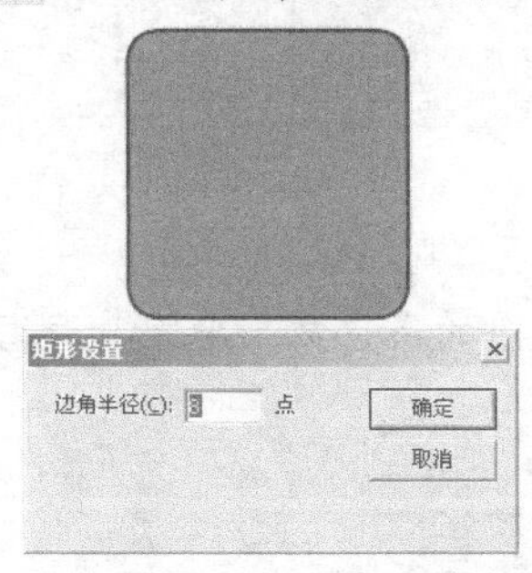

图4-11　绘制红色倒角矩形

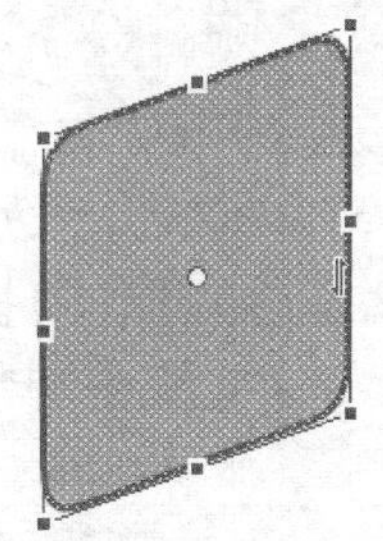

图4-12　推斜变形倒角矩形

4. 选择图形，选择【修改】/【合并对象】/【联合】命令，将其转换成对象。按 Ctrl+C 组合键复制。
5. 按 Ctrl+V 组合键粘贴出图形对象，选择【修改】/【排列】/【移至底层】命令。
6. 适当缩小新图形对象，并调整其位置，如图 4-13 所示。
7. 选择工具，连接 2 个矩形外侧的边线，如图 4-14 所示。
8. 选择舞台上所有对象，选择【修改】/【分离】命令，使它们又变成矢量图形，如图 4-15 所示，删除一些边线和填充色。

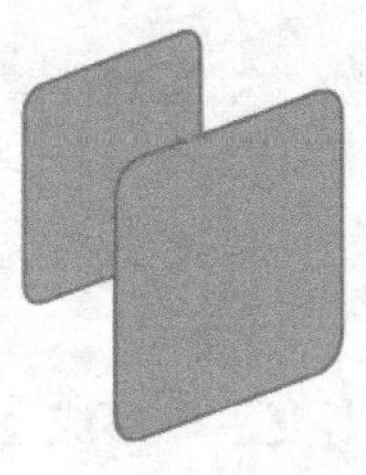

图4-13 调整新图形对象

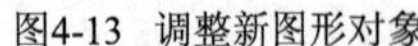

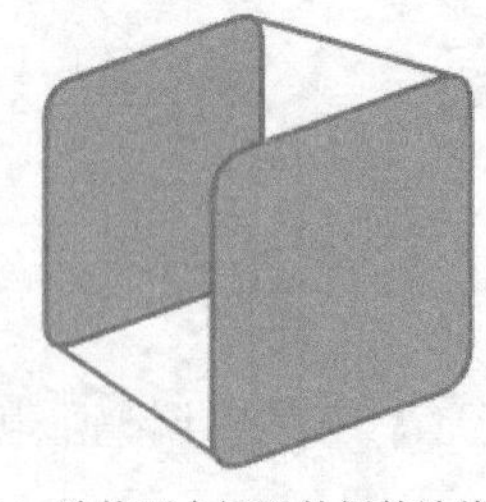

图4-14 连接两个矩形外侧的边线

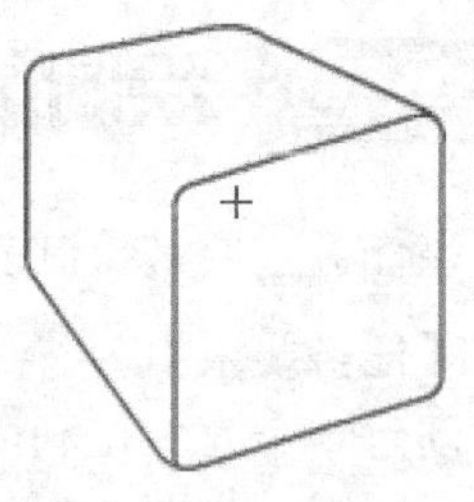

图4-15 删除一些边线和填充色

9. 在【混色器】面板中，调整线性渐变，设置 4 种不同的红色渐变色，如图 4-16 所示。

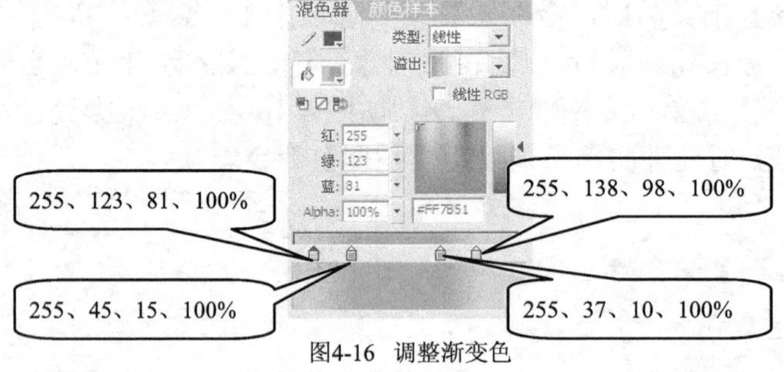

图4-16 调整渐变色

10. 选择工具，确定选项中的按钮未按下，填充图形后面的区域。
11. 选择工具，调整渐变色渐变方向，如图 4-17 所示。
12. 选择工具，按 Shift 键分别选择右侧的边线和弧线。
13. 选择工具，按下按钮调整所选线左下角的点位置，增强图形透视效果，如图 4-18 所示。

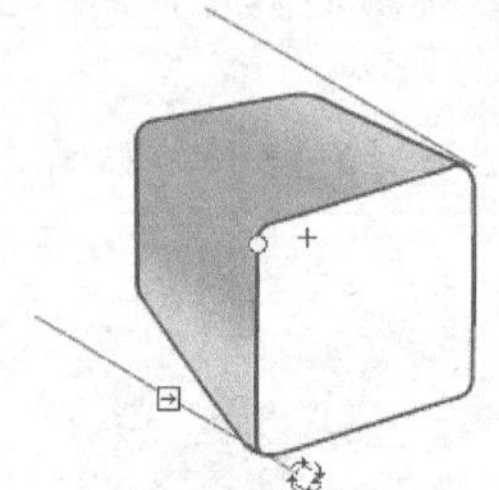

图4-17 调整渐变色渐变方向

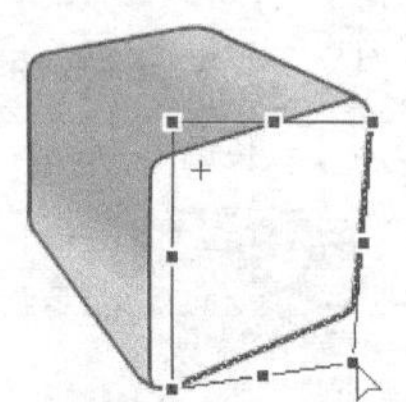

图4-18 调整扭曲变形

14. 在【混色器】面板中，调整放射状渐变，设置 2 种不同的灰色放射状渐变色填充封闭图形，选择工具，调整渐变色，如图 4-19 所示。

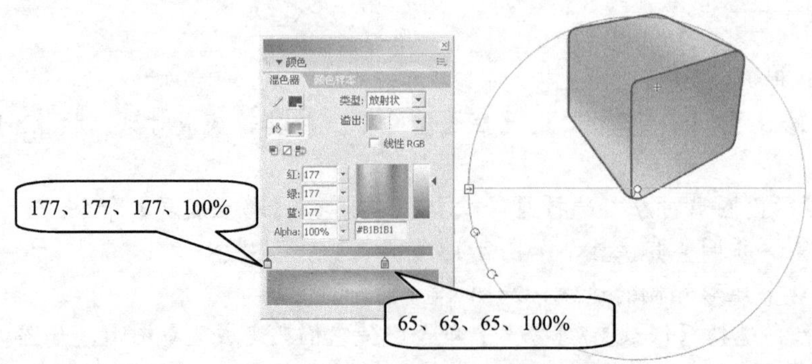

图4-19 调整渐变色

15. 选择 工具，在刚填充区域中双击鼠标，使填充区域和边线全选。按 Ctrl 键向外拖动，在空白处复制出新图形，然后将其转换成对象。
16. 选择 工具，按下 按钮，如图 4-20 所示调整图形对象形状。然后适当缩小图形并倾斜。
17. 在【混色器】面板中，如图 4-21 所示设置渐变色。
18. 调整图形位置，选择 工具，确认选项中的 按钮未按下，填充图形对象。选择 工具，调整渐变色，如图 4-22 所示。

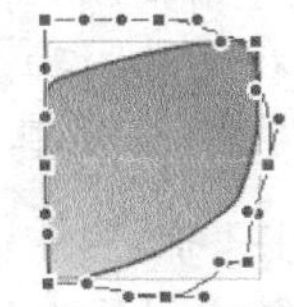

图4-20　调整图形对象形状

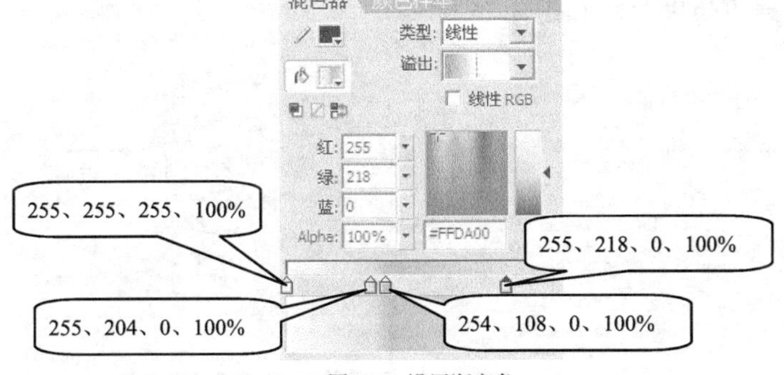

图4-21　设置渐变色

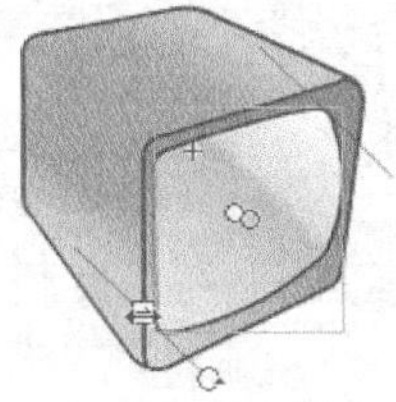

图4-22　调整渐变色

任务三　添加文字

该任务主要是在已有的元件中添加文字，重点在于掌握如何修改已有元件。

图4-23　添加文字

【任务要求】

利用绘图工具以及渐变颜色的填充，在“水晶”元件中添加文字，如图 4-23 所示。

【基础知识】

在使用 工具变形期间，所选元素的中心会出现一个变形点。变形点最初与对象的中心点对齐，但可以使用 工具移动。变形点的作用是确定变形的基准，比如旋转就是围绕变形点进行的。对于元件实例，在默认情况下，变形点是中心点，一切变形操作均围绕变形点进行。但图形对象、组和文本块，在进行缩放、倾斜变形时，其变形的基准是与被拖动的点相对的点，其中心的变形点没有作用。

变形处理还可以使用【变形】面板，如图4-24所示。此时，所选元素的变形点将是一切变形操作的基准。

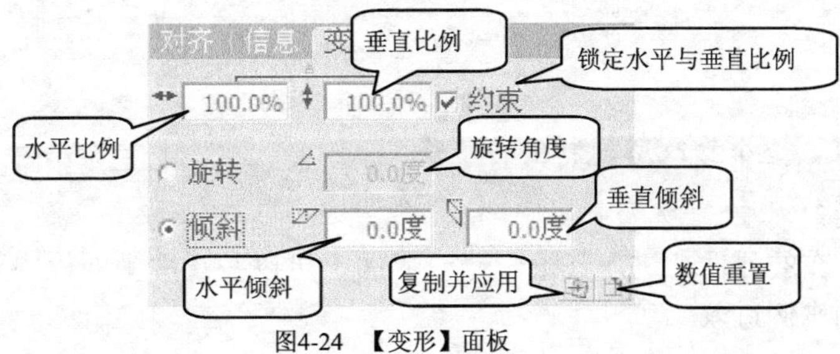

图4-24　【变形】面板

【操作步骤】

1. 打开【库】面板，双击其中的“水晶”元件，进入其编辑修改界面。
2. 在【时间轴】面板中，选择“图层 2”，单击按钮，增加一个“图层 3”。
3. 选择 A 工具。在【属性】面板中，【字体】选择“黑体”，【字体大小】设为“25”，颜色选择黄色。在舞台输入字符“水”。
4. 使用工具选择并调整字符位置，打开【变形】面板，如图4-25所示设置旋转数值，按 Enter 键应用。
5. 选择工具，拖动变形点位置到圆的中心，如图 4-26 所示。

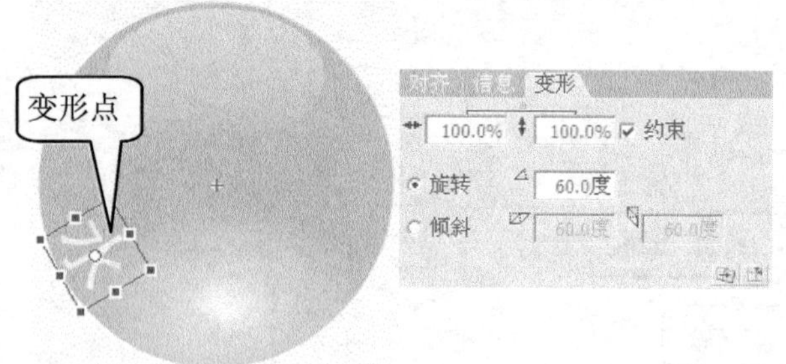

图4-25 调整字符

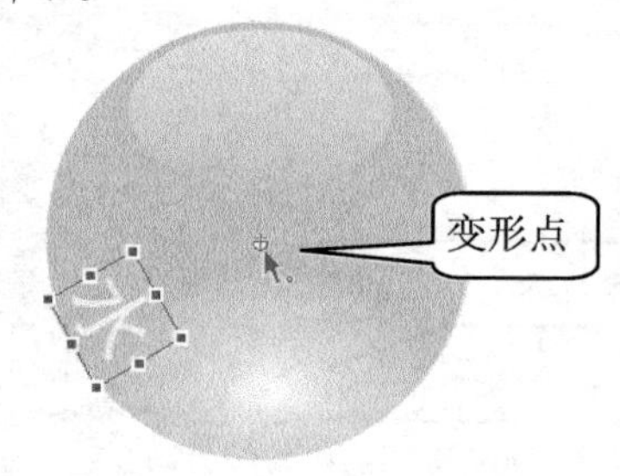

图4-26 调整变形点

6. 在【变形】面板中，将【旋转】设为“20.0 度”，单击按钮，复制出一个新的字符，如图 4-27 所示。

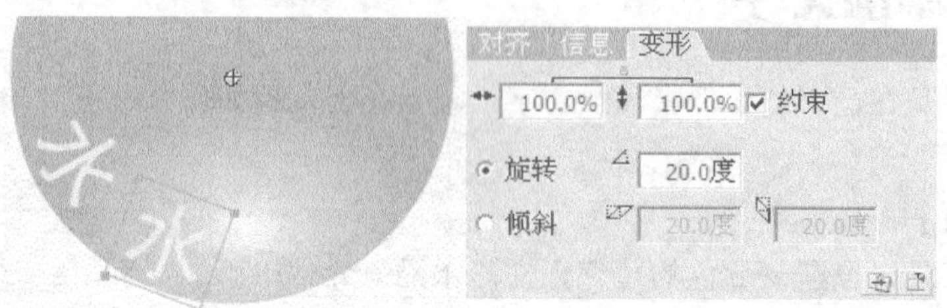

图4-27 复制新字符

7. 在【变形】面板中，将【旋转】设为“－20.0 度”，单击按钮，复制出一个新的字符。
8. 在【变形】面板中，将【旋转】设为“－60.0 度”，单击按钮，复制出一个新的字符，如图 4-28 所示。

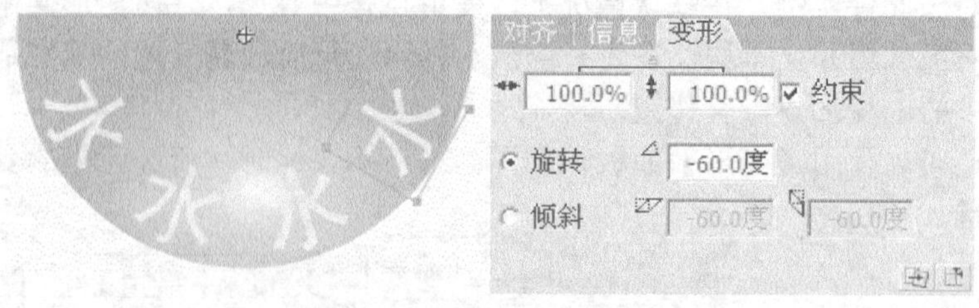

图4-28 复制出 4 个字符

9. 选择 A 工具，逐个修改所复制出的字符。

【知识链接】

修改已经存在的元件，进入其编辑修改界面，可以在【库】面板中双击元件，也可以双击舞台上的元件实例进入。

任务四　组合元件

该任务主要是制作一个完整的导航图标。

【任务要求】

利用元件嵌套，在一个新元件中引入已有的 2 个元件，构成如图 4-29 所示的导航图标。

【操作步骤】

1. 选择【插入】/【新建元件】命令，建立一个【类型】为【图形】，【名称】为“组合”的元件，进入元件编辑窗口。
2. 打开【库】面板，从中将“水晶”元件拖放到舞台上。
3. 在【时间轴】面板中，单击按钮，增加一个“图层 2”。
4. 从【库】面板中将“图标”元件拖放到舞台上，成为“图层 2”中的对象，如图 4-30 所示。

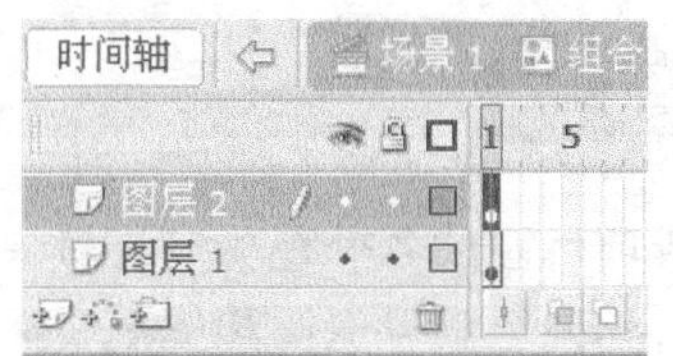

图4-29　组合元件

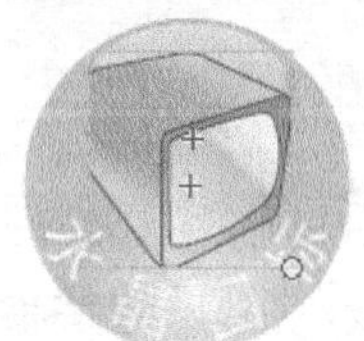

图4-30　放置元件实例

任务五　合成效果

该任务主要是制作合成效果，重点在于倒影效果的处理。

【任务要求】

利用对同一元件的多次引入，经过变形、透明度处理，形成最终效果。

【操作步骤】

1. 单击【时间轴】面板上方的按钮，返回到【场景 1】制作。
2. 选择工具，在舞台下方画一个无边矩形，用棕色填充。
3. 在【时间轴】面板中，单击按钮，增加一个“图层 2”。
4. 从【库】面板中将“组合”元件拖放到舞台上，成为“图层 2”中的对象。
5. 选择【修改】/【变形】/【垂直翻转】命令，使元件实例垂直翻转，如图 4-31 所示。
6. 在【属性】面板中，从【颜色】下拉列表中选择【Alpha】，数值设为“30%”，如图 4-32 所示。
7. 选择工具，进行水平倾斜和等比例缩小处理，如图 4-33 所示。

图4-31 放置元件实例

图4-32 调整透明度

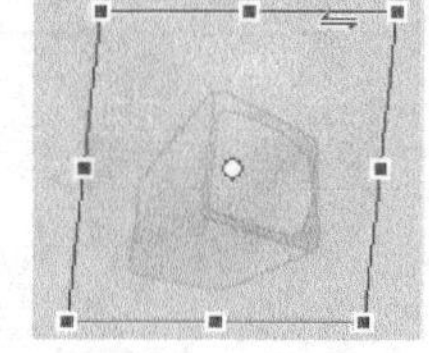
图4-33 水平倾斜

8. 再次从【库】面板中将“组合”元件拖放到舞台，成为“图层2”中的对象，形成最终的效果。

项目实训

完成项目四的各个任务后，读者初步掌握了学习目标中所阐述的内容，以下进行实训练习，对所学内容加以巩固和提高。

实训一 砖体字

在元件中利用变形工具处理图形，形成单个砖体，然后多次引入元件构成砖体字，如图 4-34 所示。此例可参见教学辅助资料中的“砖体字.fla”文件。

【操作步骤】

1. 新建一个 Flash 文档。选择【插入】/【新建元件】命令，建立一个【类型】为【图形】的元件“砖”，进入元件编辑窗口。
2. 选择□工具，按下工具栏中的◎按钮，绘制一个黑边灰色矩形，然后分别复制出两个矩形，如图 4-35 所示。

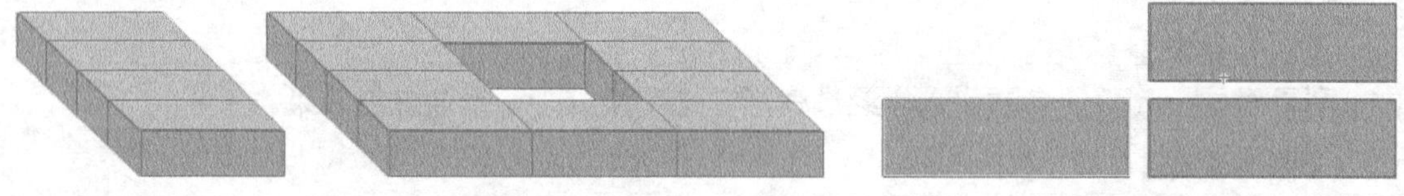
图4-34 砖体字　　图4-35 复制出矩形

3. 将上面矩形的【填充色】设置为浅灰。选择□工具，进行垂直比例压缩和水平倾斜处理，如图 4-36 所示。
4. 选择□工具，对左边的矩形进行水平比例压缩和垂直倾斜处理，如图 4-37 所示。

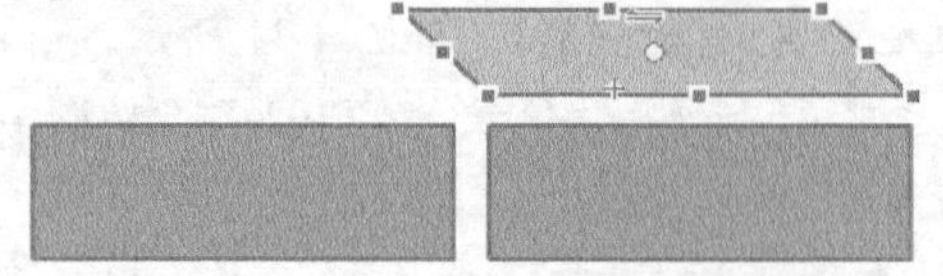
图4-36 调整上边矩形

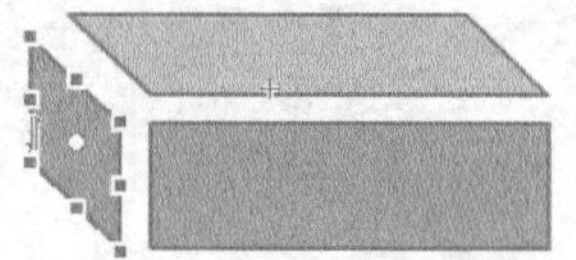
图4-37 调整左边矩形

5. 移动上边和左边的矩形，构成一个砖体。

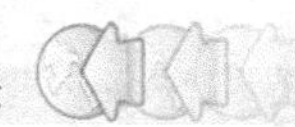

6. 单击【时间轴】面板上方的按钮，返回到【场景 1】制作。
7. 从【库】面板中将“砖”元件分 4 次拖放到舞台，并按层叠关系排列，如图 4-38 所示。
8. 将所有元件实例全选，按 Alt 键向右拖动复制 3 个，并调整层叠关系，如图 4-39 所示。

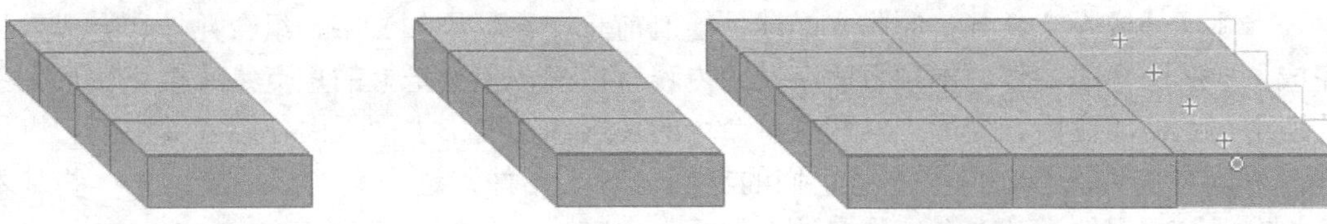

图4-38　放置元件　　图4-39　复制元件实例

9. 选择中间的两个元件实例删除即可。

实训二　立体光影文字

利用填充渐变色并旋转其角度，在文字表面形成光影变化，如图4-40所示。此例可参见教学辅助资料中的“立体光影文字.fla”文件。

图4-40　立体光影文字

【操作步骤】

1. 新建一个 Flash 文档，背景设为黑色。
2. 选择工具。在【属性】面板中，【字体】选择“黑体”，【字体大小】设为“90”，颜色选深黄色。在舞台输入字符“人生”。
3. 选择【修改】/【分离】命令两次，将字符变成矢量图形。
4. 选择【修改】/【合并对象】/【联合】命令，将两个字符联合在一起。
5. 使用工具选择字符，按 Alt 键在其他位置拖曳复制一个新字符对象。
6. 打开【混色器】面板，选择线形渐变，调整渐变色为黄白相间的渐变，如图 4-41 所示。
7. 所复制的字符对象的填充颜色随即变成渐变色。选择工具，分别对两个字符调整渐变色，如图 4-42 所示。
8. 使用工具选择最初的字符对象，选择【修改】/【形状】/【扩展填充】命令，打开【扩展填充】对话框，如图 4-43 所示进行设置。

图4-41　设置渐变色

图4-42　调整字符渐变色

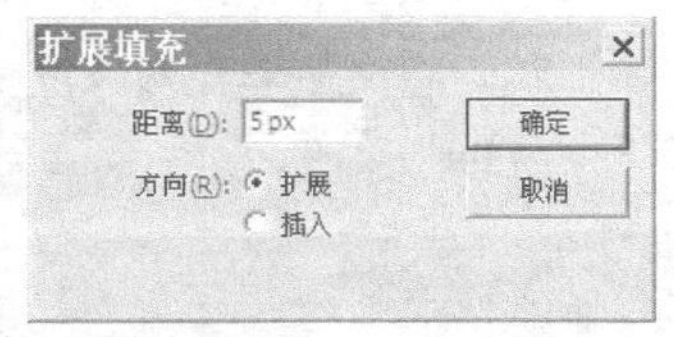

图4-43　扩展填充

9. 调整两个字符对象的位置，形成叠加。

项目小结

本项目分成 5 个任务：制作水晶球、绘制前景图案、添加文字、组合元件和合成效果，完成了导航图标的制作。本项目所涉及的内容有很多，但要把握的重点是【填充变形】工具的使用、元件的应用、变形工具和菜单命令的使用和【变形】面板的使用。其中变形操作处理，可以有多种选择，应该注意它们的异同。对于元件，这个案例只是应用了一些基本知识，在后续的案例讲解中会有许多涉及的元件内容。

思考与练习

一、填空题

1. 代表______元件、代表______元件、代表______元件。

2. 当创建一个元件后，该元件会存储在文件的______中。当将元件放在舞台上时，就会创建该元件的一个______。

3. 图形对象、组和文本块，在进行缩放、倾斜变形时，其变形的基准是与被拖动的点______。

4. 选择【任意变形】工具后，在工具栏的选项中出现的按钮是______。

二、简答题

1. 如何修改已经存在的元件？

2. 在【变形】面板中，按钮起什么作用？

三、操作题

1. 采用元件制作一棵树，然后向舞台上拖放 3 次并调整成图 4-44 所示的效果。其中树冠也采用先制作元件，然后重复使用形成。此例可参见教学辅助资料中的“圣诞树.fla”文件。

图4-44 圣诞树

2. 将文字填充彩条渐变色并调整其变形，如图 4-45 所示。此例可参见教学辅助资料中的“飞翔.fla”文件。

图4-45 飞翔

项目五

滤镜：软件界面

本项目主要制作图 5-1 所示的“软件界面”效果，并将其保存为“软件界面.fla”文件。

图5-1 软件界面

本项目主要通过以下几个任务完成。

- 任务一 制作立体背景
- 任务二 制作立体牌匾
- 任务三 制作立体文字

学习目标

掌握滤镜的使用。
掌握为元件实例调整颜色的方法。
掌握将所选元素转换为元件的方法。

任务一 制作立体背景

该任务主要是制作立体背景。

【任务要求】

创建一个元件，然后利用滤镜产生制作立体背景效果，如图 5-2 所示。

【基础知识】

滤镜是 Flash 8 的新增功能，共有 7 种滤镜可以选择，能为文本、按钮和影片剪辑元件实例增添有趣的视觉效果，但不能应用于图形元件实例。

单击【滤镜】选项卡，或选择【窗口】/【属性】/【滤镜】命令，都可以打开【滤镜】面板，单击【添加滤镜】按钮，就可以选择添加的滤镜，如图 5-3 所示。单击按钮，就可以删除所选滤镜。

图5-2 立体背景

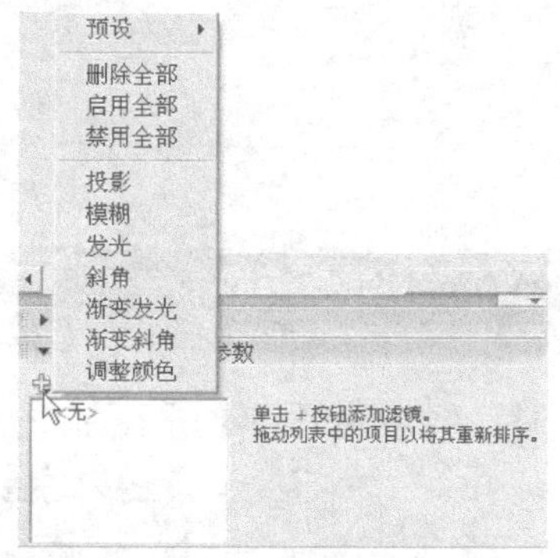

图5-3 【滤镜】面板

【调整颜色】滤镜参数设置面板各选项作用如下。

- 【亮度】：向左拖动滑块可以降低对象的亮度，向右拖动滑块可以增强对象的亮度，取值范围为－100～100。
- 【对比度】：向左拖动滑块可以降低对象的对比度，向右拖动滑块可以增强对象的对比度，取值范围为－100～100。
- 【饱和度】：向左拖动滑块可以降低对象的饱和度，向右拖动滑块可以增加对象的饱和度，取值范围为－100～100。
- 【色相】：调整对象中各个颜色色相，取值范围为－180～180。

【渐变斜角】滤镜可以产生一种凸起效果，使对象看起来好像从背景上凸起，且斜角表面有渐变颜色。其参数设置面板如图 5-4 所示。渐变斜角要求渐变的中间有一个颜色，若颜色【Alpha】值为“0%”，此颜色的位置将无法移动，但可以改变。各选项作用如下。

- 【模糊】：可分别对 *X* 轴和 Y 轴两个方向设定模糊程度，滑块设置的取值范围为 0～100。如果单击 *X* 和 *Y* 后的锁定按钮，可以解除 *X*、*Y* 方向的比例锁定。
- 【强度】：设定滤镜应用强度。滑块设置的取值范围为 0%～1 000%，数值越大，滤镜效果就越明显。
- 【品质】：可以选择“高”、“中”、“低”3 项参数，品质越高，滤镜效果就越明显。
- 【角度】：设定投影的角度。取值范围为 0°～360°。
- 【距离】：设定投影的距离大小。滑块设置的取值范围为－32～32。
- 【挖空】：仅保留渐变斜角部分，中间挖空显示。
- 【类型】：设置渐变斜角的类型，有“内侧”、“外侧”和“整个”3 种选择。
- 【隐藏对象】：只显示投影而不显示原来的对象。

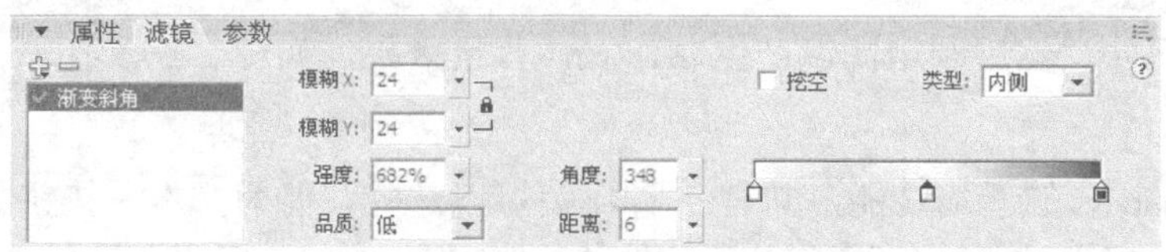

图5-4 【渐变斜角】滤镜参数设置面板

【操作步骤】

1. 选择【文件】/【新建】命令，创建一个 Flash 文档，设置尺寸为“400 × 300”像素。
2. 选择【插入】/【新建元件】命令，建立一个【名称】为“背景”、【类型】为【影片剪辑】的元件，单击 确定 按钮进入元件编辑窗口。
3. 选择【文件】/【导入】/【导入到舞台】命令，导入“武.jpg”文件，如图 5-5 所示。
4. 在【时间轴】面板中，单击 场景 1 按钮，将舞台切换到场景中。
5. 选择【窗口】/【库】命令，打开【库】面板，将“背景”元件从库中拖到舞台中心位置。
6. 确认“背景”元件实例被选择，单击【滤镜】选项卡，打开【滤镜】面板。单击添加滤镜按钮，选择【调整颜色】滤镜。
7. 调整【亮度】选项滑块为“–4”，调整【对比度】选项滑块为“4”，调整【饱和度】选项滑块为“10”，使元件对比度增加、更加鲜亮，如图 5-6 所示。

图5-5　导入位图

图5-6　调整图像色彩与对比度

8. 单击添加滤镜按钮，选择【渐变斜角】滤镜。
9. 拖动【模糊 X】和【模糊 Y】滑块，设置斜角的宽度和高度都为“10”，设置【强度】为“264%”，【角度】为“240”，【距离】为“2”，如图 5-7 所示。

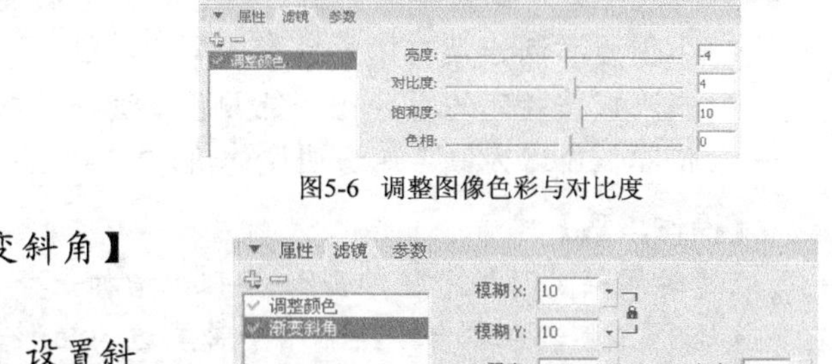

图5-7　设置【渐变斜角】滤镜参数

任务二　制作立体牌匾

该任务主要是绘制立体牌匾。

【任务要求】

利用填充的渐变色和滤镜，制作一个蓝色的立体牌匾，如图 5-8 所示。

图5-8　立体牌匾

【基础知识】

【斜角】滤镜参数设置面板和【渐变斜角】滤镜基本一致，所不同的选项如下。

- 【阴影】：设置斜角阴影部分的颜色，可以打开调色板选择。
- 【加亮】：设置斜角高光部分的颜色，也可以在调色板中选择。

【投影】滤镜的参数和前面讲述的差不多，比较特殊的是【隐藏对象】单选框，选中将只显示投影而不显示原来的对象。

每个元件实例都有自己的色彩效果，可以使用【属性】面板中的【颜色】下拉列表进行设置，在上一个项目中就曾经用到过其中的【Alpha】设置。

【颜色】下拉列表中 4 个选项的含义如下。

- 亮度：调节图像的相对亮度或暗度，参数是从黑（－100%）到白（100%）。单击该三角形，然后拖动滑块，或者在文本框内输入一个值来调节亮度。
- 色调：用相同的色相为实例着色。使用【属性】面板中的色调滑块设置色调百分比，参数从透明（0%）到完全饱和（100%）。单击该三角形，然后拖动滑块，或者在文本框内输入一个值来调节色调。要选择颜色，可在各自的文本框中输入红、绿、蓝三色的值，或单击颜色框并从弹出窗口中选择一种颜色，或单击【颜色选择器】按钮。
- Alpha：调节实例的透明度，参数从透明（0%）到完全饱和（100%）。单击该三角形，然后拖动滑块，或者在文本框内输入一个值来调节透明度。
- 高级：分别调节实例的红、绿、蓝和透明度的值。对于在诸如位图这样的对象上创建和制作具有微妙色彩效果的动画时，该选项非常有用。左侧的控件使用户可以按指定的百分比降低颜色或透明度的值。右侧的控件使用户可以按常数值降低或增大颜色或透明度的值。

【操作步骤】

1. 在【时间轴】面板中，单击按钮，增加一个“图层 2”。
2. 选择工具，在舞台中绘制一个带黑边的矩形。
3. 选择矩形中的填充色，在【混色器】面板，设置线性渐变，设置 4 种不同的蓝色渐变色，矩形中的填充色会随之改变，如图 5-9 所示。

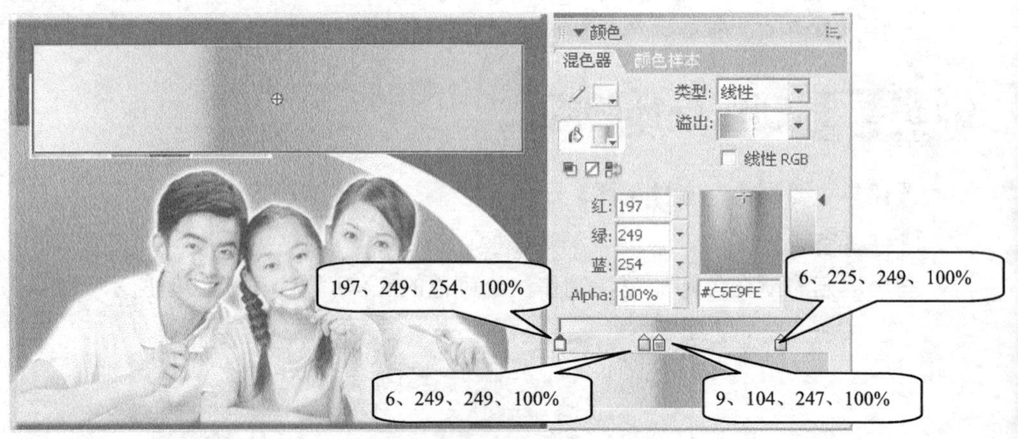

图5-9 改变填充色

4. 将矩形全选，按 F8 键打开【转换为元件】对话框，在【名称】栏中输入名称“牌匾”，选择【影片剪辑】选项，如图 5-10 所示，然后单击确定按钮退出。

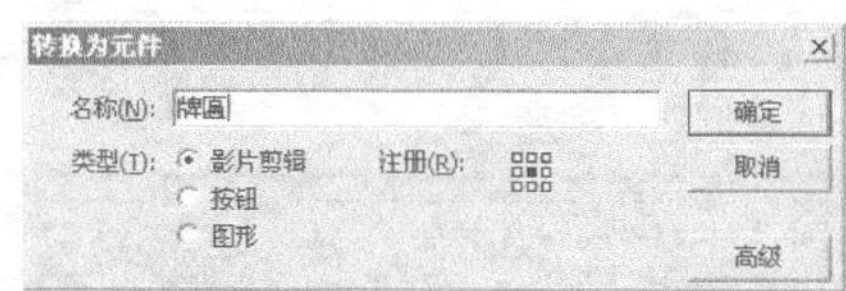

图5-10　转换为元件

5. 选择元件，在【滤镜】面板中单击按钮，从弹出菜单中选择【投影】滤镜，如图 5-11 所示。
6. 单击添加滤镜按钮，从【滤镜】弹出菜单中选择【斜角】滤镜。
7. 设置【强度】为“300%”，增加边角的对比强度，如图 5-12 所示。

图5-11　添加【投影】滤镜

图5-12　添加【斜角】滤镜

8. 打开【属性】面板，从【颜色】下拉列表中选择“Alpha”，数值设为“60%”，如图 5-13 所示。

图5-13　调整透明度

【知识链接】

选择舞台上的元素后，除了按 F8 键打开【转换为元件】对话框，可以将所选元素转换为元件外。还可以选择【修改】/【转换为元件】命令，打开【转换为元件】对话框进行转换。

任务三　制作立体文字

该任务主要是制作立体文字。

【任务要求】

利用滤镜处理文字，使其形成立体感文字，效果如图 5-14 所示。

图5-14　立体文字

【操作步骤】

1. 在【时间轴】面板中，单击按钮，增加一个“图层 3”。
2. 选择工具，在【属性】面板中，【字体】选择“黑体”，【字体大小】设为“80”，颜色为红色。在舞台输入字符“牙科沟通系统”，如图 5-15 所示。

3. 在【滤镜】面板中，单击按钮，从弹出菜单中选择【投影】滤镜，使用默认设置，如图 5-16 所示。

图5-15 输入字符

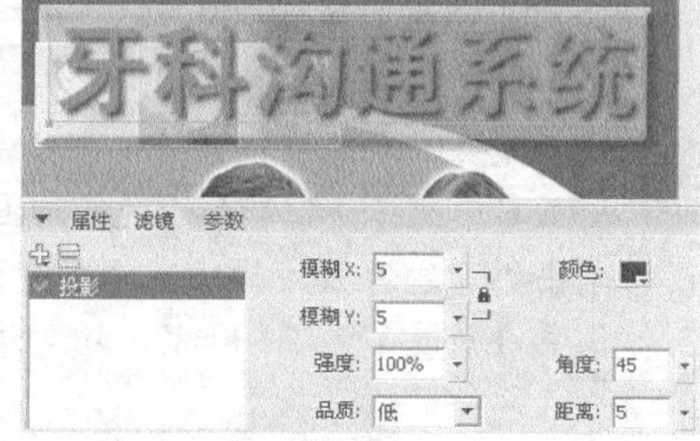

图5-16 设置【投影】滤镜

4. 单击按钮，从弹出菜单中选择【斜角】滤镜。
5. 设置【模糊 X】和【模糊 Y】都为“0”，增加边角的对比强度，设置【角度】为“0”，【距离】为“2”，调整高光角度，如图 5-17 所示。
6. 单击按钮，然后从弹出菜单中选择【发光】滤镜。
7. 拖动【模糊 X】和【模糊 Y】滑块，设置发光的宽度和高度为“13”。单击【颜色】框，设置发光颜色为浅蓝色，如图 5-18 所示。

图5-17 设置【斜角】滤镜

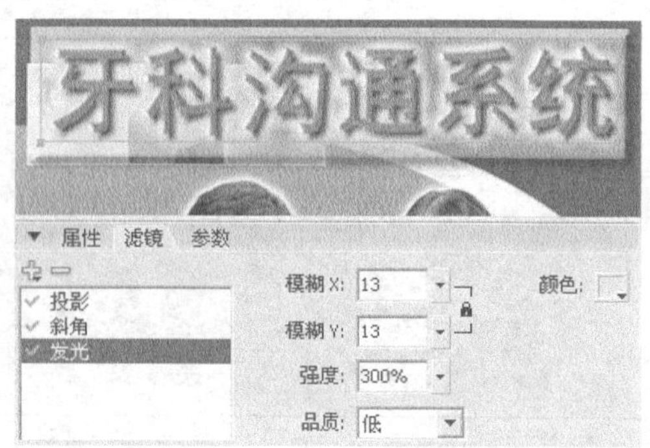

图5-18 设置【发光】滤镜

项目实训

完成项目五的各个任务后，读者初步掌握了学习目标中所阐述的内容，以下进行实训练习，对所学内容加以巩固和提高。

实训一 制作“白云遮月”效果

利用滤镜分别处理包含圆形和椭圆形的元件，形成白云遮月的效果，如图5-19所示。此例可参见教学辅助资料中的“白云遮月.fla”文件。

【操作步骤】

1. 新建一个 Flash 文档，设置背景色为深蓝色。
2. 选择【插入】/【新建元件】命令，打开【创建新元件】对话框，名称取“圆月”，选择【影片剪辑】类型，单击 确定 按钮创建一个影片剪辑文件。
3. 选择工具，在舞台中绘制无边白色圆形，如图 5-20 所示。

图5-19　白云遮月

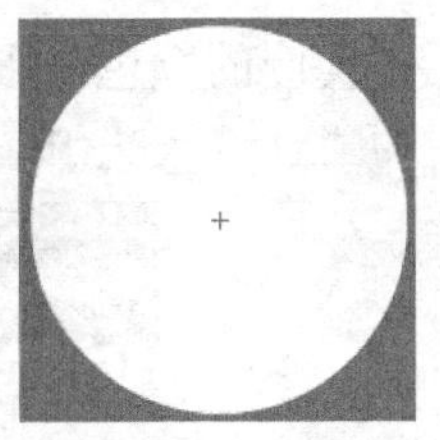
图5-20　绘制圆形

4.　在【时间轴】面板中，单击场景 1按钮，将舞台切换到场景中。从【库】面板中将“圆月”元件拖放到舞台中。

5.　选择实例，在【滤镜】面板中，单击按钮，从弹出菜单中选择【渐变发光】，如图 5-21 所示进行设置。

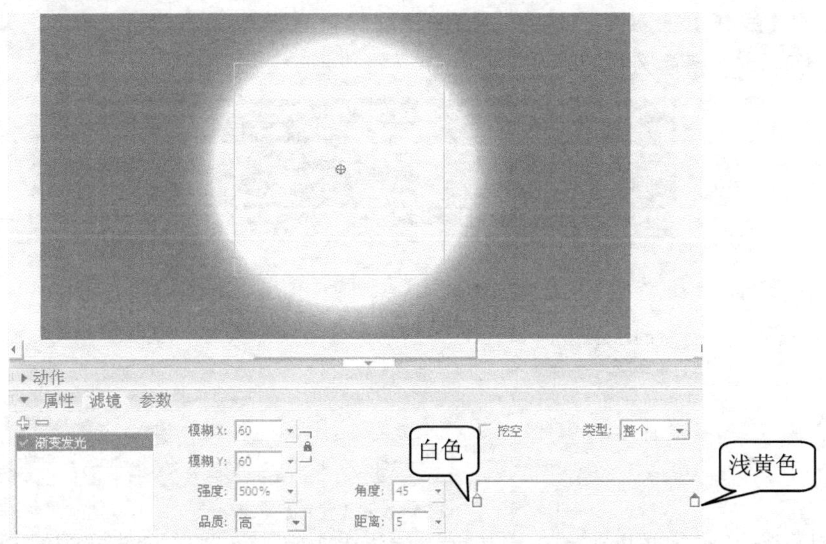

图5-21　设置【渐变发光】滤镜

6.　选择【插入】/【新建元件】命令，创建一个“白云”影片剪辑元件。

7.　选择工具，在舞台中绘制多个无边白色椭圆形，如图 5-22 所示。

8.　在【时间轴】面板中，单击场景 1按钮，将舞台切换到场景中。从【库】面板中将“白云”元件拖放到舞台中。

9.　在【滤镜】面板中，单击按钮，从弹出菜单中选择【模糊】，如图 5-23 所示进行设置。

图5-22　绘制椭圆形

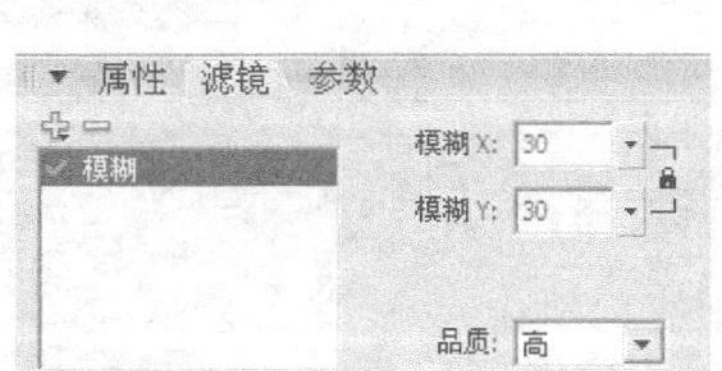

图5-23　设置【模糊】滤镜

实训二　制作“红红火火”发光字

利用对元件实例的颜色处理，形成实例与实例间的不同，如图5-24所示。此例可参见教学辅助资料中的“红红火火.fla”文件。

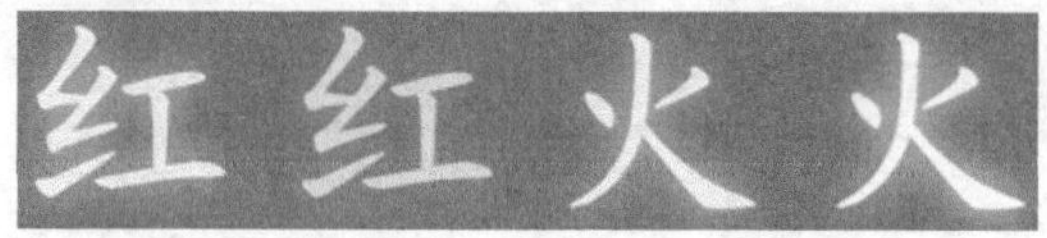

图5-24　红红火火

【操作步骤】

1. 新建一个 Flash 文档，背景设为黑色。
2. 选择 A 工具。在【属性】面板中，【字体】选择“楷体”，【字体大小】设为“90”，颜色为黄色。在舞台输入字符“红”。
3. 打开【滤镜】面板中，单击 按钮，从弹出菜单中选择【发光】，如图 5-25 所示进行设置，其中颜色为红色。

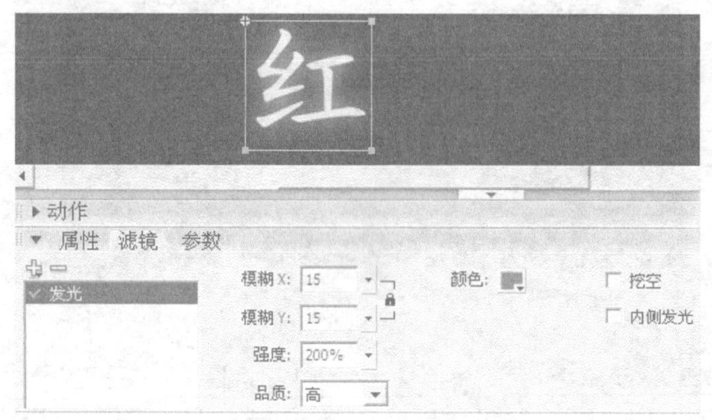

图5-25　设置【发光】滤镜

4. 按 F8 键打开【转换为元件】面板，将转换为一个名称为“字 1”的影片剪辑元件。
5. 从【库】面板中将“字 1”元件拖放到舞台中，位于第一个字符的右侧。
6. 打开【属性】面板，从【颜色】下拉列表中选择“高级”，单击出现的 设置... 按钮，打开【高级效果】面板，如图 5-26 所示进行设置。

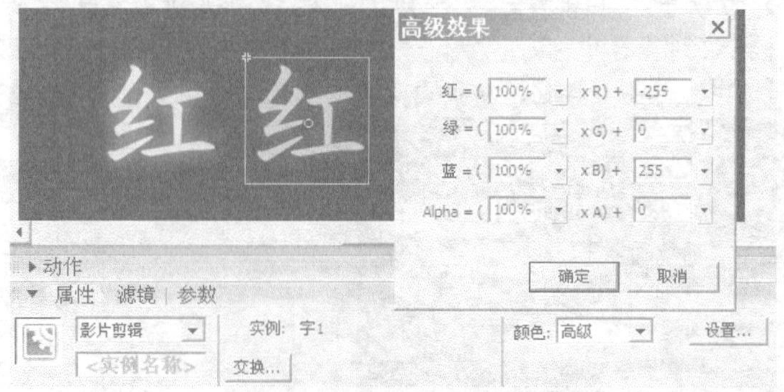

图5-26　“字 1”元件实例高级效果设置

7. 与制作“字 1”的影片剪辑元件一样，制作“字 2”的影片剪辑元件，其中的字符是“火”。
8. 从【库】面板中将“字 2”元件拖放到舞台中，位于第一个“字 2”元件实例的右侧。
9. 打开【属性】面板，从【颜色】下拉列表中选择“高级”，单击出现的 设置... 按钮，打开【高级效果】面板，如图 5-27 所示进行设置。

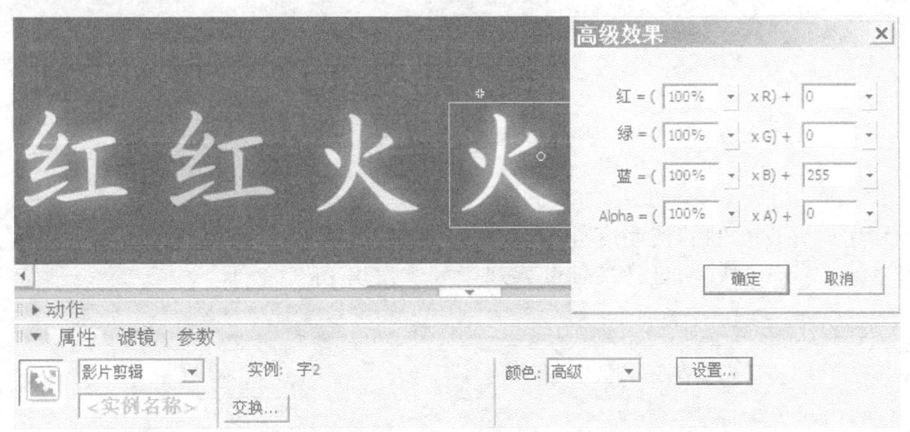

图5-27 “字 2”元件实例高级效果设置

项目小结

本项目分 3 个任务：制作立体背景、制作立体牌匾和制作立体文字，完成了“软件界面”立体效果的制作。项目中主要涉及滤镜的使用、为元件实例调整颜色的方法和将所选元素转换为元件的方法。由于 Flash 8 所提供的滤镜和 Photoshop 的类似，因此可以借鉴 Photoshop 的滤镜应用经验，在 Flash 8 中加以应用。

思考与练习

一、判断题

1. Flash 8 的滤镜不能应用于______实例。
2. 调整元件实例的色彩效果，可以使用【属性】面板中的______下拉列表。
3. 选择舞台上的元素后，按______键可以打开【转换为元件】对话框，将所选元素转换为元件。
4. 在【投影】滤镜中，选中【隐藏对象】单选框，将只显示______而不显示______。

二、简答题

滤镜中的【品质】有几项参数可以选择？起什么作用？

三、操作题

1. 利用【滤镜】处理导入的灯泡图片以及制作的文字，形成如图5-28所示的效果。此例可参见教学辅助资料中的“照明.fla”文件。

图5-28 照明

2. 利用对元件实例的透明度处理，形成如图5-29所示的效果，其中星星进行了扭曲处理并应用了滤镜。此例可参见教学辅助资料中的“星星.fla”文件。

图5-29 星星

项目六

简单动画：体育大竞技

本项目主要制作图 6-1 所示的体育大竞技广告，并将其保存为“体育大竞技.fla”文件。

图6-1 体育大卖场广告

本项目主要通过以下几个任务完成。

- 任务一　制作体育人物依次显示效果
- 任务二　制作体育人物闪烁效果
- 任务三　制作文字弹跳效果
- 任务四　设置背景效果

学习目标

掌握帧的编辑方法，比如帧的插入、复制等。
掌握补间动画的制作方法。
掌握自定义缓入/缓出的使用。
掌握图层的含义与一般调整方法。

任务一 制作体育人物依次显示效果

该任务主要是通过插入关键帧，放置不同的体育人物模型，实现不同的体育人物模型依次显示效果。

【任务要求】

间隔 1 帧插入关键帧，共放置 5 个体育人物模型，最终是 5 个模型同时显示，效果如 图 6-2 所示。

图6-2 体育依次显示

【基础知识】

每一个 Flash 动画作品都以时间为顺序，由先后排列的一系列帧组成。在 Flash 8 中，除了可以自己绘制动画的每一帧，也就是逐帧动画（Frame-by-Frame Animation）外，还可以采用补间动画（Tweened Animation）以提高工作效率。补间动画利用关键帧（Keyframe）处理技术来实现动画效果，可分成补间动作（Motion）和补间形状（Shape）两种，一般又把补间动作直接称为补间动画。在补间动画制作中，只要决定动画对象在运动过程中的关键状态，中间帧的动画效果就会由计算机动画软件自动计算得出。这些描绘关键状态的帧，就称为关键帧。同时还会有其他种类的一些相关帧，出现在制作动画的【时间轴】面板中。图 6-3 所示为【时间轴】面板默认设置下各种帧的显示。

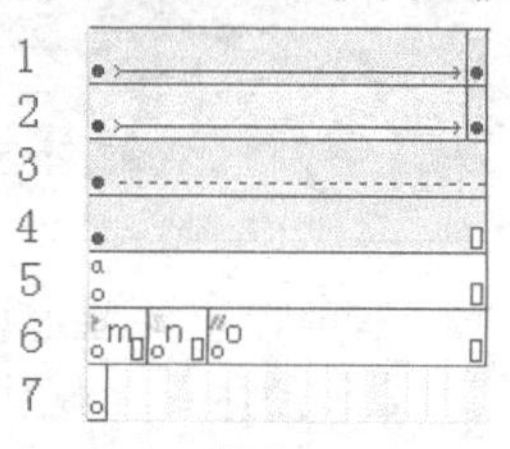

图6-3 帧的显示状态

- 1 是补间动画，其中带黑点蓝背景的单元格是关键帧，而黑箭头蓝背景则表示补间帧。
- 2 是补间形状，其中带黑点绿背景的单元格是关键帧，而黑箭头绿背景则表示补间帧。
- 3 是未完成或中断的补间动画，其中虚线表示不能够产生补间帧。
- 4 中带黑点灰背景的单元格是关键帧，随后的灰背景则表示这些帧与关键帧保持相同的内容，结束时的那一帧用带黑框灰背景的单元格表示，这就是普通帧。
- 5 中的字母“a”表明这一帧中包含了使用【动画】面板设置的动作语句。
- 6 中的红旗表明这一帧的标签类型是名称。金锚表明这一帧的标签类型是锚记，可以方便用户在浏览器中快进或快退。两条绿色斜杠表明这一帧的标签类型是注释。

- 7 中带黑圈白背景的单元格是空白关键帧，表明没有任何内容，是打开新文档时的状态。

插入帧常用如下方法。

- 用鼠标左键单击帧，然后选择【插入】/【时间轴】/【帧】命令、【插入】/【时间轴】/【关键帧】命令或【插入】/【时间轴】/【空白关键帧】命令，就可以插入不同类型的帧。
- 用鼠标右键单击所要选的帧，打开快捷菜单，选择相应的插入命令。

帧的插入等处理也可以使用快捷键，下面将结合具体的操作步骤进行介绍。

【操作步骤】

1. 选择【文件】/【打开】命令，打开教学辅助资料中的“体育素材.fla”文件。
2. 选择【修改】/【文档】命令，打开【文档属性】对话框，将【尺寸】修改为“510×150”像素，【背景颜色】选择黑色，如图 6-4 所示。单击 确定 按钮退出。
3. 在【时间轴】面板中，用鼠标左键单击第 3 帧，选择【插入】/【时间轴】/【关键帧】命令，插入一个关键帧，如图 6-5 所示。

> 说明：插入的关键帧与前一个关键帧完全相同，由于第一帧是空白关键帧，因此随后插入的关键帧是也空白关键帧。

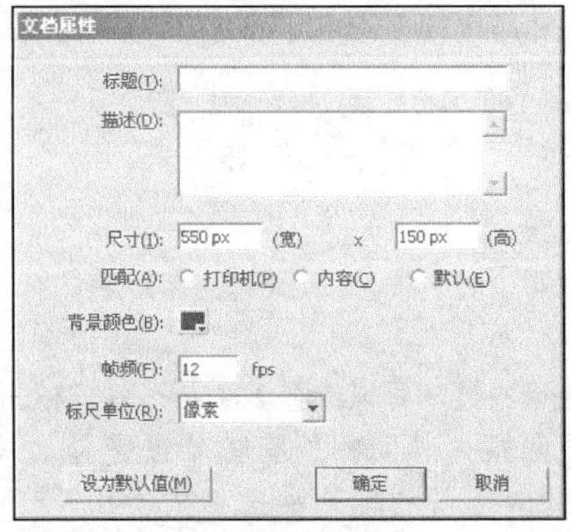

图6-4　设置文档属性

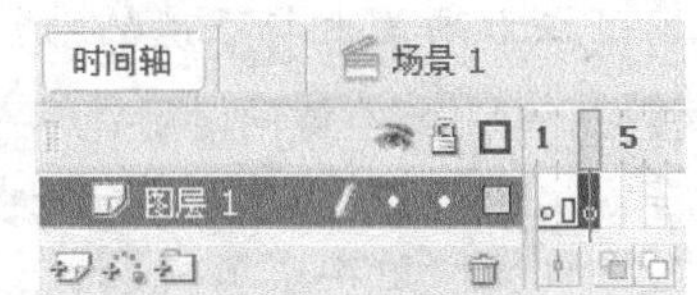

图6-5　插入关键帧

4. 打开【库】面板，从中选择“体育 12”元件，将其拖到舞台左侧，如图 6-6 所示。

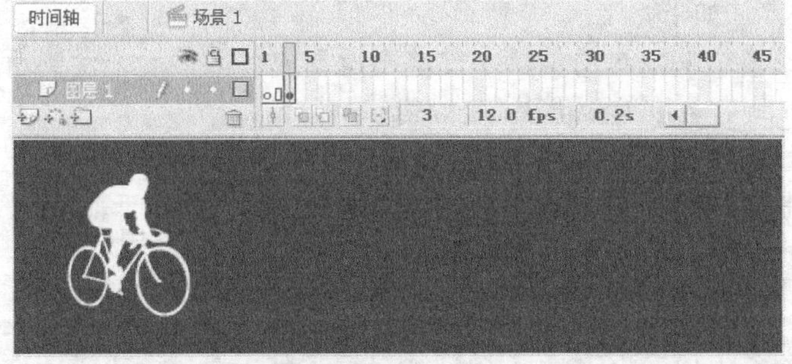

图6-6　放置体育元件

5. 在【时间轴】面板中，用鼠标右键单击第 5 帧，从打开的快捷菜单中选择【插入关键帧】命令，插入一个关键帧。

6. 从【库】面板中，选择“体育 16”元件，将其拖到舞台上第 1 个体育的右侧，如图 6-7 所示。
7. 在【时间轴】面板中，用鼠标左键单击第 7 帧，按 F6 键插入一个关键帧。
8. 从【库】面板中，选择“体育 19”元件，将其拖到舞台上第 2 个体育的右侧。
9. 同样在第 9 帧插入关键帧，放置“体育 22”元件实例，在第 11 帧插入关键帧，放置“体育 13”元件实例，如图 6-8 所示。

图6-7 放置第 2 个体育

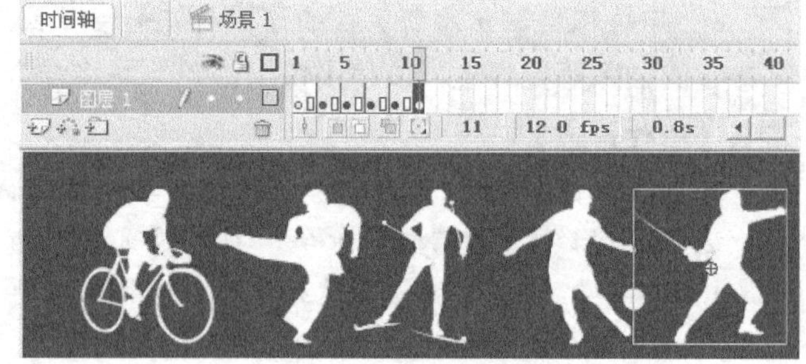

图6-8 体育的放置效果

任务二 制作体育人物闪烁效果

该任务主要是使 5 个体育人物模型产生闪烁效果，强化视觉效果。

【任务要求】

利用空白关键帧，以 2 帧为间隔，产生体育模型时有时无的快速闪烁效果。

【基础知识】

(1) 帧被选择后，呈深色显示，常用的选择方法如下。

- 用鼠标左键单击所要选的帧。
- 按 Ctrl+Alt 组合键同时用鼠标左键分别单击所要选的帧，可以选择多个不连续的帧。
- 按 Shift 键同时用鼠标左键分别单击所要选的两帧，其间的所有帧均被选择。
- 用鼠标左键单击所要选的帧，并继续拖动，其间的所有帧均被选择。
- 使用【编辑】/【时间轴】/【选择所有帧】命令，可以选择【时间轴】面板中的所有帧。

(2) 帧的移动方法如下。

- 选择一帧或多个帧，再用鼠标左键单击所选的帧，然后拖动到新位置。如果拖动时按 Alt 键，会在新位置复制出所选的帧。
- 选择一帧或多个帧，选择【编辑】/【时间轴】/【剪切帧】命令剪切所选帧。用鼠标左键单击所要放置的位置，选择【编辑】/【时间轴】/【粘贴帧】命令粘贴出所选的帧。

(3) 帧的修改方法如下。

- 选择一帧或多个帧，使用【修改】/【时间轴】下面的菜单命令，可以将所选帧转换为关键帧、空白关键帧或者删除关键帧。
- 当选择多个连续的帧以后，【修改】/【时间轴】下面的【翻转帧】命令会有效，利用这个命令可以翻转所选帧的出现顺序，也就是实现反向播放。

与插入帧类似，将其他帧转化成关键帧、清除帧等，都可以使用【插入】菜单命令和鼠标右键打开的快捷菜单命令。剪切、拷贝和粘贴帧，可以使用【编辑】/【时间轴】菜单下的命令和鼠标右键打开的快捷菜单命令。

【操作步骤】

1. 在【时间轴】面板中，用鼠标左键单击第 13 帧，选择【插入】/【时间轴】/【空白关键帧】命令，插入一个空白关键帧，此时舞台上没有任何对象显示。
2. 用鼠标左键单击第 11 帧，并继续拖动到第 13 帧，使第 11～13 帧全选，如图 6-9 所示。
3. 按 Alt 键向右拖动所选的帧，如图 6-10 所示复制出新的帧。

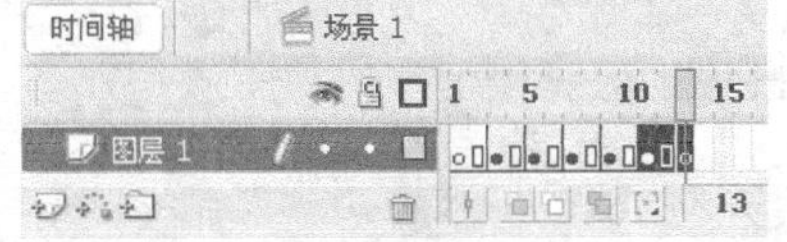

图6-9 选择帧

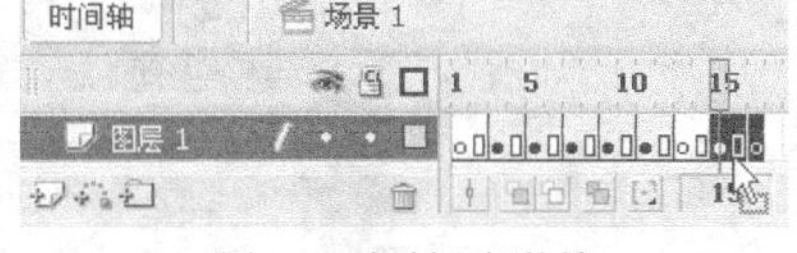

图6-10 复制出新的帧

4. 用鼠标左键单击第 11 帧，并继续拖动到第 17 帧，使第 11～17 帧全选，按 Alt 键向右拖动所选的帧，如图 6-11 所示复制出新的帧。

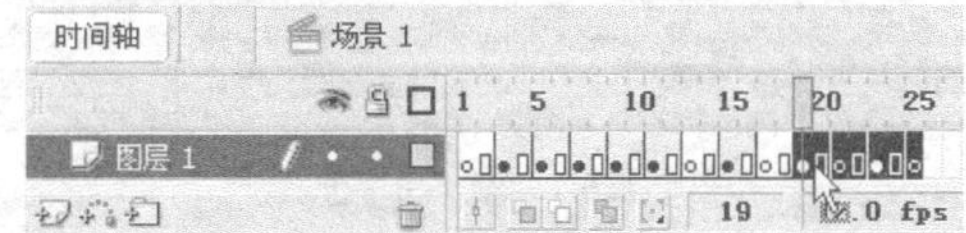

图6-11 进一步复制出新的帧

5. 用鼠标左键单击第 23 帧，选择【编辑】/【时间轴】/【复制帧】命令，复制这一帧。
6. 用鼠标右键单击第 27 帧，从打开的快捷菜单中选择【粘贴帧】命令，粘贴所复制的帧。

【知识链接】

利用静止对象属性（位置、颜色、大小等）的突变，产生一种闪烁效果，可以造成强烈的视觉冲击。这是一种常见的动画形式，在许多网站中都能够看到类似的动画效果。

任务三 制作文字弹跳效果

该任务包括两个子任务：输入文字和制作弹跳效果。

【任务要求】

与体育模型位置对应，输入文字“体育大竞技”。然后文字从舞台上方向下运动，进入舞台。此运动过程持续 30 帧，其中文字反复跳动，最终稳定在舞台中央，如图 6-12 所示。

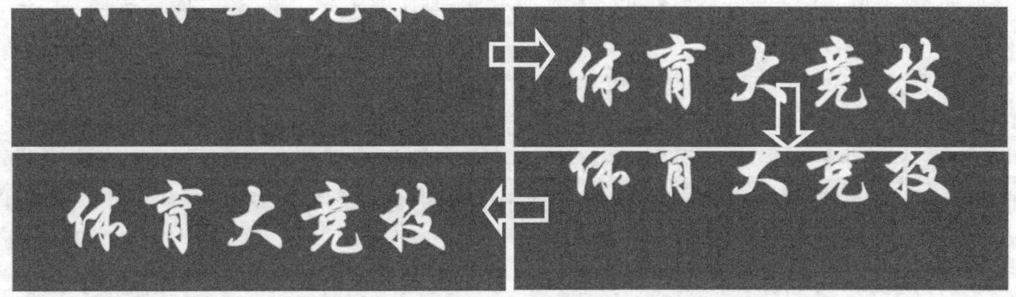

图6-12 文字弹跳效果

（一） 输入文字

此任务要求按体育模型的位置，对应输入文字，然后删除体育模型。

【操作步骤】

1. 在工具面板选择 A 工具。在【属性】面板中，【字体】选择“华文行楷”，【字体大小】用键盘输入“88”，颜色选择黄色，如图 6-13 所示输入字符“体育大竞技”。

输入字符的过程中，要注意调整字符位置，以保证文字与体育的对应。这样，会使闪烁的视觉冲击更强。

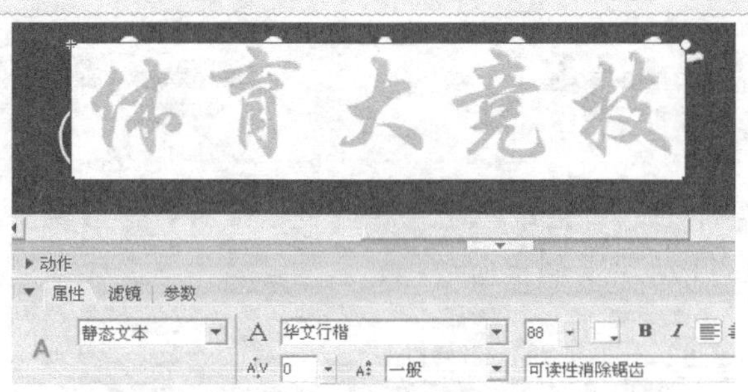

图6-13 输入字符

2. 输入完字符后，将第 27 帧中的体育模型全部删除。

（二） 制作弹跳效果

此任务利用补间动画产生文字从上向下的运动，然后利用【自定义缓入/缓出】对话框设置弹跳效果。

【基础知识】

补间动画是 Flash 中使用最多的一种动画制作方法，不过它的使用也有一定限制：在舞台中绘制的矢量图形，如果不组合或者转换成元件，就无法使用补间动画；在设置补间动画的帧中，只能存在一个对象，如果存在两个元件实例，就无法使用补间动画。

实现补间动画必须要有两个关键帧，可以在设置开始关键帧与结束关键帧以后，再设置补间；也可以先设置开始关键帧与补间动画，再设置结束关键帧。另外，开始关键帧与结束关键帧都是相对的，前一个动画的结束关键帧可能就是下一个动画的开始关键帧。设置补间动画可以采用以下 3 种方式。

- 选择开始关键帧后，在【属性】面板中的【补间】下拉列表中选“动画”，如图 6-14 所示。
- 选择开始关键帧后，选择【插入】/【时间轴】/【创建补间动画】命令。
- 用鼠标右键单击开始关键帧，从打开的快捷菜单中选择【创建补间动画】命令。

如果在【属性】面板中出现 ⚠ 图标，就是提示补间动画无法实现。要取消补间动画，也可使用上述 3 种方式。可以在第 1 种方式中的【补间】下拉列表中选择“无”，也可以在后两种选择方式中选择【删除补间】命令。

要对补间动画实现特殊控制，比如使运动产生变速效果等，必须使用【属性】面板中的相关选项，如图 6-15 所示。

图6-14　选择【动画】

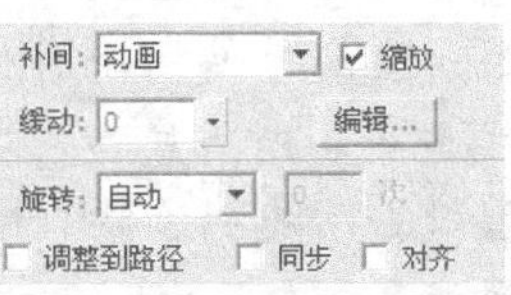

图6-15　补间动画相关选项

- 【补间】：在下拉列表中有“无”、“动画”和“形状”3个选项。
- 【缩放】：若选中该复选框，允许在动画过程中进行对象的比例变化。不选中，将禁止比例变化。
- 【缓动】：可以改变对象在动画过程中的变化速度。数值为100是变化先快后慢，数值为－100是变化先慢后快。数值0是默认设置，对应匀速变化。要进行数值设置，既可以拖动滑块，也可键盘输入。
- 编辑...：单击该按钮，可以打开【自定义缓入/缓出】对话框，通过曲线调整，实现对运动速度复杂变化的精确控制。
- 【旋转】：在下拉列表中有“无”、“自动”、“顺时针”和“逆时针”4个选项。“无”是动画过程中不允许对象进行旋转变化；“自动”是按捷径进行旋转变化；“顺时针”是强制按顺时针旋转；“逆时针”是强制按逆时针旋转。右边的数字框中可以设置旋转次数。
- 【调整到路径】：选中该复选框，允许在运动引导动画过程中，使对象根据路径的曲度改变变化方向。
- 【同步】：如果动画对象是一个包含动画效果的图形元件实例，若选中该复选框，则使图形元件实例的动画和主时间轴同步。
- 【对齐】：如果使用运动引导动画，若选中该复选框，则会根据对象的注册点将其吸附到运动路径上。

单击编辑...按钮后，将打开如图6-16所示的【自定义缓入/缓出】对话框。对话框中采用曲线表示动画随时间的变化程度，其中水平轴表示帧，垂直轴表示变化的百分比。第一个关键帧表示0%，下一个关键帧表示为100%。曲线斜率表示变化速率，曲线水平时（无斜率），变化速率为零；曲线垂直时，变化速率最大，一瞬间完成变化。

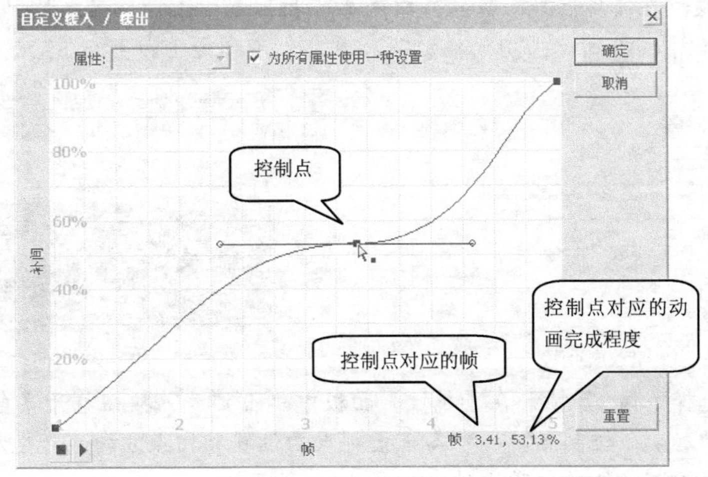

图6-16　【自定义缓入/缓出】对话框

- 【为所有属性使用一种设置】：该复选框默认状态是选中，这意味着所显示的曲线适用于所有属性，并且【属性】下拉列表被禁用。该复选框没有选中时，【属性】下拉列表被启用，每个属性都有定义其变化速率的单独曲线。
- 【属性】：该下拉列表被启用后，有“位置”、“旋转”、“缩放”、“颜色”和“滤镜”5 种属性可以选择。它们分别为舞台上动画对象的位置、旋转、缩放、颜色和滤镜指定自定义缓入/缓出变化速率曲线。
- ■和▶：这两个按钮可以使用所定义的所有当前速率曲线，预览动画效果。
- 重置：单击该按钮将速率曲线恢复成默认的线性状态。

在线上单击鼠标一次，就会添加了一个新的控制点。通过拖动控制点的位置，可以实现对对象动画的精确控制。在拖动控制点的过程中，控制点会自动吸附到网格进行对齐，如果按 X 键拖动就会取消吸附。单击控制点的手柄（方形手柄），可选择该控制点，并显示其两侧的用空心圆表示的正切点，如图6-17所示。可以使用鼠标拖动控制点或其正切点，也可以使用键盘的箭头键确定其位置。选择控制点后，按 Delete 键可以将其删除。在面板的右下角显示所选控制点的关键帧和位置，如果没有选择控制点，则不显示数值。

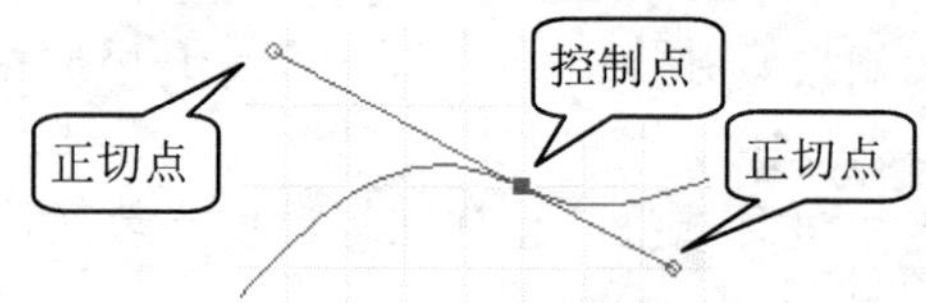

图6-17　曲线上的控制点

【操作步骤】

1. 选择文字，选择【修改】/【转换成元件】命令，打开【转换成元件】对话框。转换成一个“文字”影片剪辑元件，如图 6-18 所示，单击 确定 按钮退出。

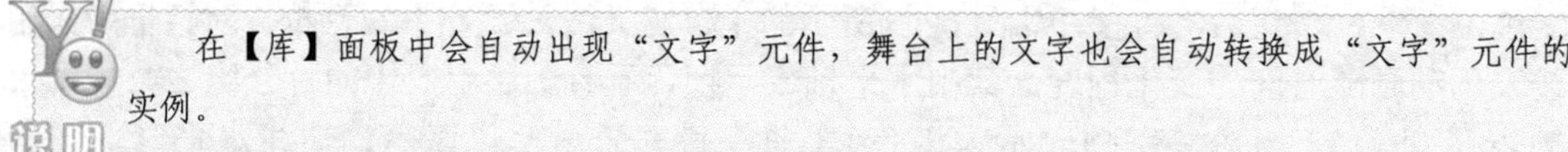

说明：在【库】面板中会自动出现“文字”元件，舞台上的文字也会自动转换成“文字”元件的实例。

2. 选择第57帧，按 F6 键插入关键帧。然后将第 27 帧中的文字移到舞台上方外侧。
3. 选择第27帧，在【属性】面板的【补间】下拉列表中选择“动画”，使26～57 帧产生补间动画，如图 6-19 所示。拖动播放头，就可以看到文字由上而下的运动效果。

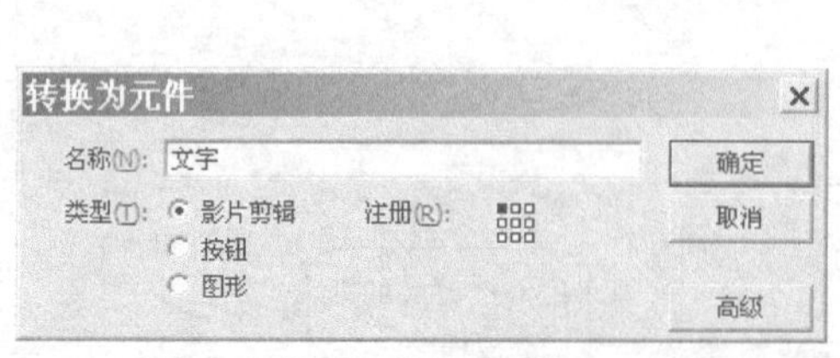

图6-18　转换成元件

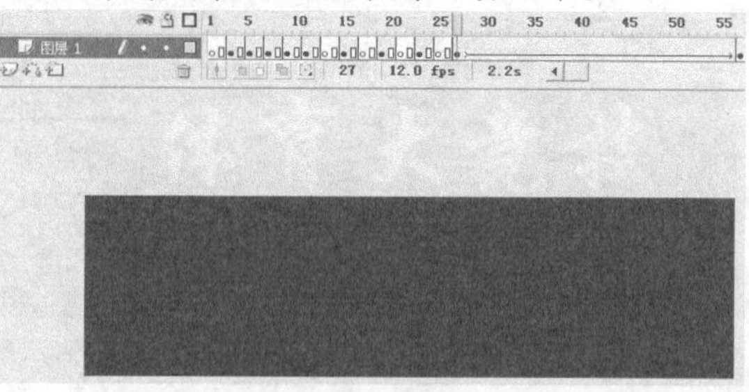

图6-19　补间动画

4. 确认依然选择了第 27 帧，在【属性】面板中单击 编辑... 按钮打开【自定义缓入/缓出】对话框，增加4 个控制点，调整各个控制点的位置和切点方向，产生加速下降，再减速上升，高度逐渐降低的弹跳运动，如图 6-20 所示。

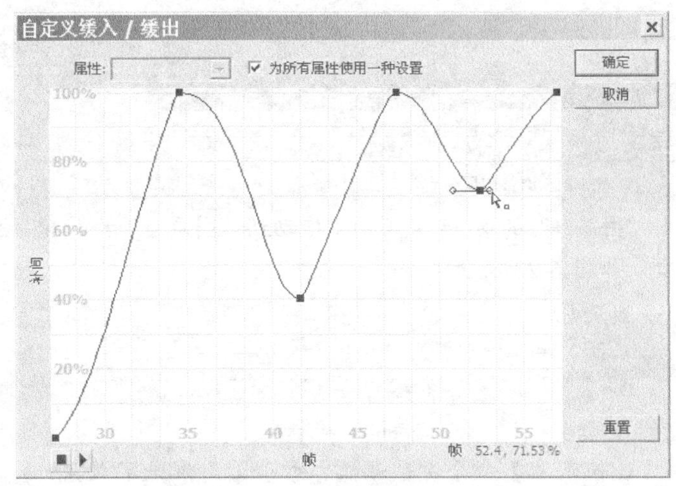

图6-20　设置弹跳运动

任务四　设置背景效果

该任务主要是为动画设置一个静态背景，起到美化画面的效果。

【任务要求】

此任务要求利用图层叠加功能为动画效果设置一个静态背景并设置动画时间为65帧。

【基础知识】

创建新文档后，【时间轴】面板中只显示一个图层，名称是“图层1”，在此基础上可以继续增加图层，以便将动画内容分解到不同图层上，通过图层叠加的相互遮挡，实现复杂动画的合成。此外，还可以设置与文件夹类似的图层文件夹，以便将图层组织成易于管理的组，可以通过展开和折叠图层文件夹来查看只和当前操作有关的图层。

在【时间轴】面板中，创建新图层或图层文件夹，可以采用的方法如下。

- 单击按钮插入一个新图层，单击按钮插入一个新图层文件夹。
- 选择【插入】/【时间轴】/【图层】命令，选择【插入】/【时间轴】/【图层文件夹】命令。
- 用鼠标右键单击图层名，在打开的快捷菜单中选择【插入图层】命令或【插入文件夹】命令。

图层可以移动，以便调整相互间的顺序。选中要移动的图层，按鼠标左键拖动，图层以一条粗横线表示，拖动粗横线到需要的位置释放鼠标即可。若要删除图层，则只能使用按钮，切记不要按 Delete 键，按 Delete 键不能删除图层，只能删除舞台上的对象。

【操作步骤】

1. 在【时间轴】面板中，单击按钮增加一个新层，层名自动设为“图层2”。
2. 选中“图层2”，按鼠标左键向下拖动到“图层1”的下方，图层以一条粗横线表示，如图6-21所示。然后释放鼠标，使“图层1”位于“图层2”之上。
3. 从【库】面板中将“背景”元件拖放到舞台，然后在【属性】面板中调整坐标值，如图6-22所示。这样，“背景”元件实例完全覆盖住了舞台。

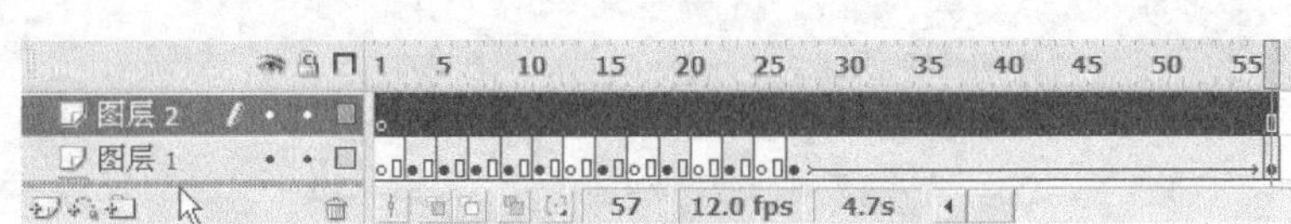

图6-21 调整图层位置

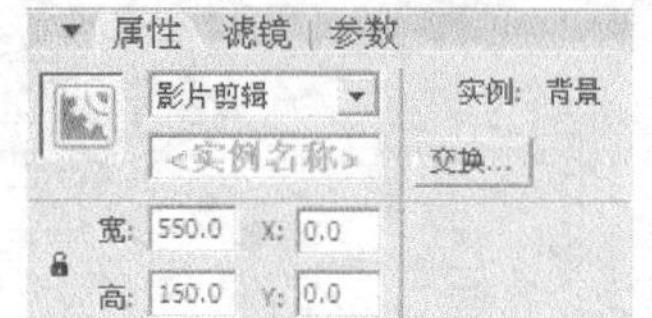

图6-22 调整位置

4. 用鼠标左键单击“图层 1”的第 65 帧，向下拖动到“图层 2”的第 65 帧，使这两帧全选，按 F5 键插入帧，如图 6-23 所示。

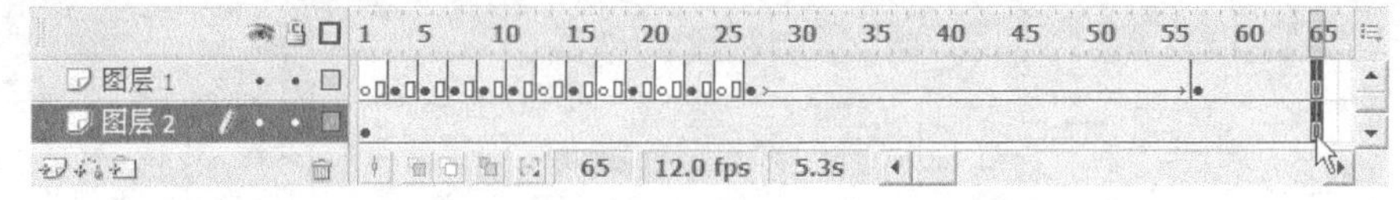

图6-23 插入帧

5. 选择【控制】/【测试影片】命令测试动画，就会看到相应的效果。

项目实训

完成项目六的各个任务后，读者初步掌握了学习目标中所阐述的内容，以下进行实训练习，对所学内容加以巩固和提高。

实训一 制作“活动主题”文字动画效果

使“活动主题”4 个字由小到大反复突变，其中还伴有颜色的变化，如图6-24 所示。此例可参见教学辅助资料中的“活动主题.fla”文件。

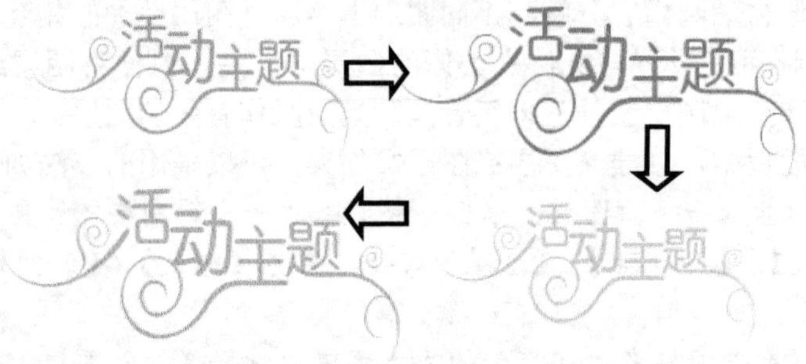

图6-24 活动主题

【操作步骤】

1. 选择【文件】/【打开】命令，打开教学辅助资料中的“活动主题素材.fla”文件。
2. 选择舞台上所有文字，选择【修改】/【转换成元件】命令，将其转换成一个“文字”影片剪辑元件。
3. 在第 3 帧插入关键帧，选择这一帧中的元件实例，在【属性】面板的【颜色】下拉列表中选择“色调”，调整色彩和色彩数量使字符变色，如图 6-25 所示。
4. 选择第 1 帧中的元件实例，打开【变形】面板，选中【约束】复选框，将比例设为“80.0%”，按 Enter 键应用，如图 6-26 所示。

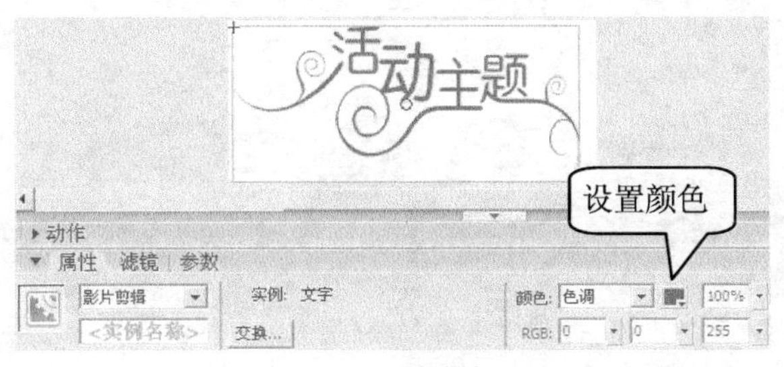

图6-25　调整颜色

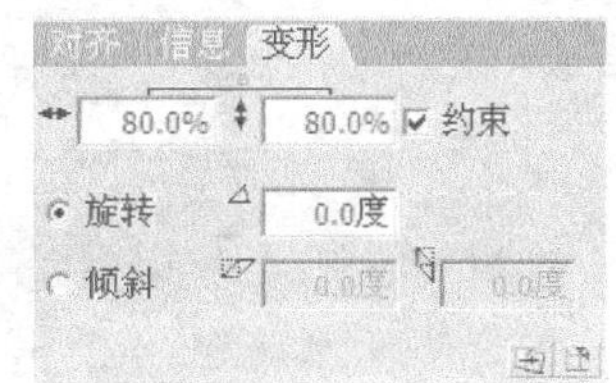

图6-26　缩小比例

5. 同时选择第 1～3 帧，按 Alt 键向右拖动到第 5 帧，如图 6-27 所示。由此将第 1～3 帧复制到第 5～7 帧。
6. 将第 5 帧中的元件实例修改为绿色，将第 7 帧中的元件实例修改为紫色。
7. 在第 8 帧插入关键帧，如图 6-28 所示。

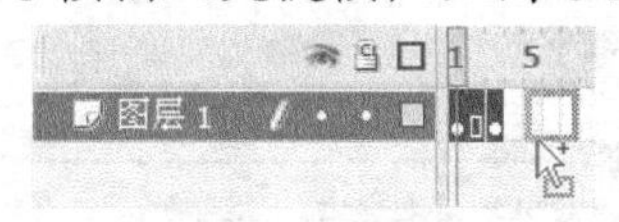

图6-27　复制帧

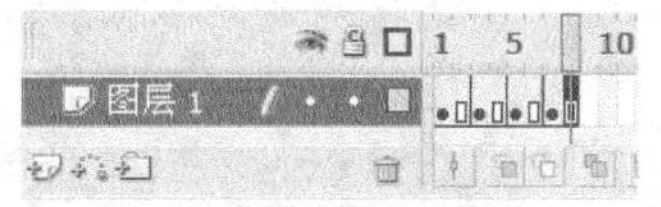

图6-28　插入帧

实训二　制作“飞翔”动画

制作直升机由近到远穿越云层飞行的动画，其中还伴有高度的变化，如图6-29所示。此例可参见教学辅助资料中的“飞翔.fla”文件。

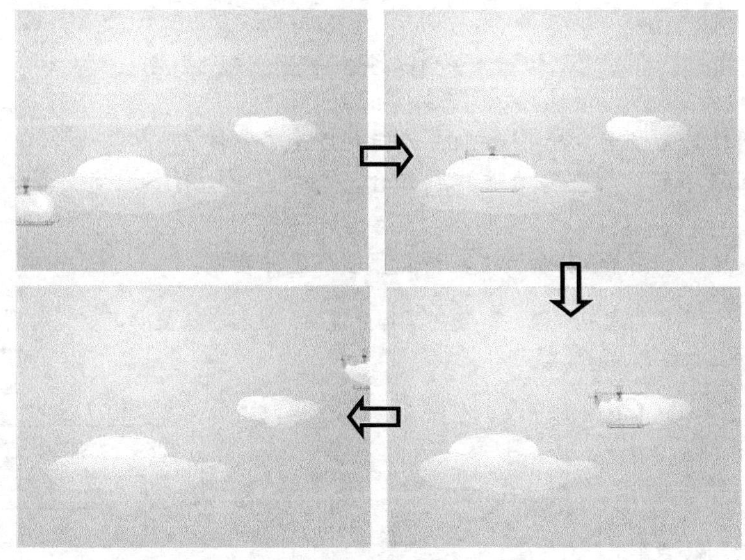

图6-29　飞翔

【操作步骤】

1. 选择【文件】/【打开】命令，打开教学辅助资料中的“飞翔素材.fla”文件。这个文件中的舞台背景已经被设置为天蓝色，以方便制作天空效果。
2. 在【库】面板中双击“桨叶”元件，进入其编辑修改界面。
3. 在第 2 帧插入关键帧，打开【变形】面板，将【旋转】设为“40.0 度”，按 Enter 键应用，如图 6-30 所示。

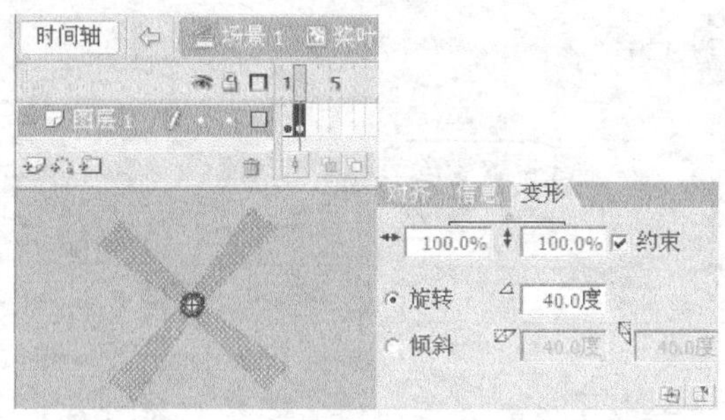

图6-30 旋转

4. 选择【插入】/【新建元件】命令，创建一个影片剪辑元件“直升机”。
5. 增加两个图层，如图 6-31 所示放置并设置各个元件实例，构成完整的直升机。

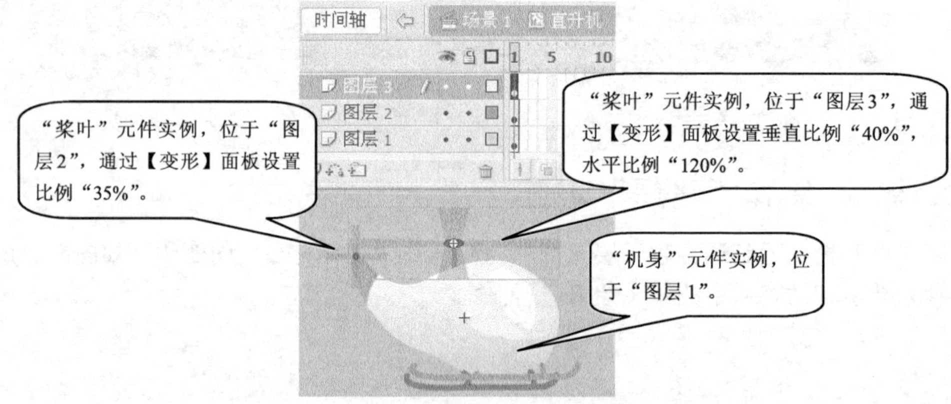

图6-31 组合直升机

6. 单击【时间轴】面板上方的⇦按钮，返回到场景 1 制作。
7. 将【库】面板中的“天空”元件拖到舞台，与舞台中心对齐以完全覆盖舞台，在第 50 帧插入帧。
8. 增加 3 个图层，如图 6-32 所示放置并设置各个元件实例。

说明：两个白云元件的填充颜色，都使用了部分透明，这样效果更加真实，特别是遮挡直升机时，就会产生若隐若现的效果。

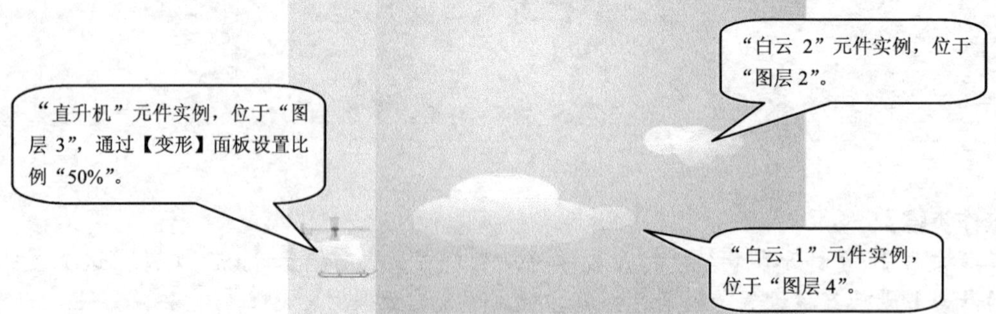

图6-32 放置并设置各个元件实例

9. 在“图层 3”的第 50 帧插入关键帧，移动这一帧中的直升机到舞台右上侧的外部，然后通过【变形】面板设置比例为“40%”。

10. 用鼠标右键单击“图层 3”的第 1 帧，从打开的快捷菜单中选择【创建补间动画】命令。

说明 此时测试动画，会看到直升机从舞台左下方向右上方直线飞行，“白云 1”元件实例部分遮挡了直升机，实现了穿云飞行的效果。

11. 依然选择“图层 3”的第 1 帧，在【属性】面板中将【缓动】数值设为“80”，如图 6-33 所示。由此实现减速运动，模拟近快远慢的效果。

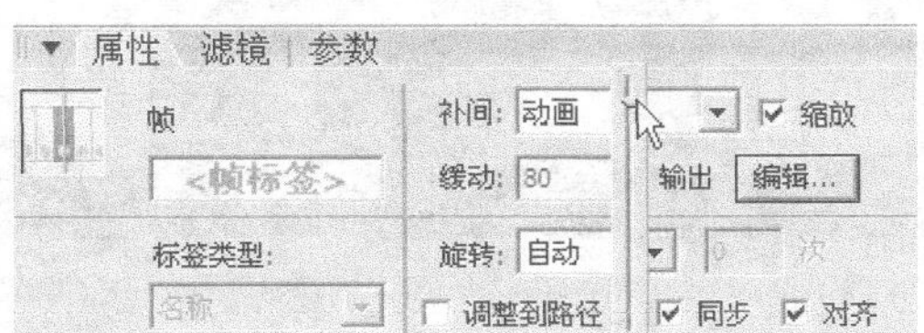

图6-33 设置【缓动】数值

项目小结

本项目分 4 个任务：让不同的体育人物模型依次显示、制作体育人物模型闪烁、制作文字弹跳效果和设置背景效果，完成了体育大竞技广告的制作。项目中介绍了设置帧的方法、利用帧的不同制作闪烁、制作补间动画以及对补间动画的特殊控制、利用图层实现动画对象的叠加显示。本项目所涉及的内容，只是动画制作的一些基本知识和方法。希望通过对这 4 个任务的学习，为以后的学习打下一个坚实的基础。

思考与练习

一、填空题

1. 在补间动画制作中，只要决定动画对象在运动过程中的______，中间帧的动画效果就会由计算机动画软件自动计算得出。这些描绘关键状态的帧，就称为______。

2. 要移动一帧或多个帧时，可以用鼠标左键单击所选的帧，然后拖动到新位置。如果拖动时按______键，会在新位置______所选的帧。

3. 在补间动画中，开始关键帧与结束关键帧都是相对的，前一个动画的结束关键帧可能就是下一个动画的______。

4. 【属性】面板中的【缓动】，可以改变对象在动画过程中的______。100 是变化______，－100 是变化______。数值 0 是默认设置，对应______。

5. 【自定义缓入/缓出】对话框采用曲线表示动画随时间的变化程度，其中水平轴表示______，垂直轴表示______。

6. 在【时间轴】面板中，选择图层后按🗑按钮，会______所选图层。

二、简答题

1. 除了快捷键方式，帧的插入常用哪几种方法？

2. 使用补间动画有哪两方面的限制？

3. 设置补间动画可以采用哪 3 种方式？

三、操作题

1. 如图6-34所示，让“超人气网站”文字产生闪烁，其中斑马线边框在闪烁过程中还有颜色变化。此例可参见教学辅助资料中的“超人气网站.fla”文件。

图6-34 超人气网站

2. 打开“连锁加盟素材.fla”文件，利用补间动画实现文字弹跳进入效果，如图 6-35 所示。此例可参见教学辅助资料中的“连锁加盟.fla”文件。

图6-35 连锁加盟

项目七

变形动画：口腔健康

本项目主要制作图 7-1 所示的“口腔健康”片头，并将其保存为“口腔健康.fla”文件。

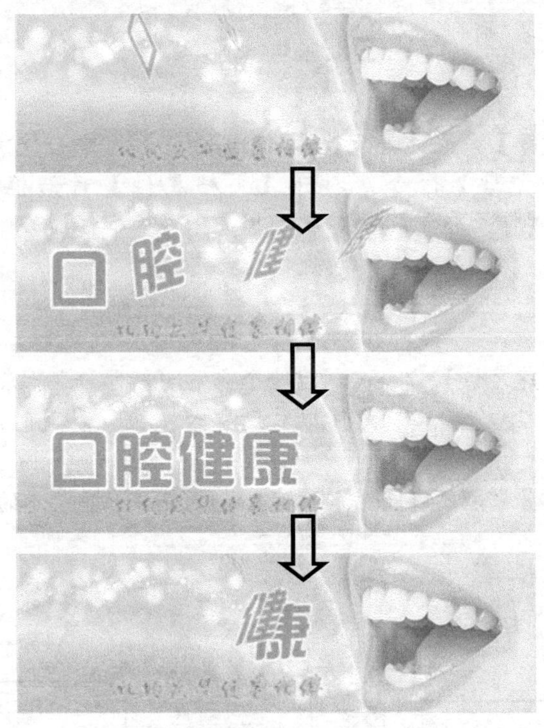

图7-1　口腔健康片头

本项目主要通过以下几个任务来完成。

- 任务一　创建“背景”元件
- 任务二　在舞台上放置动画元件
- 任务三　制作文字飘入与飘出效果
- 任务四　设置文字阴影

学习目标

掌握运动引导层动画的制作方法。
掌握运动引导层动画的处理技巧。
掌握滤镜动画的制作方法。

任务一　创建“背景”元件

该任务主要是围绕背景所采用的图片，设置相应的背景颜色，营造温馨的效果。

【任务要求】

设置蓝色背景，增加一束高光显示，效果如图 7-2 所示。

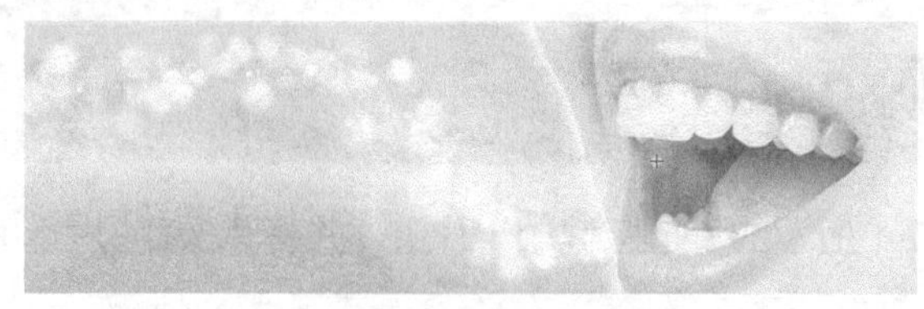

图7-2　蓝色色调的背景

【操作步骤】

1. 选择【文件】/【打开】命令，打开教学辅助资料中的“口腔健康素材.fla”文件。
2. 选择【修改】/【文档】命令，打开【文档属性】对话框，将【尺寸】修改为“600×180”像素，【背景颜色】修改为“#8CCBF6”。

设置【背景颜色】的数值，要参考【库】面板中“口腔.jpg”的边缘颜色，以便两者能够无缝衔接。

3. 选择【插入】/【新建元件】命令，创建一个影片剪辑元件“背景”。
4. 从【库】面板中将“口腔.jpg”文件拖放到舞台中央，在【时间轴】面板中增加一个“图层 2”。
5. 打开【混色器】面板，选择“线性”渐变类型，设置渐变颜色样本的数值，如图 7-3 所示。

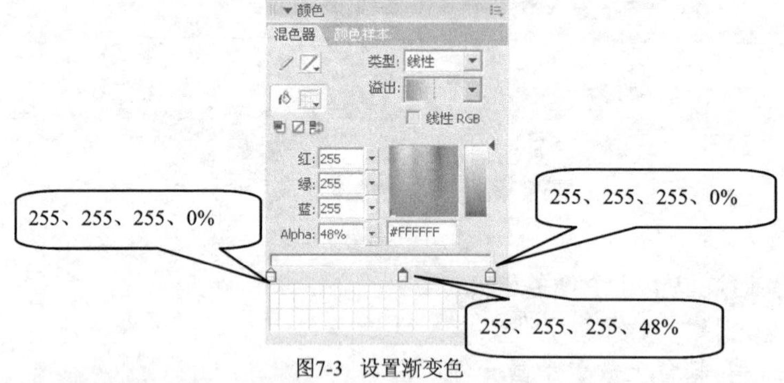

图7-3　设置渐变色

6. 在工具面板中选择 ○ 工具，将【笔触颜色】设为无，在舞台上画出一个椭圆。
7. 在工具面板中选择 工具，旋转填充颜色并缩小填充范围，形成一束倾斜的高光效果，如图 7-4 所示。

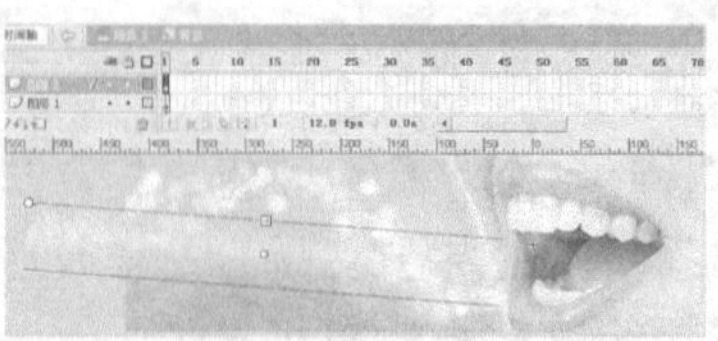

图7-4　调整填充颜色

任务二　在舞台上放置动画元件

该任务主要是在舞台上放置动画元件，为后续的动画制作做准备。

【任务要求】

在不同的图层分别放置背景和不同的字符，效果如图 7-5 所示。

图7-5　放置动画元件

【操作步骤】

1. 单击【时间轴】面板上方的 按钮，返回到场景 1。
2. 从【库】面板中，将"背景"元件拖放到舞台，调整位置使其右侧与舞台右侧对齐并完全覆盖舞台。
3. 在【时间轴】面板中增加 4 个图层，依次放置"口"、"腔"、"健"和"康"，如图 7-6 所示。

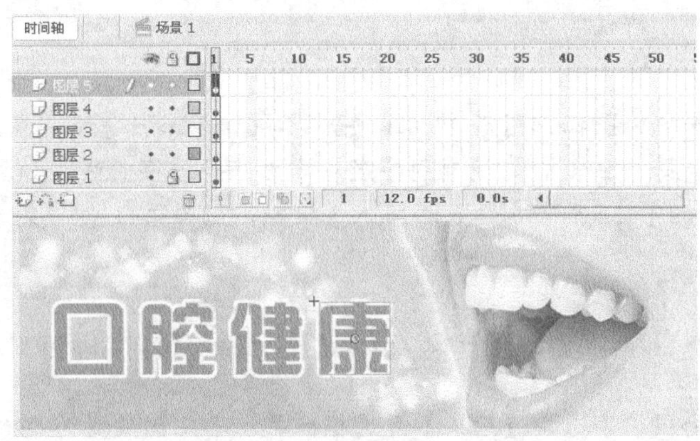

图7-6　放置元件

4. 在【时间轴】面板中，将所有图层的第 150 帧同时选择，按 F5 键插入帧。

任务三　制作文字飘入与飘出效果

该任务主要是制作 4 个文字依次飘入，然后又依次飘出的动画效果，营造轻柔舒缓的氛围。

【任务要求】

利用运动引导层动画，结合对文字的变形处理，使每个文字经过 34 帧由上而下飘入舞台，静止 30 帧后再依次飘出。

【基础知识】

制作补间动画，当运动轨迹比较简单时，采用设置关键帧的方法就能够完成。但在运动轨迹比较复杂的情况下，单纯依靠设置关键帧来实现，显然不太现实。而采用运动引导层，利用运动路径的导向作用，使与之相链接的被引导层中的对象沿此路径运动，则能制作出较好的动画效果。

创建运动引导层和被引导层，可以采用的方法如下。

- 在【时间轴】面板中直接单击按钮，在当前图层上增加一个运动引导层，当前图层变成被引导层。
- 用鼠标右键单击图层名，在打开的快捷菜单中选择【添加引导层】命令，在当前图层上增加一个运动引导层，当前图层变成被引导层。
- 选择某个图层，选择【修改】/【时间轴】/【图层属性】命令，打开【图层属性】对话框，选择【引导层】或【被引导】单选钮。
- 选择被引导层，单击按钮会在其上增加一个被引导层。
- 选择某个图层，选择【插入】/【时间轴】/【运动引导层】命令，在当前图层上增加一个运动引导层，当前图层变成被引导层。

运用运动引导层动画后，在【属性】面板中要特别注意选中【调整到路径】复选框，这样可以保证动画对象沿路径运动时，能根据路径的弯曲程度随时调整自己的姿态，使运动过程更加自然、协调。

Flash 8 中的引导层分为两种，除了运动引导层外，还有一种普通引导层。后者主要为其他层提供辅助绘图和绘图定位的帮助。在实际应用中，普通引导层的使用并不多，更多的是利用运动引导层产生特殊的动画效果。

【操作步骤】

1. 在【时间轴】面板中选择“图层 2”，单击按钮，在其上增加一个运动引导层。
2. 在工具面板中选择工具，在运动引导层中画出一条路径曲线，如图 7-7 所示。
3. 选择“图层 2”的第 35 帧，按F6键插入关键帧。选择第 1 帧中的“口”字，将其拖放到路径的上端。

如果【选项】下的按钮没有激活，必须激活，这样有利于吸附调整。

4. 打开【变形】面板，不选中【约束】复选框，将水平比例设置为“20.0%”，设置水平与垂直倾斜角度，按Enter键应用，如图 7-8 所示。

图7-7　画路径曲线

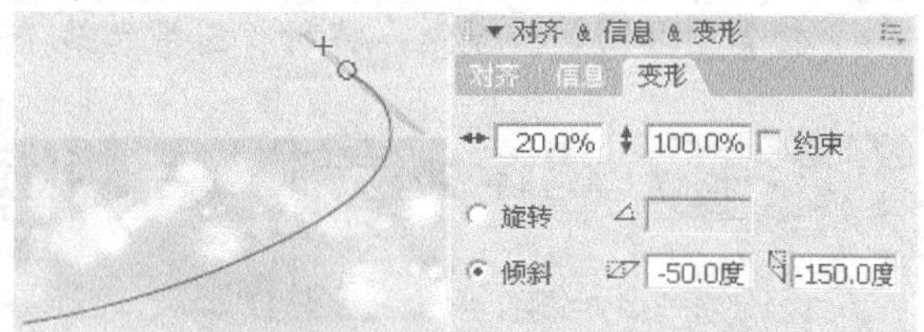

图7-8　设置变形

设置水平与垂直倾斜角度，目的是使字符翻转。数值可以根据具体曲线的弧度有些变化，没有很严格的要求。

5. 在【属性】面板中的【颜色】下拉列表中选择“Alpha”，将其数值设为“0%”，降低实

例的透明度。

6. 在【时间轴】面板中选择“图层 2”的第 1 帧。在【属性】面板中，从【补间】下拉列表中选择“动画”，选中【调整到路径】复选框，将【缓动】数值设为“－100”，如图 7-9 所示。

选中【调整到路径】复选框，允许在运动引导动画过程中，对象根据路径的曲度改变变化方向。

7. 在【时间轴】面板中选择运动引导层，将其拖动到“图层 5”的上方，“图层 2”也随之上移。
8. 在运动引导层中复制出 3 条路径曲线，如图 7-10 所示。

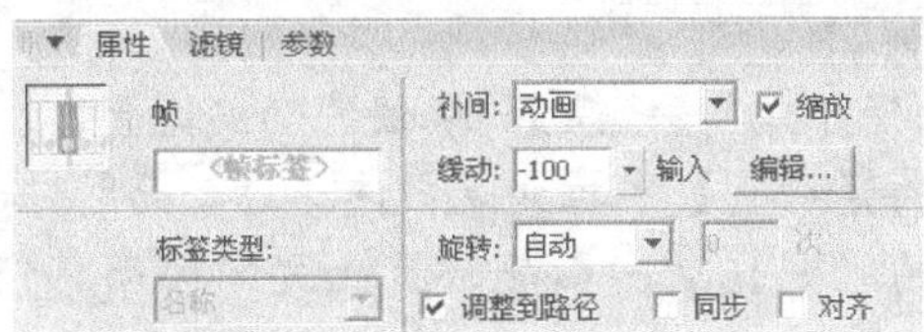

图7-9　设置动画

图7-10　复制路径曲线

(1) 在【时间轴】面板中选择“图层 3”，选择【修改】/【时间轴】/【图层属性】命令，打开【图层属性】对话框，选择【被引导】单选钮，如图 7-11 所示。
(2) 将“图层 4”和“图层 5”同样也变成被引导层，依次将各层关键帧推后 5 帧，如图 7-12 所示。

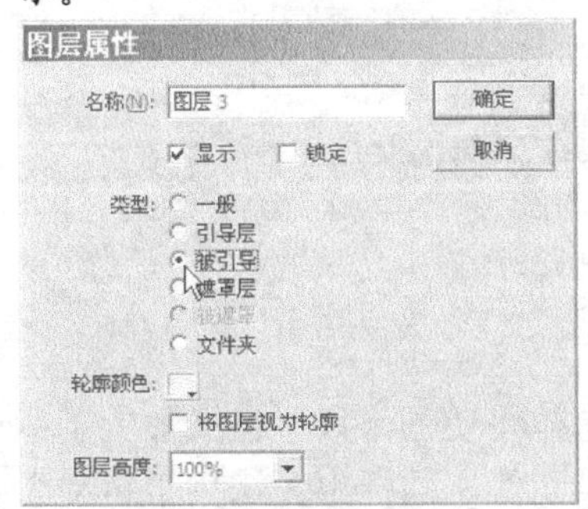

图7-11　修改图层属性

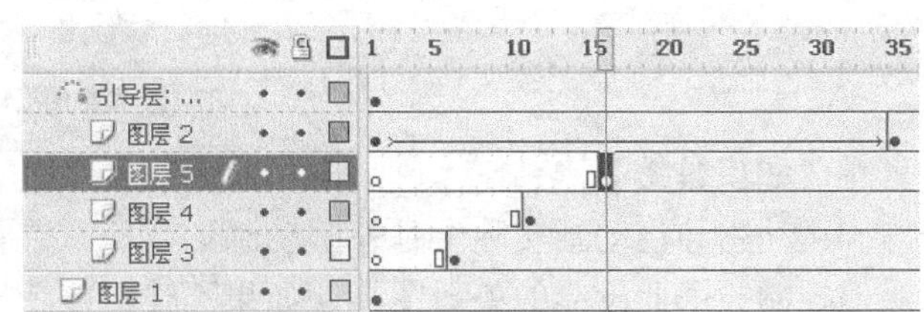

图7-12　调整图层及关键帧

(3) 与处理“图层 2”中的文字一样，处理“图层 3”、“图层 4”和“图层 5”中的文字，形成文字飘入的动画效果，如图 7-13 所示。

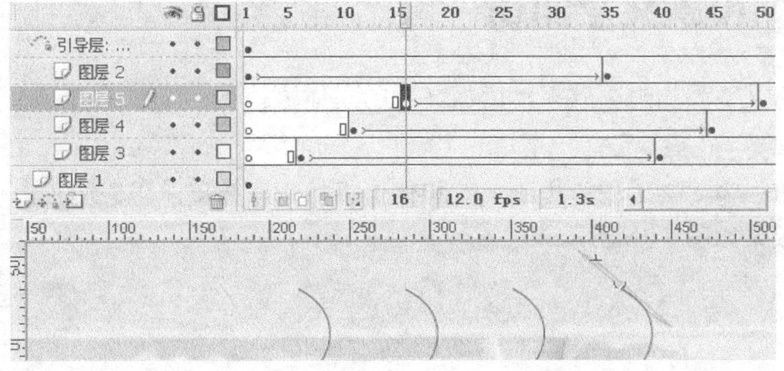

图7-13　其他层的动画设置

9. 在【时间轴】面板中选择“图层 2”的第65 帧，按 F6 键插入关键帧。用鼠标右键选择“图层 2”的第 1 帧，从打开的快捷菜单中选择【复制帧】命令。

(1) 用鼠标右键选择“图层2”的第99 帧，从打开的快捷菜单中选择【粘贴帧】命令，粘贴所复制的帧，如图 7-14 所示。

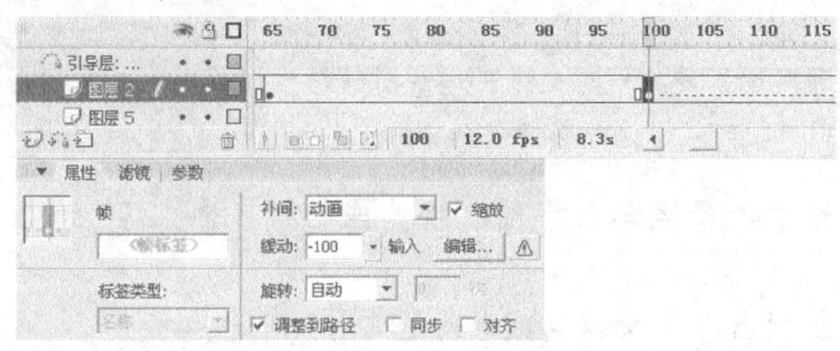

图7-14 粘贴帧

(2) 在【属性】面板中，从【补间】下拉列表中选择“无”，修改第 99 帧的动画设置。

(3) 选择“图层 2”的第 65 帧，在【属性】面板的【补间】下拉列表中选择“动画”，选中【调整到路径】复选框，将【缓动】数值设为“－100”。由此，产生文字按原路径飘出的动画效果。

(4) 与调整“图层2”的动画类似，调整其他层的文字动画，动画飘出的开始帧依次推后 10 帧。然后调整图层顺序，如图7-15 所示。这样文字飘出时，先飘的字会盖住后面的字，效果更加真实。

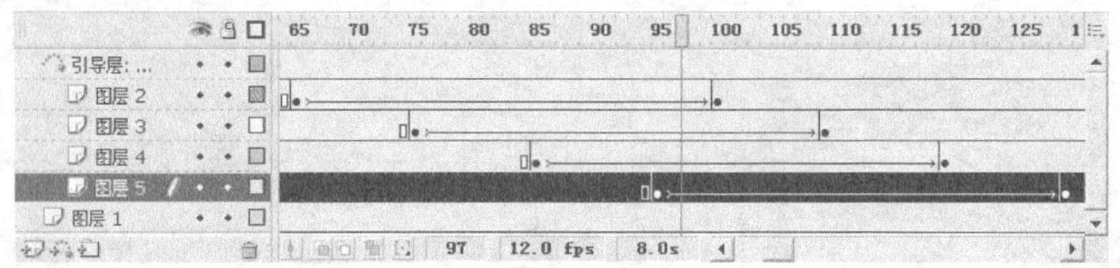

图7-15 调整图层顺序

【知识链接】

运动引导层动画实际上是补间动画的特例。它首先是补间动画，只不过又加上了运动轨迹的控制。因此绘制的矢量图形，如果不建组或者转换成元件，同样也无法用于运动引导层动画。在运动引导层动画中，也可以设置多个关键帧对沿路径的运动进一步进行控制。结合这一特点，可使运动引导层动画更加有效。

任务四 设置文字阴影

该任务为文字添加阴影效果，增加文字的立体感。

【任务要求】

利用滤镜，为文字“相约庆华健康相伴”添加阴影效果，阴影的投射位置和颜色要有一定的变化，效果如图 7-16 所示。

图7-16 文字阴影

【基础知识】

Flash 8中包含了7种滤镜效果，只能用于文本、按钮和影片剪辑，而图形元件等对象则不能应用滤镜。由于滤镜的参数可以调整，所以使用补间动画能够让滤镜产生变化，这就是滤镜动画。例如，创建一个具有投影的球（即球体），在时间轴中让起始帧和结束帧的投影位置产生变化，模拟出光源从对象一侧移到另一侧的效果。

在制作滤镜动画时，为了保证滤镜的变化能够正确补间，必须遵守如下原则。

- 如果将补间动画应用于已使用了滤镜的影片剪辑，则在补间的另一端插入关键帧时，该影片剪辑在补间的最后一帧上自动继承它在补间开头所具有的滤镜，并且层叠顺序相同。
- 如果将影片剪辑放在两个不同帧上，并且对于每个影片剪辑应用了不同滤镜，此后两帧之间又应用补间动画，则 Flash 首先处理所带滤镜最多的影片剪辑。然后比较分别应用于第 1 个影片剪辑和第 2 个影片剪辑的滤镜。如果在第 2 个影片剪辑中找不到匹配的滤镜，Flash 会生成一个不带参数并具有现有颜色的滤镜。
- 如果两个关键帧之间存在补间动画，将滤镜添加到关键帧中的对象，Flash 会在补间另一端的关键帧自动将相同滤镜添加到影片剪辑。
- 如果从关键帧中的对象删除滤镜，Flash 会在补间另一端的关键帧中，自动从影片剪辑中删除匹配的滤镜。
- 如果补间动画起始和结束的滤镜参数设置不一致，Flash 会将起始帧的滤镜设置应用于补间。但是挖空、内侧阴影、内侧发光以及渐变发光的类型和渐变斜角的类型，都不会产生补间动画。例如，如果使用投影滤镜创建补间动画，在补间的第1帧上应用挖孔投影，而在补间的最后一帧上应用内侧阴影，则 Flash 会更正补间动画中滤镜使用的不一致现象。在这种情况下，Flash 会应用补间第 1 帧所用的滤镜设置，即挖空投影。

【操作步骤】

1. 在【时间轴】面板中选择运动引导层，在其上方增加一个“图层 7”。
2. 在工具面板中选择 A 工具。在【属性】面板中，【字体】选择“华文行楷”，【字体大小】设为“30”，颜色选“#FF6699”，在舞台的中下部输入字符，如图 7-17 所示。

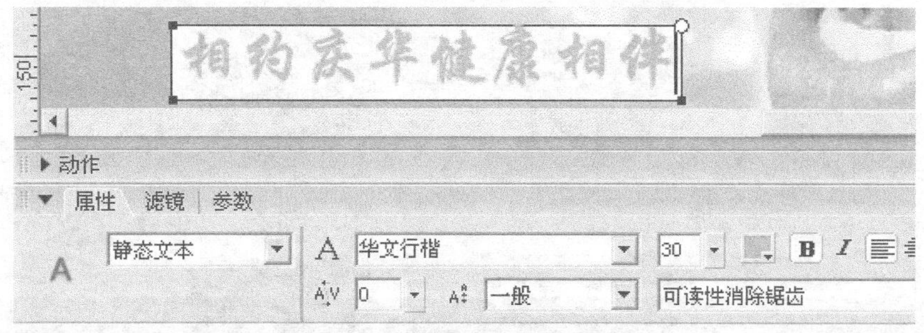

图7-17　输入字符

3. 单击【滤镜】选项卡，打开【滤镜】面板。单击 + 按钮，从打开的菜单中选择【渐变发光】滤镜，使用默认设置，如图 7-18 所示。

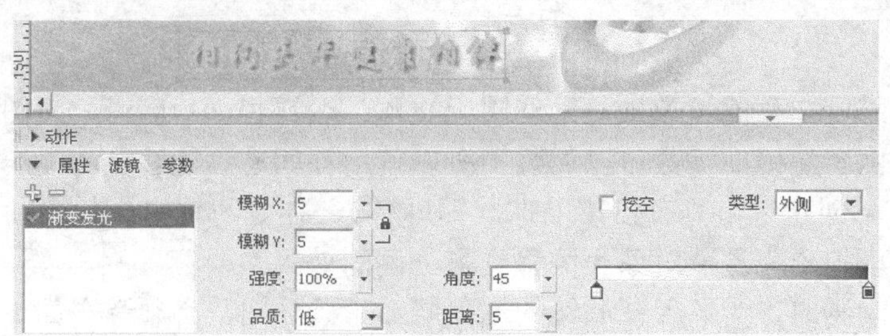

图7-18 应用【渐变发光】滤镜

4. 分别选择“图层 7”的第 75 帧和第 150 帧，按 F6 键插入关键帧。
5. 分别选择“图层 7”的第 1 帧和第 75 帧，设置补间动画。
6. 选择“图层 7”第 75 帧中的文字，在【滤镜】面板中修改【渐变发光】滤镜的参数，如图 7-19 所示。

图7-19 修改【渐变发光】滤镜参数

7. 选择【控制】/【测试影片】命令测试动画，就会看到文字飘然下落然后又飘然飞出，文字“相约庆华健康相伴”的阴影也在不断发生变化。

项目实训

完成项目七的各个任务后，读者初步掌握了学习目标中所阐述的内容，以下进行实训练习，对所学内容加以巩固和提高。

实训一 爱心

星光沿着心形外边缘循环运动，如图 7-20 所示。此例关键在于掌握处理闭合路径的技巧，可参见教学辅助资料中的“爱心.fla”文件。

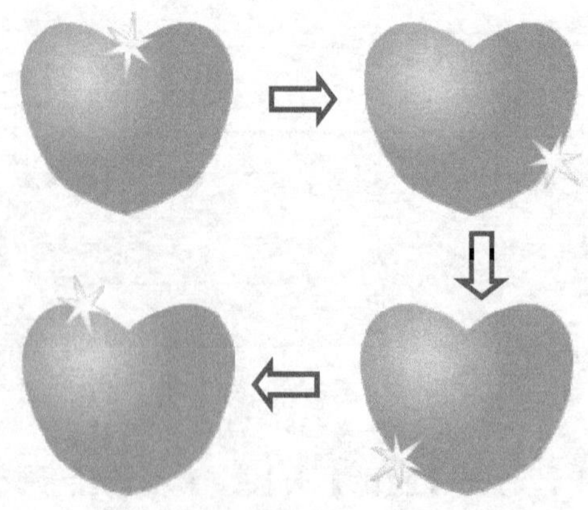

图7-20 爱心

【操作步骤】

1. 选择【文件】/【打开】命令，打开教学辅助资料中的“爱心素材.fla”文件。
2. 创建一个“星”图形元件，在【混色器】面板中选择“放射状”渐变类型，设置渐变颜色样本的数值，如图 7-21 所示。
3. 选择工具，在【属性】面板中单击 选项... 按钮，打开【工具设置】对话框，如图 7-22 所示进行设置。

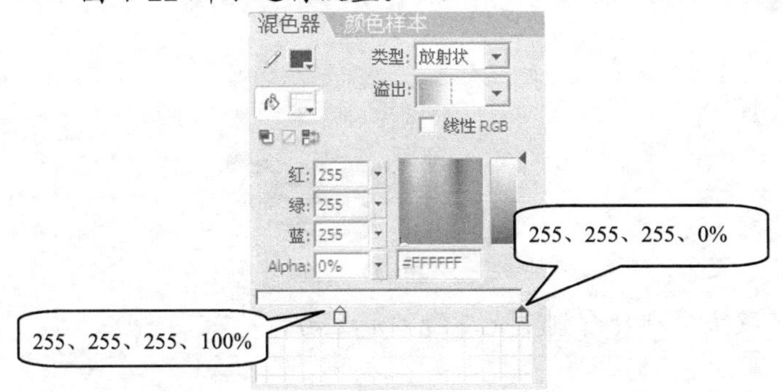

图7-21　设置渐变色

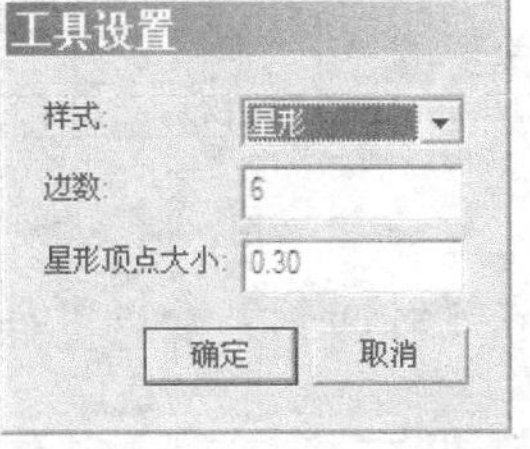

图7-22　“工具设置”对话框

4. 在舞台上画出一个六角星，在【属性】面板中将其【宽】设为“40”，【高】设为“55”。
5. 在【库】面板中双击“心”元件实例，进入其编辑修改界面。
6. 选择工具，在舞台上的心形边缘处单击，为其增加笔触，也就是心形轮廓线，如图 7-23 所示。
7. 仅选择新增加的笔触，按 Ctrl+X 组合键剪切。
8. 单击【时间轴】面板上方的按钮，返回到场景 1。
9. 在【时间轴】面板中增加两个图层，选择“图层 3”，按 Ctrl+V 组合键粘贴所剪切的笔触。
10. 将“健”元件实例放入“图层 1”，并与“图层 3”的心形轮廓线对齐，将“星”元件实例放入“图层 2”，并与“图层 3”的心形轮廓线吸附，如图 7-24 所示。
11. 在“图层 1”和“图层 3”的第 30 帧插入帧，在“图层 2”的第 30 帧插入关键帧。
12. 调整“图层 2”第 30 帧中“星”元件实例的位置，效果如图 7-25 所示。

图7-23　增加笔触

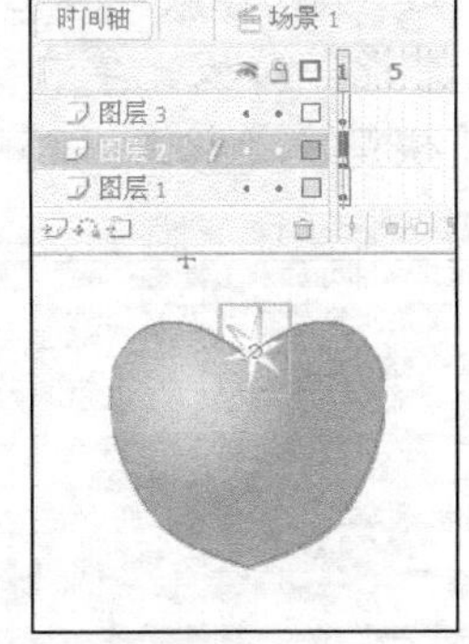

图7-24　放置元件

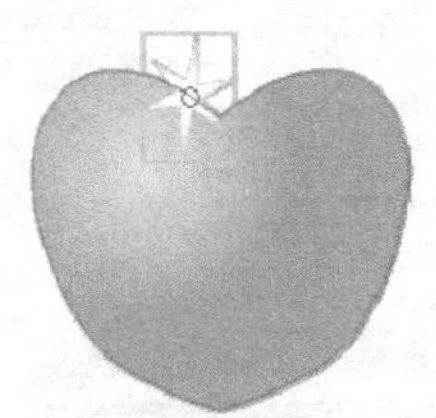

图7-25　调整位置

13. 用鼠标右键单击“图层 3”的名称，从打开的快捷菜单中选择【引导层】命令，此时“图层 3”变成带标志的普通引导层。
14. 选择“图层 2”，打开【图层属性】对话框，将其设置为被引导层，此时“图层 3”就自

动变成带 标志的运动引导层。

15. 选择“图层 2”的第 1 帧，在【属性】面板的【补间】下拉列表中选择“动画”，选中【调整到路径】复选框。各图层的设置如图 7-26 所示。
16. 在【时间轴】面板中拖动播放头查看运动效果，可以看到星光取捷径从开始帧运动到了结束帧，并没有环绕心形运动，这是由于采用了闭合路径的原因。
17. 选择 工具，选择适当的橡皮擦形状，放大舞台显示，将路径擦出一个缺口，如图 7-27 所示。

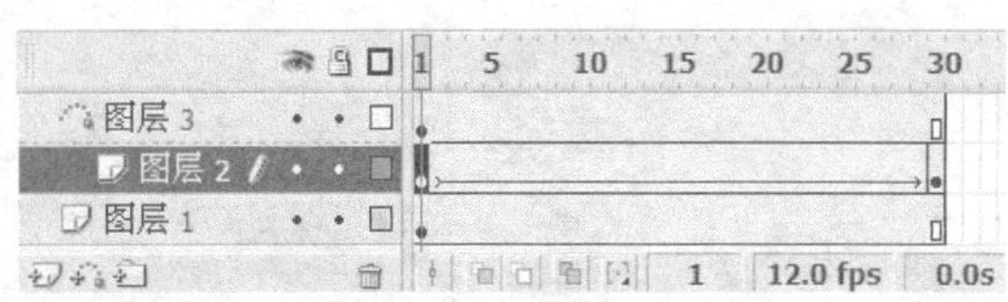

图7-26 图层设置

图7-27 擦出一个缺口

18. 在【时间轴】面板中再次拖动播放头，就会看到星光环绕心形运动。

实训二 车行广告

汽车在快速的左右移动中，产生虚实变化，形成一种比较强烈的视觉刺激，效果如图 7-28 所示。此例可参见教学辅助资料中的“车行广告.fla”文件。

图7-28 车行广告

【操作步骤】

1. 选择【文件】/【打开】命令，打开教学辅助资料中的“车行广告.fla”文件。
2. 从【库】面板中将“车 1.jpg”拖到舞台下部中央，按 F8 键打开【转换为元件】面板，将其转换为“车”影片剪辑。
3. 在第 15 和第 20 帧插入关键帧，选择第 20 帧中的元件实例。
4. 单击【滤镜】选项卡，打开【滤镜】面板。单击 按钮，从打开的菜单中选择【模糊】滤镜，解除锁定，然后将【模糊 X】设为“25”，【模糊 Y】设为“0”，【品质】下拉列表选“高”，如图 7-29 所示。

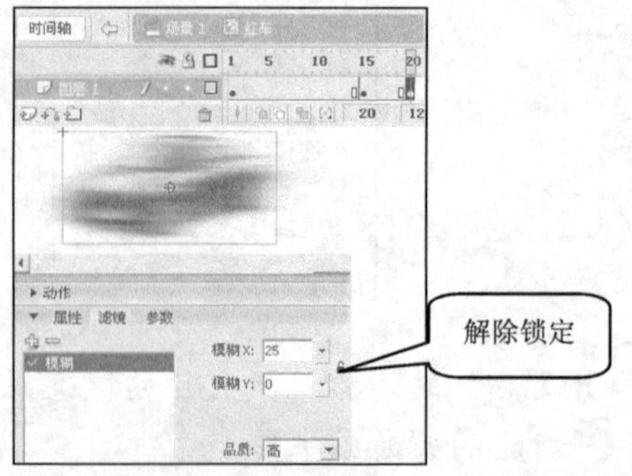

图7-29 应用【模糊】滤镜

【品质】的高低选择对模糊效果影响也很大，要和模糊数值结合起来调整。

5. 确认第 20 帧中的“车”元件实例仍被选择，按 Shift+← 组合键两次，使这一帧中的“车”元件实例左移。在水平方向移动位置，是为了给模糊效果增加动感。
6. 选择第 15 帧设置补间动画，在【属性】面板中单击 编辑... 按钮，打开【自定义缓入/缓出】对话框，进行往复运动设置，如图 7-30 所示。
7. 选择第 15 帧中的“车”元件实例，打开【滤镜】面板。会看到自动添加了【模糊】滤镜，其参数均为“0”，如图 7-31 所示。

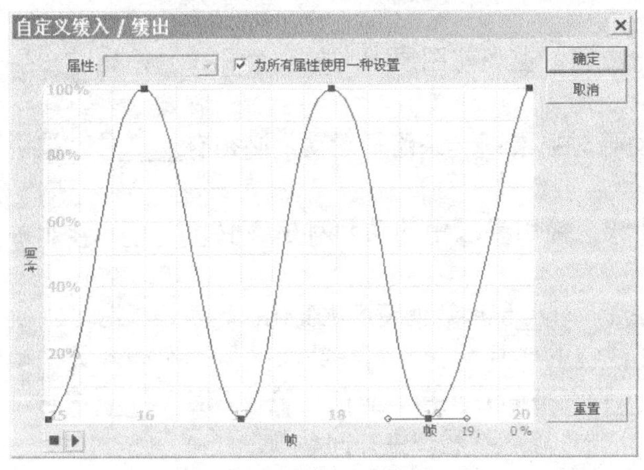

图7-30　设置【自定义缓入/缓出】

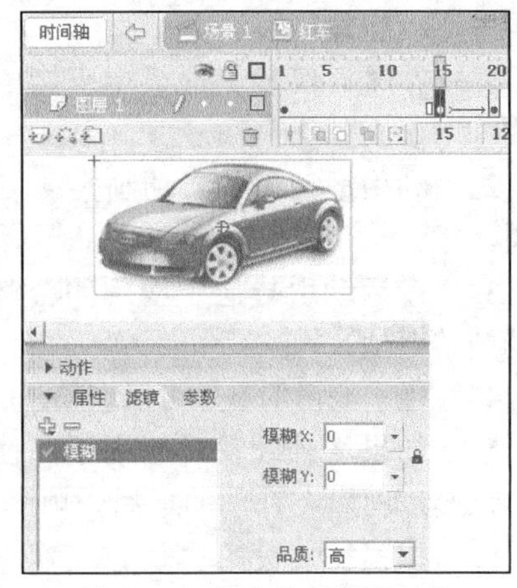

图7-31　自动添加的【模糊】滤镜

8. 复制第 15 帧，粘贴到第 25 帧，在第 20 帧设置补间动画。
9. 与第 6 步一样，为第 20 帧设置【自定义缓入/缓出】。
10. 增加一个“图层 2”，如图 7-32 所示输入文字。

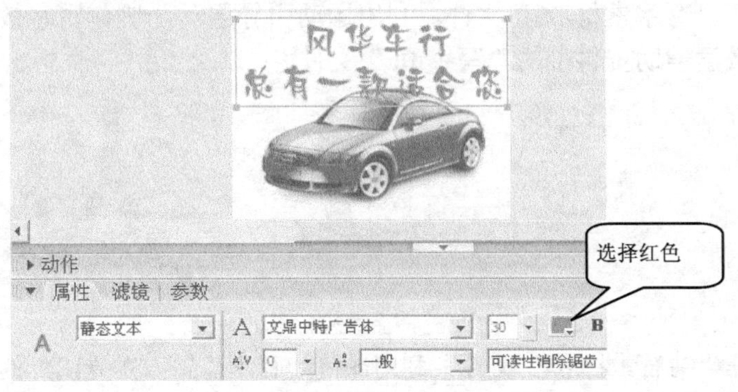

图7-32　输入文字

项目小结

本项目分 4 个任务：创建“背景”元件、在舞台上放置动画元件、制作文字飘入与飘出效果和设置文字阴影。完成“口腔健康”片头的制作。后两个任务所涉及的内容是需要重点掌握

的，主要是运动引导层动画和滤镜动画的制作方法。运动引导层动画的应用很灵活，运动引导层可以链接多个被引导层，实现多个动画对象沿同一条路径运动；运动引导层中还可以有多条曲线路径，以引导多个动画对象沿不同的路径运动；运动引导层中的多条曲线路径，可以相互交叉。滤镜动画对于丰富动画效果很有帮助，要想真正掌握其精妙之处，还需要反复实验单一滤镜不同参数的组合设置、不同滤镜的组合应用等，并加以总结归纳。

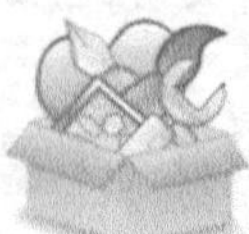

思考与练习

一、填空题

1. 在【时间轴】面板中直接单击 按钮，在当前图层上增加一个______，当前图层变成______。

2. 利用运动引导层动画实现 5 个动画对象沿同一条路径运动，必须有______个被引导层。

3. 在运动引导层中应用闭合路径曲线，被引导层中的动画对象会取______从开始帧运动到结束帧。

4. 由于滤镜的参数可以调整，所以使用______能够让滤镜产生变化，这就是滤镜动画。

5. 如果将补间动画应用于已使用了滤镜的影片剪辑，则在补间的另一端插入关键帧时，该影片剪辑在补间的最后一帧上______它在补间开头所具有的滤镜，并且______相同。

6. 滤镜参数中像______、______、______等，不能产生补间动画。

二、简答题

1. 在调整动画对象吸附到曲线路径时，激活 按钮有什么作用？

2. 运用运动引导层动画后，在【属性】面板中选中【调整到路径】复选框有什么作用？

三、操作题

1. 打开“写字素材.fla”文件，利用运动引导层动画制作写字效果，如图 7-33 所示。此例可参见教学辅助资料中的“写字.fla”文件。

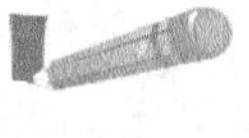
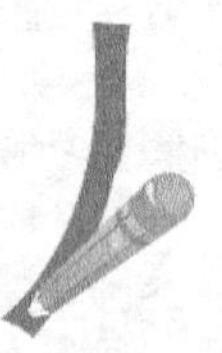
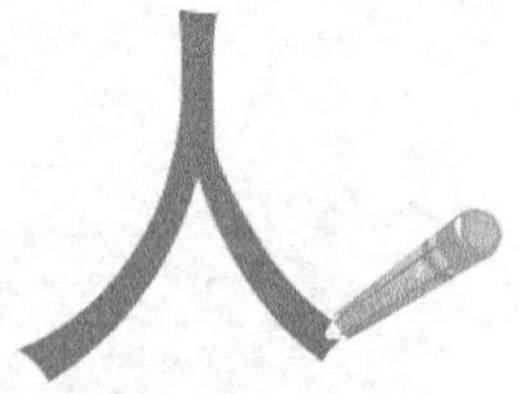

图7-33 写字

2. 打开“钻石素材.fla”文件，利用滤镜动画制作钻石发光闪烁的效果，同时为文字应用滤镜使其产生立体感，如图 7-34 所示。此例可参见教学辅助资料中的“钻石.fla”文件。

图7-34 钻石

项目八

动画特效：戒指广告

本项目主要制作图 8-1 所示的“戒指广告”，并将其保存为“戒指广告.fla”文件。

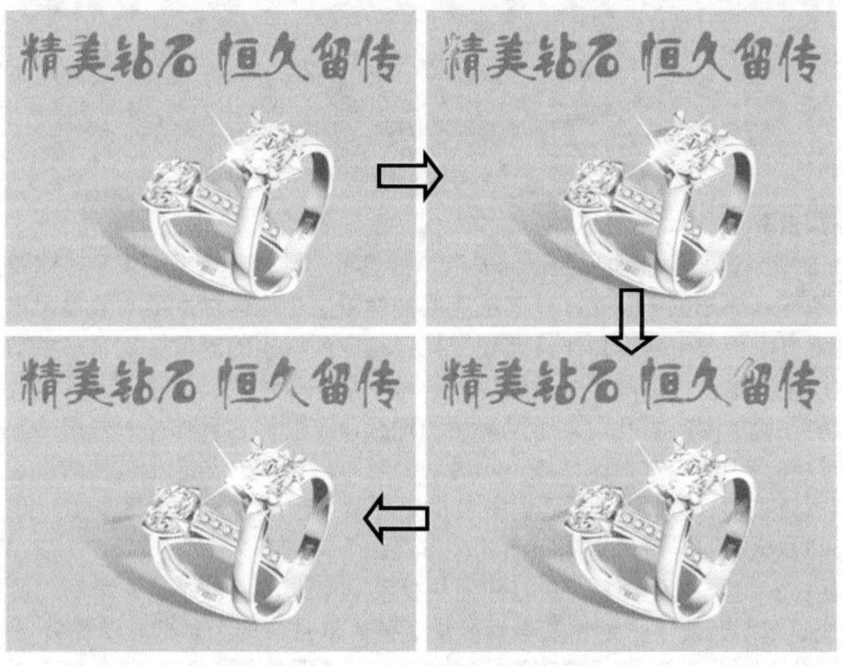

图8-1 戒指广告

本项目主要通过以下几个任务完成。

- 任务一 制作文字扫光效果
- 任务二 制作文字扫虚光效果
- 任务三 制作“动 1”和“动 2”元件
- 任务四 制作彩带飘飞效果

学习目标

掌握遮罩层动画的制作方法。

掌握遮罩层动画与运动引导层动画结合使用的技巧。

掌握图像划变的制作方法。

任务一 制作文字扫光效果

该任务主要是运用文字扫光效果，强化并美化文字显示。这一效果也是许多动画经常采用的表现方法。

【任务要求】

利用遮罩层动画，在 40 帧内使文字产生两次扫光效果，如图 8-2 所示。

图8-2 文字扫光

【基础知识】

在Flash 8 中，遮罩层前面用图标表示，被遮罩层前面用图标表示。遮罩层中有动画对象存在的地方，都产生一个孔，使其链接的被遮罩层相应区域中的对象显示出来；而没有动画对象的地方，会产生一个罩子，遮住链接层相应区域中的对象。遮罩层中动画对象的制作，与一般层中基本一样，除了矢量线以外，可以是矢量色块、字符、元件以及外部导入的位图等，都能在遮罩层产生孔。对于遮罩层的理解，可以将它看作是一般层的反转，其中有对象存在的位置为透明，空白区域则为不透明。遮罩层只能对与之相链接的层起作用。

制作遮罩效果前，【时间轴】面板中最少要有两个图层，比如“图层 1”和“图层 2”。设置遮罩层和被遮罩层，可以采用下面几种方法。

- 用鼠标右键单击图层名，在打开的快捷菜单中选择【遮罩层】命令，所选图层变成遮罩层，其下方的图层自动变成了被遮罩层，两个层都自动被锁定。
- 选择某个图层，选择【修改】/【时间轴】/【图层属性】命令，打开【图层属性】对话框，选择【遮罩层】或【被遮罩】单选钮。
- 选择被遮罩层，单击按钮会在其上增加一个被遮罩层。

遮罩本身的颜色并不重要，它仅仅起到遮挡作用。如果将遮罩层和被遮罩层中的一个解除锁定，在舞台上就不会看到遮罩效果，但使用【控制】/【测试影片】命令，以及最终发布时依然能够看到遮罩效果。

【操作步骤】

1. 选择【文件】/【打开】命令，打开教学辅助资料中的“戒指素材.fla”文件。
2. 打开【库】面板，从中选择图片“戒指.png”，将其拖到舞台下方的中央位置。
3. 在【时间轴】面板中，增加一个“图层 2”。选择 A 工具，【字体】选择“方正流行体简体”，【字体大小】设为“55”，字母间距设为“－10”，颜色选择棕褐色，在舞台上方输入文字，如图 8-3 所示。
4. 在【时间轴】面板中增加一个“图层 3”。将“图层 2”的第 1 帧复制，然后粘贴到“图

层 3”的第 1 帧。

5. 将“图层 3”的第 1 帧中的文字改为青色，如图 8-4 所示。

图8-3　输入文字

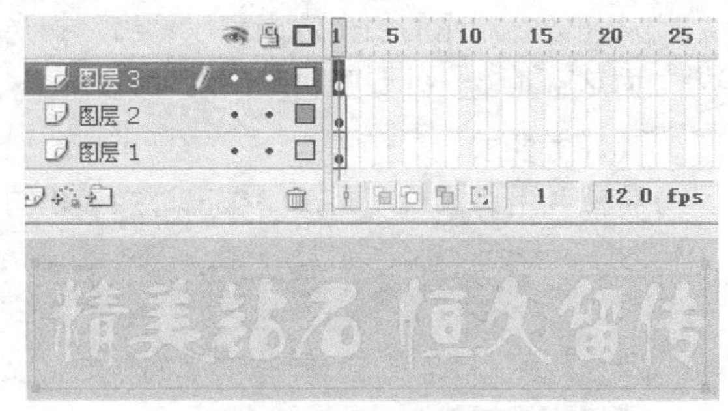

图8-4　修改文字颜色

6. 在【时间轴】面板中增加一个“图层 4”。在工具面板中选择□工具，在【属性】面板中，将【笔触颜色】设为“无”，在舞台上画出一个长方形。

长方形的填充颜色没有限制，因为对最终的遮罩效果没有影响。

7. 旋转调整长方形的位置，然后将其转换成影片剪辑元件“光”，如图 8-5 所示。
8. 在“图层 4”的第 20 帧插入关键帧，在其他图层的第 41 帧插入帧。
9. 选择“图层 4”的第 20 帧中的元件实例，向右运动到文字的右侧，如图 8-6 所示。

图8-5　“光”元件实例

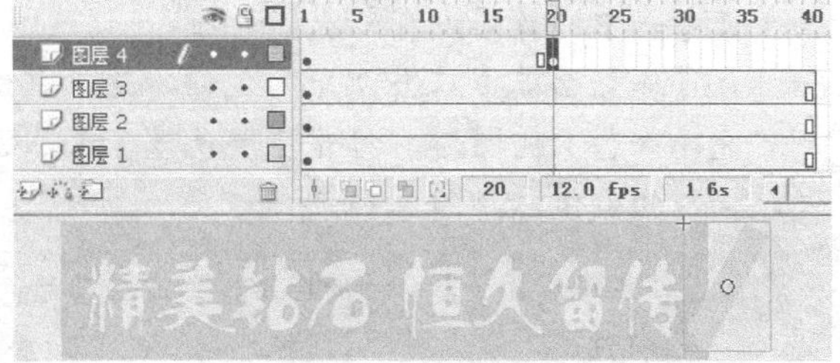

图8-6　移动元件实例

10. 选择“图层 4”的第 1 帧设置补间动画。选择“图层 4”的第 1～20 帧，按 Alt 键向右拖动，将其复制到第 21～40 帧处，如图 8-7 所示。
11. 用鼠标右键单击“图层 4”的层名，在打开的快捷菜单中选择【遮罩层】命令，“图层 4”变成遮罩层，其下方的“图层 3”自动变成了被遮罩层，两个层都自动被锁定，如图 8-8 所示。

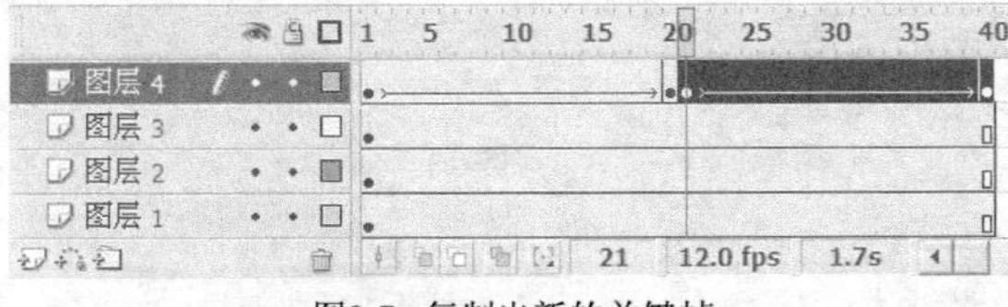

图8-7　复制出新的关键帧

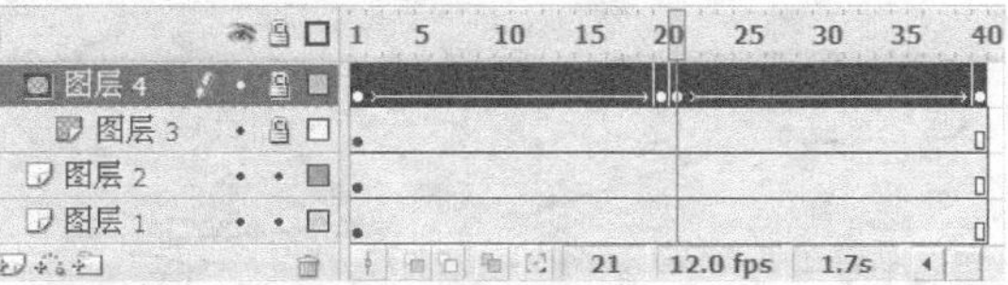

图8-8　设置遮罩层

12. 在【时间轴】面板中拖动播放头，可以看到文字扫光效果。

任务二 制作文字扫虚光效果

从任务一制作的扫光效果可以看出，扫光过于生硬，没有表现出光线中间实边缘虚的效果。而这就是本任务要解决的问题。

【任务要求】

依然利用遮罩层动画，制作出边缘虚化的扫光效果，如图 8-9 所示。

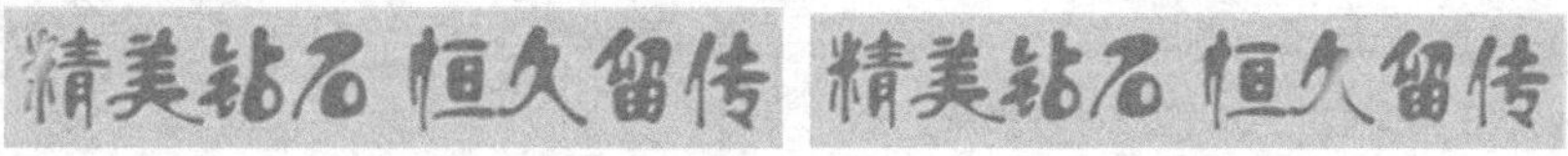

精美钻石 恒久留传 精美钻石 恒久留传

图8-9 文字扫虚光

【操作步骤】

1. 用鼠标右键单击“图层4”的层名，在打开的快捷菜单中取消【遮罩层】命令选择，“图层 4”和“图层 3”都变成了普通层。
2. 在【时间轴】面板中，将“图层 3”调整到“图层 4”的上方。
3. 选择“图层 3”，打开【图层属性】对话框，将其设置为遮罩层。
4. 选择“图层 4”，打开【图层属性】对话框，将其设置为被遮罩层，如图 8-10 所示。

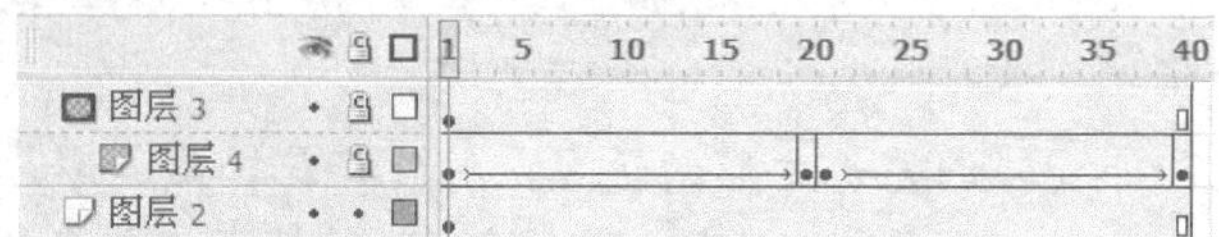

图8-10 设置图层

5. 在【时间轴】面板中拖动播放头，可以看到文字扫光效果与任务一中的效果没有什么变化。
6. 在【库】面板中双击“光”元件，进入其编辑修改界面。
7. 选择舞台上的图形，打开【混色器】面板，选择“线性”渐变类型，设置 3 个渐变颜色样本的数值，如图 8-11 所示。

> **说明** 由于选择了舞台上的图形，因此在【混色器】面板中调整渐变色时，相应的颜色会实时填充到图形。

8. 在工具面板中选择 工具，按图形倾斜方向旋转填充颜色 90°，然后按长方形大小缩小填充范围，形成中间实边缘透明的变化，如图 8-12 所示。

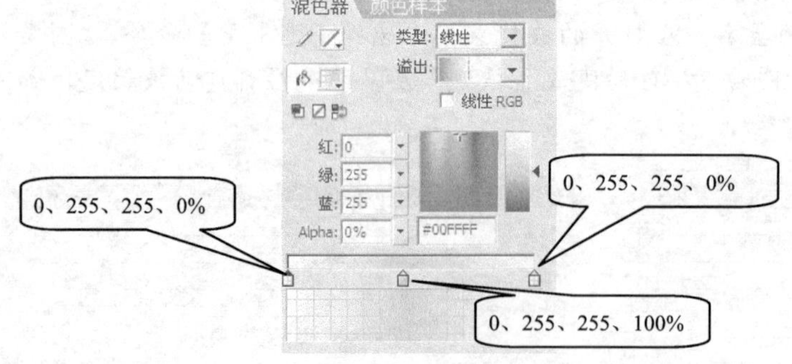

图8-11 设置渐变颜色

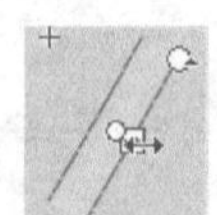

图8-12 调整填充的渐变颜色

9. 单击【时间轴】面板上方的 按钮，返回到场景 1。
10. 在【时间轴】面板中拖动播放头，就可以看到文字扫光出现了虚化效果。

【知识链接】

遮罩本身的透明度不起作用，如何让遮罩中出现的对象产生渐变，就需要采取本任务中使用的解决办法，将虚化的对象放到被遮罩层里。

任务三　制作飘动的光斑

该任务主要是依据已有的“彩带 1”和“彩带 2”元件，制作“动 1”和“动 2”元件，表现一种光斑飘动的效果。

【任务要求】

利用“彩带 1”元件中的图形，提取运动路径，依此制作“动 1”元件，使光球沿路径运动，此运动过程持续 40 帧，如图 8-13 所示。同样制作“动 2”元件，如图 8-14 所示。

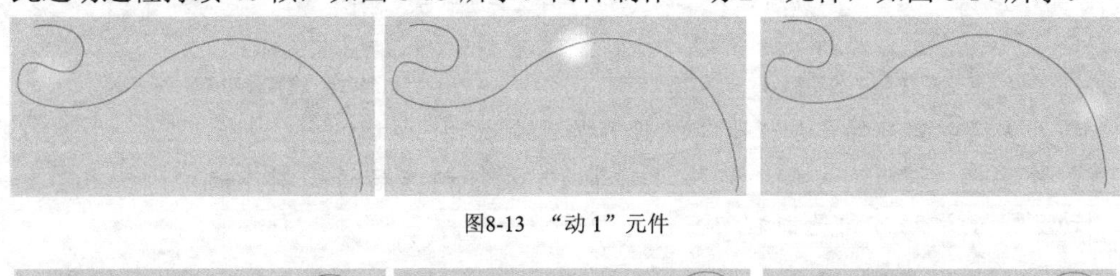

图8-13　“动 1”元件

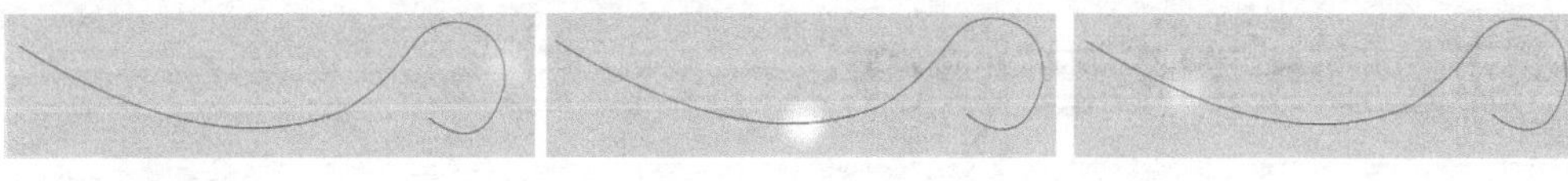

图8-14　“动 2”元件

【操作步骤】

1. 在【库】面板中双击“彩带 1”元件，进入其编辑修改界面。
2. 在工具面板中选择 工具，为舞台上的图形增加笔触，也就是边缘轮廓线，如图 8-15 所示。
3. 仅将所加边缘轮廓线全部选择，按 Ctrl+X 组合键剪切。
4. 新建一个影片剪辑元件“动 1”，从【库】面板中将“球”元件拖到舞台。
5. 在【时间轴】面板中，增加一个运动引导层，按 Ctrl+Shift+V 组合键在舞台上原位粘贴所剪切的边线，然后删除闭合曲线的下半部分，仅留上半部分作为路径曲线，如图 8-16 所示。

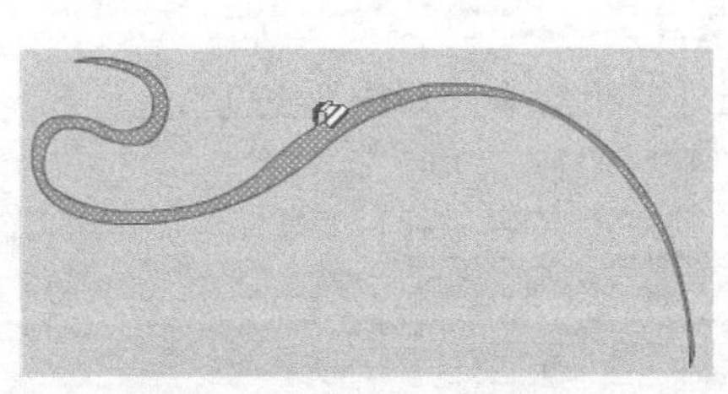

图8-15　增加笔触

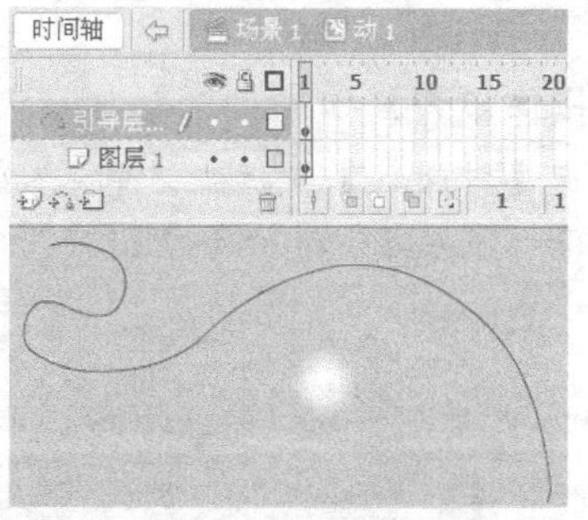

图8-16　制作路径曲线

6. 选择“图层 1”的“球”元件实例，将其吸附到路径的左端。
7. 在运动引导层的第 40 帧插入帧，在“图层 1”的第 40 帧插入关键帧。

8. 调整第40帧中的元件实例，使其吸附到路径的右侧。然后在第1帧设置补间动画，产生运动引导层动画。
9. 选择“图层1”的第21帧，插入关键帧，然后选择这一帧中的元件实例，沿路径向右拖动，使其在水平方向上位于路径的中央，如图 8-17 所示。
10. 选择第 40 帧中的元件实例。在【属性】面板中，调整【颜色】下拉列表中“Alpha”的数值为“0%”，使实例完全透明，如图 8-18 所示。

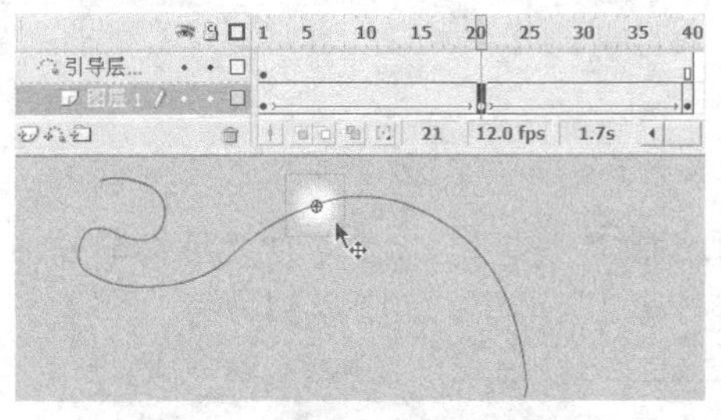

图8-17 调整第 21 帧中的实例

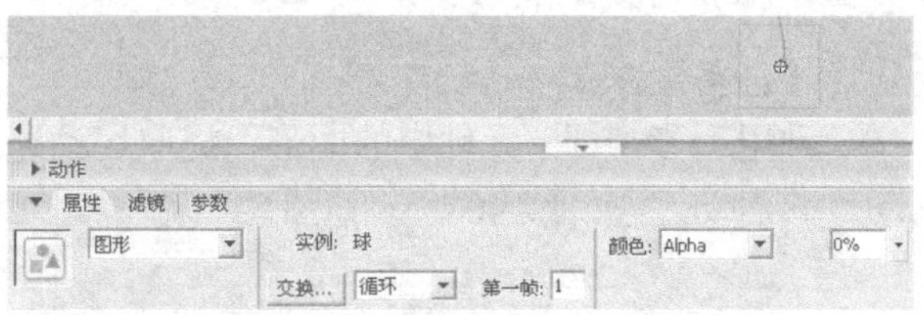

图8-18 调整透明度

11. 选择第 1 帧中的元件实例，也将其设置为完全透明。
12. 与制作元件“动 1”一样，依据“彩带 2”元件制作路径，制作出一个影片剪辑元件“动 2”，其运动方向是由右向左。

任务四 制作彩带飘飞效果

该任务主要是制作两条彩带环绕戒指飘飞的动画效果，营造轻盈飘逸的氛围。

【任务要求】

利用遮罩层动画以及图层叠加的相互遮挡关系，为戒指制作前后飘飞的彩带，如图 8-19 所示。

图8-19 彩带飘飞

【操作步骤】

1. 单击【时间轴】面板上方的 按钮，返回到场景 1。
2. 选择“图层 1”增加 4 个图层，然后调整“图层 1”的位置，如图 8-20 所示。

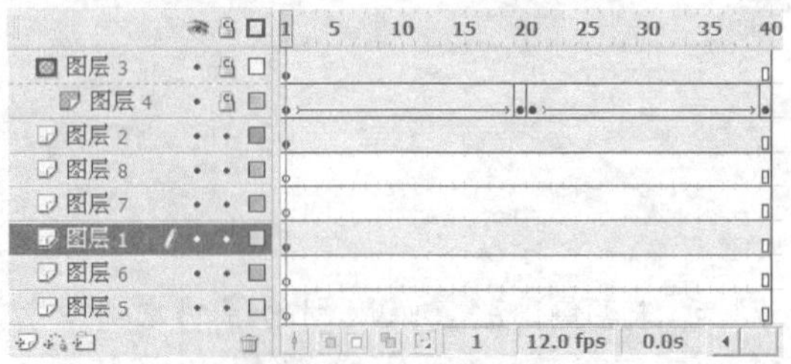

图8-20 调整图层位置

3. 将【库】面板中的“彩带 1”元件和“彩带 2”元件拖到舞台上，放置在不同的图层，如图 8-21 所示。

图8-21　放置元件

4. 将【库】面板中的“动 1”元件拖到舞台上，位于“图层 5”，其元件实例的中心要与“彩带 1”元件实例左端重合，如图 8-22 所示。

图8-22　“动 1”元件实例

5. 选择“动 1”元件实例，在【属性】面板的【颜色】下拉菜单中选择“色调”，将【RGB】修改为“255、0、255”，使实例改变颜色，如图 8-23 所示。

图8-23　调整实例颜色

6. 将【库】面板中的“动 2”元件拖到舞台上，位于“图层 7”，其元件实例的中心要与“彩带 2”元件实例右端重合，如图 8-24 所示。

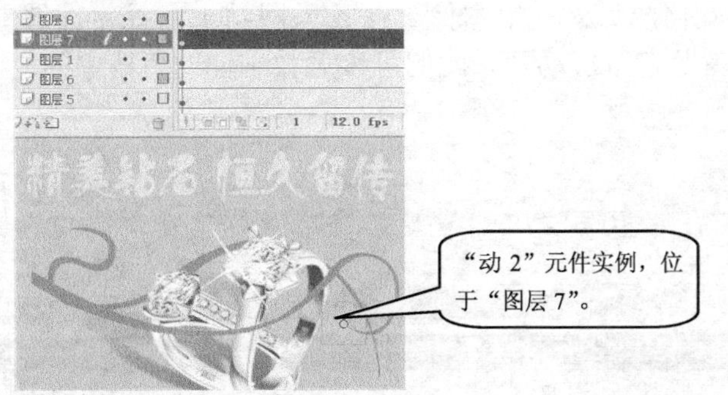

图8-24　“动 2”元件实例

7. 选择“动 2”元件实例，在【属性】面板的【颜色】下拉列表中选择“色调”，将【RGB】修改为“255、0、255”，使实例改变颜色。

8. 用鼠标右键单击“图层 8”的层名，在打开的快捷菜单中选择【遮罩层】命令，“图层 8”变成遮罩层，其下方的“图层7”自动变成了被遮罩层。
9. 用鼠标右键单击“图层 6”的层名，在打开的快捷菜单中选择【遮罩层】命令，“图层 6”变成遮罩层，其下方的“图层5”自动变成了被遮罩层。各个图层的设置如图 8-25 所示。

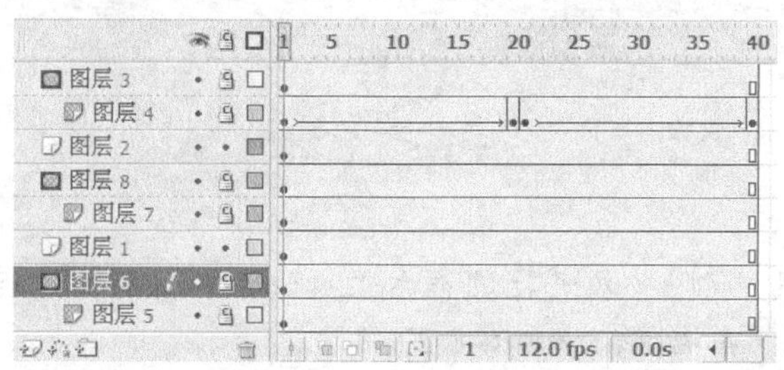

图8-25 各个图层设置

10. 选择【控制】/【测试影片】命令测试动画，就会看到相应的效果。

【知识链接】

一个图层不能既是被遮罩层，又是被引导层。要想将两者结合到一起，必须采用前面讲述的方法步骤。也就是先在一个元件中应用运动引导层动画，然后再对这个元件应用遮罩层动画。这是实际工作中非常有用的技巧。其中制作路径的方法也非常巧妙，有效地保证了路径与遮罩的一致。

项目实训

完成项目八的各个任务后，读者初步掌握了学习目标中所阐述的内容，以下进行实训练习，对所学内容加以巩固和提高。

实训一　图像划变

从图像的右下角开始，以对角斜线向左上角运动的拉幕方式，在原有图像的基础上逐渐显示出另外一幅图像，如图 8-26 所示。这就是一种图像划变效果，即一幅图像以某种图案形式逐渐变化成另外一幅图像。在各大网站上，经常能够看到图像划变效果，该效果的实现，靠的就是遮罩层动画。此例可参见教学辅助资料中的“图像划变.fla”文件。

图8-26 图像划变

【操作步骤】

1. 新建一个 Flash 文档，尺寸为“300×225”像素。

2. 新建一个影片剪辑元件“背景”，向舞台导入“冬.jpg”文件。
3. 新建一个影片剪辑元件“划变”。选择工具，在舞台上画出一个带笔触并填充的长方形。
4. 选择所画的长方形，在【属性】面板中解除锁定，将【宽】和【高】数值均设为“450”，将其变成一个正方形。
5. 选择正方形四周的笔触，在【属性】面板中，将【笔触高度】设为“12”，单击 自定义... 按钮，打开【笔触样式】面板，从【类型】下拉列表中选择“点描”，从【密度】下拉列表中选择“密集”，如图 8-27 所示。
6. 确定笔触仍然被选择。选择【修改】/【形状】/【将线条转换为填充】命令，将矢量线转换成矢量图形，如图 8-28 所示。虽然从外形上看图形没有变化，但性质已经发生了变化。

说明　将线条转换为填充是非常重要的一步，因为矢量线在遮罩中不起作用，只有转换成矢量图形才能够起到遮罩的作用。这是制作遮罩层动画应该特别注意的一点。

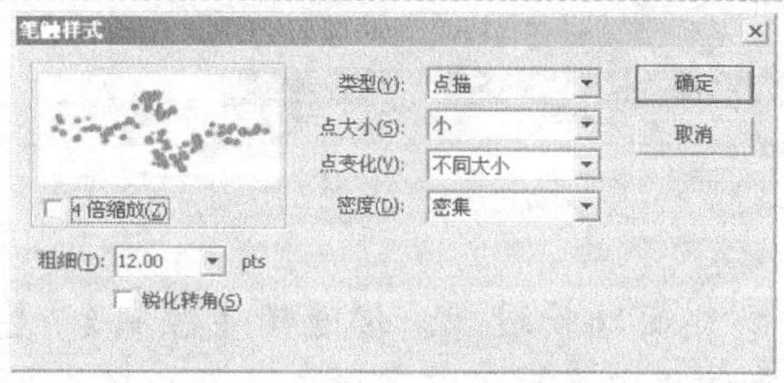

图8-27　设置笔触样式

图8-28　转换后的图形

7. 在【时间轴】面板中，选择第 2 帧插入关键帧，使用工具顺时针旋转实例 90°，如图 8-29 所示。
8. 同理，对第 3 帧、第 4 帧，分别执行如上的操作。

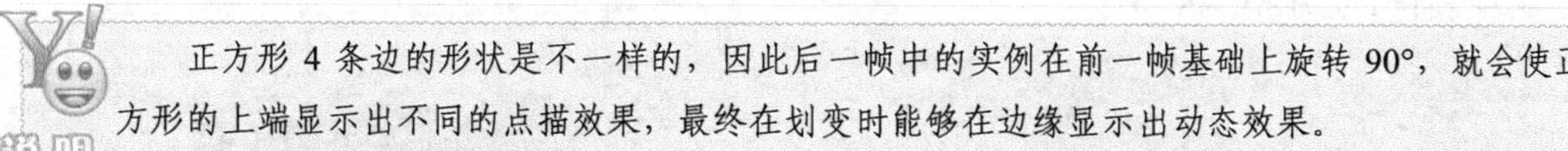
说明　正方形 4 条边的形状是不一样的，因此后一帧中的实例在前一帧基础上旋转 90°，就会使正方形的上端显示出不同的点描效果，最终在划变时能够在边缘显示出动态效果。

9. 单击【时间轴】面板上方的按钮，返回到场景 1。
10. 向【库】面板中导入“秋.jpg”文件，然后从【库】中将“秋.jpg”位图拖放到舞台中央。在【时间轴】面板中，选择第 55 帧插入帧。
11. 增加一个“图层 2”，从【库】面板中，将“背景”元件拖放到舞台中央。
12. 增加一个“图层 3”，从【库】面板中，将“划变”元件拖放到舞台上。使用工具，取消激活，逆时针旋转实例使边线基本与对角线平行，如图 8-30 所示。

图8-29　顺时针旋转实例 90°

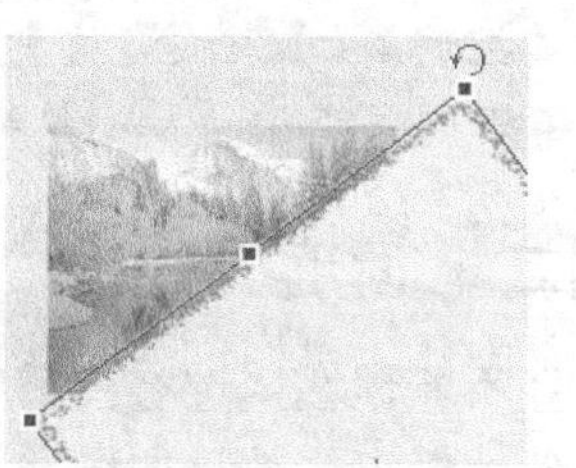
图8-30　旋转实例

13. 将实例拖到舞台的右下角，以不遮挡图像为准，如图 8-31 所示。

14. 在【时间轴】面板中，选择"图层 3"的第 55 帧插入关键帧。沿着倾斜方向，向上移动这一帧中的实例，使其完全覆盖图像，如图 8-32 所示。

图8-31 移动实例位置

图8-32 移动实例完全覆盖图像

15. 在【时间轴】面板中，选择"图层 3"的第 1 帧设置补间动画，将"图层 3"设置为遮罩层，"图层 2"设置为被遮罩层，如图 8-33 所示。

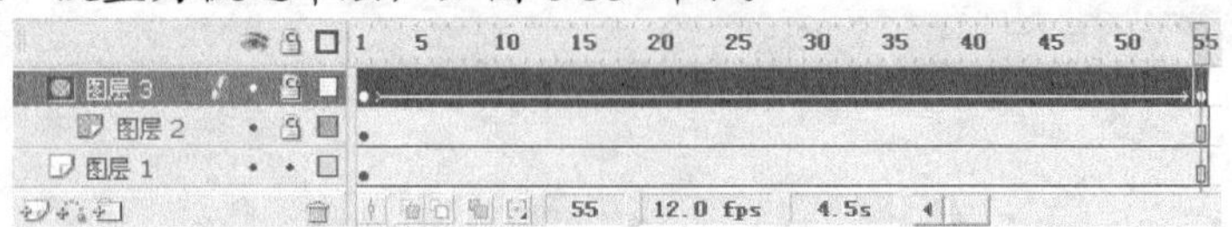

图8-33 设置图层

16. 在【时间轴】面板中拖动播放头，会看到划变顺畅进行。但选择【控制】/【测试影片】命令测试动画，就会看到在图像划变过程中产生了许多横道，划变不成功，如图 8-34 所示。这就是由于 Flash 8 中的 bug 造成的，下面就解决这个问题。
17. 在【库】面板中双击"划变"元件，进入其编辑修改界面。
18. 将第 1 帧中的所有对象选择，将填充色修改为红色，也就是说舞台上的所有图形都变成一种颜色，如图 8-35 所示。

图8-34 不成功的划变效果

图8-35 为图形修改颜色

19. 同样将其他 3 帧中的图形都修改为统一的颜色。
20. 选择【控制】/【测试影片】命令测试动画，就会看到图像成功进行了划变。划变的边缘是不规则并变化的，比单纯的直边边缘效果好。

实训二 博客开通

聚光灯不断地在"过客网博客开通"几个字上扫过，伴着众多人物的鼓掌欢呼，营造出欢快热烈的气氛，效果如图 8-36 所示。此例可参见教学辅助资料中的"博客开通.fla"文件。

图8-36　博客开通

【操作步骤】

1. 选择【文件】/【打开】命令，打开教学辅助资料中的“博客开通素材.fla”文件。
2. 打开【混色器】面板，如图 8-37 所示设置渐变颜色。

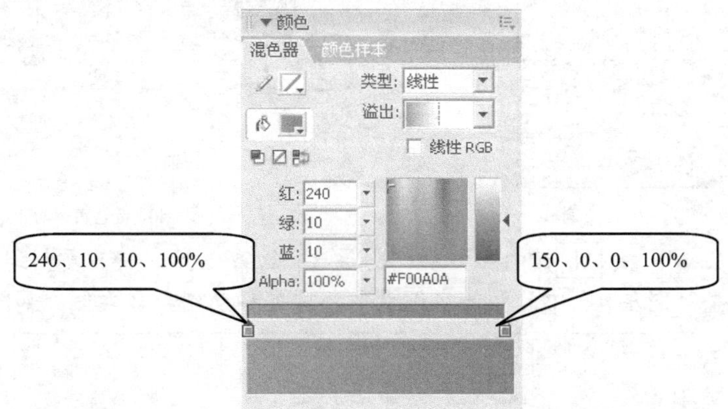

图8-37　设置渐变色

3. 选择 工具，将【笔触颜色】设为无，画出一个长方形正好盖住舞台。

说明：可以在【属性】面板中调整长方形的【宽】、【高】数值和坐标值，精确设置长方形的大小和位置。

4. 选择 工具，逆时针旋转填充颜色 90°，并按长方形的高度缩小填充范围，形成上深下浅的变化。
5. 增加一个“图层2”。在工具面板选择 工具，【字体】选择“华文行楷”，【字体大小】设为“50”，字体加粗，颜色选“#00FFFF”，在舞台的中央输入字符“过客网博客开通”。
6. 增加一个“图层 3”。在【混色器】面板中修改渐变颜色样本的数值，如图 8-38 所示。

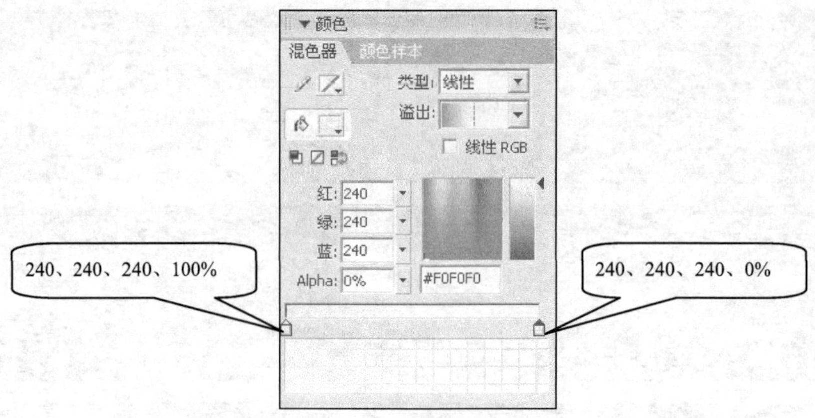

图8-38　设置渐变色

7. 选择▭工具，在舞台上画出一个无笔触的长方形，然后将其调整成光束形状，并旋转调整其位置，最后再将其转换成一个影片剪辑元件“光”，如图 8-39 所示。
8. 选择▭工具，调整实例的变形点到左下角，如图 8-40 所示。

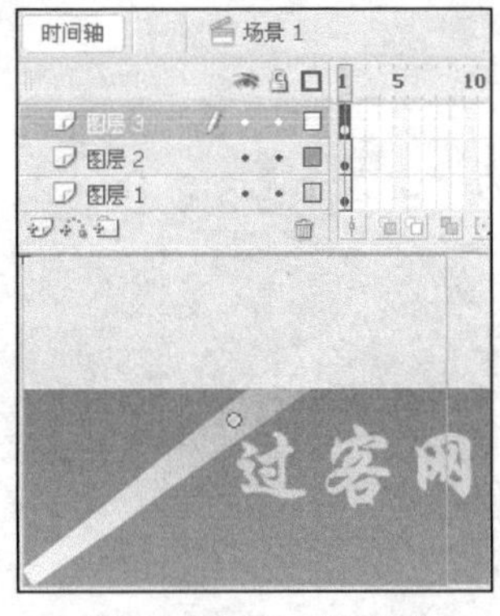

图8-39　“光”元件实例

图8-40　调整实例的变形点

9. 增加一个“图层 4”。按 Alt 键向上拖动“图层 3”的第 1 帧，将其复制到“图层 4”的第 1 帧，然后调整“图层 4”中的元件实例水平翻转并移动到舞台右侧，如图 8-41 所示。

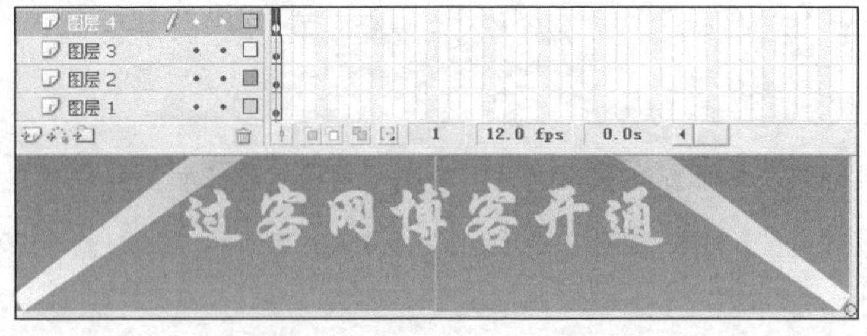

图8-41　“图层 4”中的元件实例

10. 增加一个“图层 5”。按 Alt 键向上拖动“图层 2”的第 1 帧，将其复制到“图层 5”的第 1 帧。
11. 在【时间轴】面板中隐藏“图层 5”，修改“图层 2”中字符颜色为“#FF659C”。
12. 选择“图层 5”，打开【图层属性】对话框，选择【遮罩层】单选钮，如图 8-42 所示。
13. 在【时间轴】面板中，稍向上拖动“图层 4”，使“图层 4”与“图层 5”之间出现一条灰

色线，如图 8-43 所示时松开鼠标，“图层 4”就会变成被遮罩层。

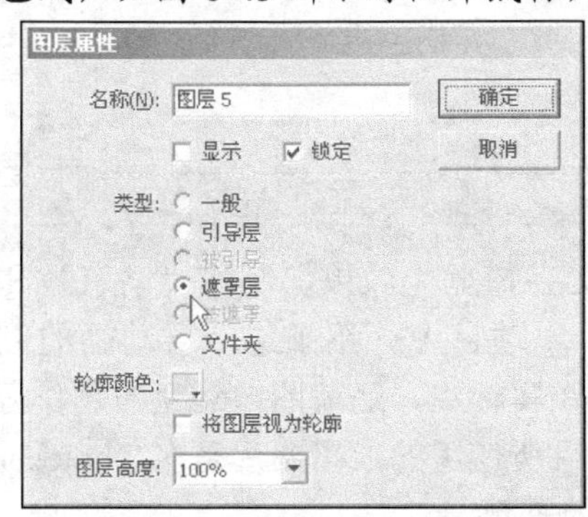

图8-42 选择图层类型

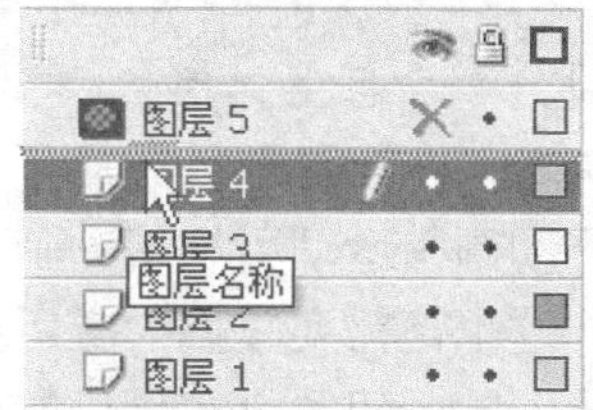

图8-43 修改图层类型

14. 同样调整“图层 3”，使其也变成被遮罩层。
15. 在“图层 3”的第 15 帧和 25 帧插入关键帧，在“图层 4”的第 10 帧和 25 帧插入关键帧，在其他图层的第 25 帧插入帧，如图 8-44 所示。
16. 选择“图层3”第 15 帧中的实例，使用 ▣ 工具旋转实例，使其扫过文字位于文字下方，如图 8-45 所示。

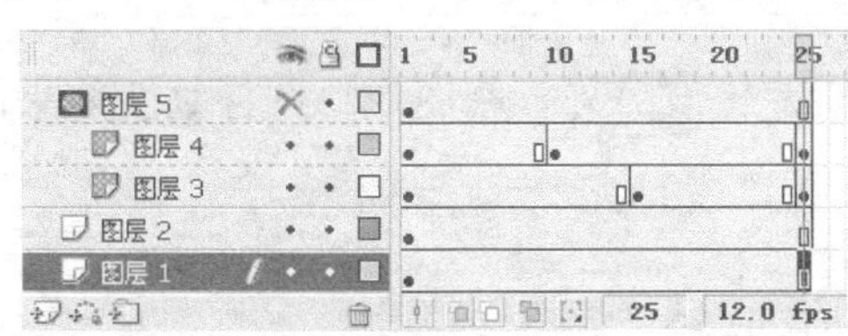

图8-44 设置帧

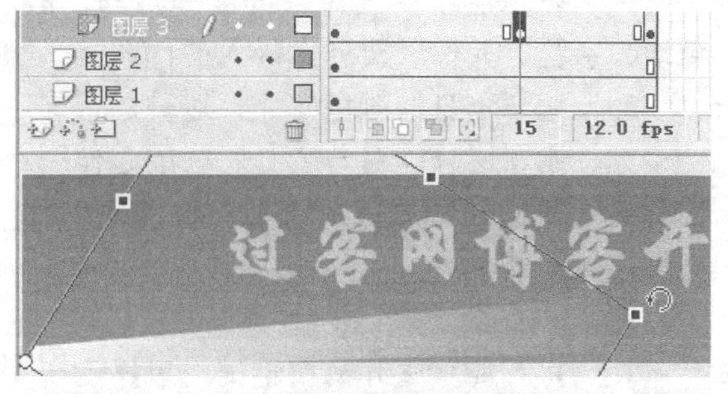

图8-45 旋转实例

17. 选择“图层4”第 10 帧中的实例，使用 ▣ 工具旋转实例，使其扫过文字位于文字下方。
18. 在“图层3”的第 1 帧和第 15 帧处设置补间动画，在“图层4”的第 1 帧和第 10 帧处设置补间动画。
19. 选择【控制】/【测试影片】命令测试动画，就会看到文字上扫过了光芒，而且光芒逐渐减弱，但此时文字之外的部分没有光芒出现，显得不够真实。
20. 将“图层 3”和“图层 4”的 1～25 帧全选，然后按 Ctrl+Alt+C 组合键复制帧。
21. 在“图层 2”上方增加一个“图层 6”。选择“图层6”的 1～25 帧，按 Ctrl+Alt+V 组合键粘贴帧，如图 8-46 所示。

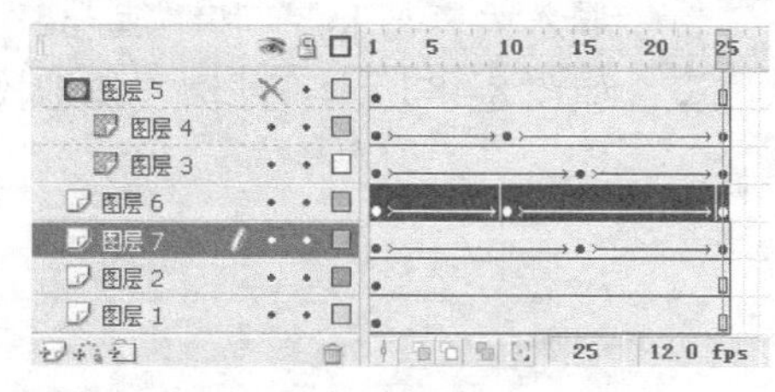

图8-46 粘贴帧

说明

由于前面同时复制了两个图层的帧，因此会自动粘贴出“图层7”。

22. 在“图层5”上方增加一个“图层 8”。从【库】面板中，将“人合”元件分别拖放到舞台两侧下方，并将左侧的元件实例水平翻转。

23. 选择【控制】/【测试影片】命令测试动画，就会看到相应的效果。

项目小结

本项目分 4 个任务：制作文字扫光效果、制作文字扫虚光效果、制作“动 1”和“动 2”元件和制作彩带飘飞，完成了戒指广告的制作。本项目中介绍了遮罩层动画的制作方法、遮罩层动画与运动引导层动画结合使用的技巧。在实训中，还就图像划变的制作方法进行了讲解，这也是需要掌握的应用技巧。另外，本项目所使用的戒指图片是在 Photoshop 进行处理后导入的，相关内容可以参看有关 Photoshop 的书籍。

思考与练习

一、填空题

1. 遮罩层中动画对象的制作，与一般层中基本一样，除了______以外，可以是矢量色块、字符、元件以及外部导入的位图等，都能在遮罩层产生孔。

2. 遮罩本身的颜色变化，对被遮罩层______影响。

3. 遮罩层只能对与之______层起作用。

4. 图像划变效果，就是一幅图像______逐渐变化成另外一幅图像。图像划变效果的实现，靠的就是______。

二、简答题

1. 设置遮罩层和被遮罩层，可以采用哪些方法？

2. 一个图层不能既是被遮罩层，又是被引导层。要想将两者结合到一起可以采用什么方法？

三、操作题

1. 导入“轿车.png”文件，利用遮罩层动画，制作轿车玻璃表面的扫光效果，如图 8-47 所示。此例中扫过的是虚光，可参见教学辅助资料中的“轿车.fla”文件。

2. 导入“斑马.jpg”和“熊.jpg”文件，利用遮罩层动画，制作两个图像间的十字交叉划变，如图 8-48 所示。此例可参见教学辅助资料中的“十字交叉划变.fla”文件。

图8-47 轿车扫光

图8-48 十字交叉划变

项目九

脚本动画：雾里看花

Flash 除了能够设计出美妙的矢量动画外，还有一个其他动画制作软件无法比拟的优点，那就是利用 ActionScript 对动画进行编程，从而实现种种精巧玄妙的变化，产生许多独特的效果。正是 ActionScript 的应用，才使 Flash 受到广泛的拥戴。

本项目介绍了 ActionScript 的基本概念和语法，通过任务实践，说明了的如何利用动作语句改变对象的属性、实现关键帧之间的跳转、对事件进行响应等。

本项目主要通过以下几个任务完成。

- 任务一　认识 ActionScript
- 任务二　脚本的应用
- 任务三　制作“雾里看花”动画

学习目标

掌握 ActionScript 的基本概念。
掌握脚本语句的编写、使用方法。
了解对象属性修改、随机取值、画面跳转等。

任务一　认识 ActionScript

接触过 Flash 动画的人，都对其中许多玄妙的效果印象深刻。不论是随机摇摆、气泡飘飞，还是动画控制、鼠标跟随，这都是其他格式的动画文件无法比拟的特点，而这些精妙独特的效果和功能，就是利用 ActionScript 编程实现的。

ActionScript 是一种面向对象编程（OOP）的脚本语言，通过解释执行的脚本语言，如果读者以前使用过脚本语言，如 Basic 等，就会发现 ActionScript 与其他脚本语言非常类似，简便易用。不过，即使读者刚刚开始学习编程，ActionScript 基础知识也不难学，可以从简单的命令入手，逐步掌握更复杂的功能，向动画中添加大量交互性，而无须学习（或编写）大量的代码。

ActionScript 程序一般由语句、函数和变量组成，主要涉及变量、函数、数据类型、表达式、运算符等，它们是 ActionScript 的基石。ActionScript 可以由单一动作组成，如指示动画停止播放的操作；也可以由一系列动作语句组成，如先计算条件，再执行动作。

（一） 了解 ActionScript 的语法

语言的语法定义了一组在编写可执行代码时必须遵循的规则。

(1) 区分大小写

ActionScript 是一种区分大小写的语言。只是大小写不同的标识符会被视为不同。例如，下面的代码创建两个不同的变量：

```
var num1:Number;
var Num1:Number;                        // 注释：两个不同的变量
```

(2) 点语法

可以通过点运算符 (.) 来访问对象的属性和方法。使用点语法，可以使用后跟点运算符和属性名或方法名来引用对象的属性或方法。例如：

```
ball.x=100;                             // 对象 ball 的 x 坐标为 100
ball.alpha=50;                          // 对象 ball 的透明度值为 50
```

(3) 分号

可以使用分号字符 (;) 来终止语句。如果省略分号字符，则编译器将假设每一行代码代表一条语句。但是一般程序员都习惯使用分号来表示语句结束，因此，我们也应当养成这样一个习惯，以使自己的代码更易于阅读。

使用分号终止语句可以在一行中放置多个语句，但是这样会使代码变得难以阅读。

(4) 小括号

在 ActionScript 中，小括号有如下 3 种用法。

- 可以使用小括号来更改表达式中的运算顺序。组合到小括号中的运算总是最先执行。小括号可用来改变代码中的运算顺序，例如：

```
trace(2 + 3 * 4);                       // 输出：14
trace( (2 + 3) * 4);                    // 输出：20
```

- 可以结合使用小括号和逗号运算符 (,) 来计算一系列表达式并返回最后一个表达式的结果，例如：

```
var a:Number = 2;
var b:Number = 3;
trace((a++, b++, a+b));                 // 输出：7
```

- 可以使用小括号来向函数或方法传递一个或多个参数，下面的代码表示向 trace 函数传递一个字符串值。

```
trace("hello");                         // 输出：hello
```

(5) 注释

ActionScript 代码支持两种类型的注释：单行注释和多行注释。编译器将忽略标记为注释的文本。

- 单行注释以两个正斜杠字符 “// ” 开头并持续到该行的末尾。例如，下面的代码包含一个单行注释。

```
var someNumber:Number = 3;              // 单行注释
```

- 多行注释以一个正斜杠和一个星号 (/*) 开头，以一个星号和一个正斜杠 (*/) 结尾，例如：

```
/* 这是一个可以跨
多行代码的多行注释。 */
```

（二）　了解表达式和运算符

运算符是能够提供对数值、字符串、逻辑值进行运算的关系符号，而表达式是由常量、变量、函数和运算符按照运算法则组成的计算式。在动作语句中，表达式的结果将作为参数值。

在 Flash 8 中，运算符有很多种类，包括数值运算符、字符串运算符、比较运算符、逻辑运算符、位运算符、赋值运算符等。下面介绍一些常用的运算符。

(1) 算术运算符及表达式

算术表达式是数值进行运算的表达式。它是由数值、以数值为结果的函数和算术运算符组成，运算结果是数值或逻辑值。例如，表达式“（34－2）/4”就是一个算术表达式。

下面是 Flash 中可以使用的算术运算符。

- +、-、*、/：执行加、减、乘、除法运算。
- ==、<>：比较两个数值是否相等、不相等。
- <、<=、>、>=：比较运算符前面的数值是否小于、小于等于、大于、大于等于后面的数值。

(2) 字符串表达式

字符串表达式是对字符串进行运算的表达式。它是由字符串、以字符串为结果的函数和字符串运算符组成，运算结果是字符串或逻辑值。例如：

```
"中国" & "人民"
```

将字符串“中国”与字符串“人民”连接，结果是字符串“中国人民”。

可以参与字符串表达式的运算符如下。

- &：连接运算符两边的字符串。
- Eq、Ne：判断运算符两边的字符串是否相等。
- Lt、Le、Qt、Qe：判断运算符左边字符串的 ASCII 码值是否小于、小于等于、大于、大于等于右边字符串的 ASCII 码值。

(3) 逻辑表达式

逻辑表达式是对正误结果进行判断的表达式。它是由逻辑值、以逻辑值为结果的函数、以逻辑值为结果的算术或字符串表达式和逻辑运算符组成，运算结果是逻辑值。例如：

```
（"abc"eq"ABC"）and (1<2)
```

上式进行两个字符串表达式的逻辑与计算，结果是一个逻辑值“False”。

可以参与逻辑表达式的运算符有：And（逻辑与）、Or（逻辑或）和 Not（逻辑非）。

(4) 位运算符

位运算符用来处理浮点数，运算时先将操作数转化为 32 位的二进制数，然后对每个操作数分别按位进行运算，运算后再将二进制的结果按照 Flash 的数值类型返回运算结果。ActionScript 的位运算符包括&（位与）、|（位或）、^（位异或）、~（位非）、<<（左移位）、>>（右移位）、>>>（填 0 右移位）等。

(5) 赋值运算符

赋值运算符的作用就是给变量、数组元素或对象的属性赋值。例如：

```
scale = 80
```

Flash 8 中使用的 ActionScript 版本为 2.0。在后续的 Flash CS3 中，ActionScript 的版本已经升级为 3.0。但是在实际使用中，2.0 版本的语法仍然大量使用。

（三） 了解常用语句

(1) if 语句

if 语句的作用是根据条件的成立与否来决定语句的执行。其基本语法格式为：

```
if (条件) {                                // 代码（可以是多条语句）
}
```

如果条件成立，就执行代码；否则不执行。

可以使用 else 子句来控制不满足条件时该如何处理，例如：

```
if (条件) {                                //代码 1、2、3…
} else {                                   //代码 a、b、c…
}
```

如果条件成立，就执行代码 1、2、3 等；否则，执行代码 a、b、c 等。

编写复杂条件时，可以使用小括号“()”对条件进行组合。例如，下面的代码判断年龄是否大于等于 20 并且小于 40。

```
if ((age >= 20) && (age<40)) {}
```

(2) for 语句

for 语句提供了一种在给定步长情况下的自动循环。其基本语法格式为：

```
for (初始值; 条件; 步长) {                  //代码
}
```

（1）首先为变量设定初始值；（2）判定条件是否成立；（3）若条件成立，就执行代码，否则结束循环；（4）为变量增加一个步长，返回（2）。

下面的 for 结构用于求 0～10 的整数和。

```
var sum:Number;
sum=0;
for (var i = 0; i<=10; i++) {
    sum = sum + i ;
}
```

(3) while 和 do...while 语句

这两种语句都是循环结构。while 语句的基本语法格式为：

```
while (条件) {                          //代码
}
```

当条件成立时，执行代码。

do...while 语句的基本语法格式为：

```
do {                                    //代码
} while (条件);
```

二者的区别在于：while 语句是先判断条件是否成立，而 do...while 语句是先执行代码，然后再判断条件是否成立。这样，对于条件不成立的情况，while 语句中的代码不会得到执行，而 do...while 中的代码会被执行一次。

(4) switch 语句

switch 语句是一种分支选择语句，其基本语法格式为：

```
switch (条件) {
case A :                                //代码 1
   break;                               //若无此句，则 case 将会“落空”
case B :                                //代码 2
   break;
default :                               //代码 3
   break;
}
```

若条件值为“A”，则执行代码 1；若条件值为“B”，则执行代码 B；若条件值为其他值，则执行代码 3。break 语句的作用是打断执行，重新进行条件判断。

default case 是 switch 语句中最后一个 case。default case 包括一个 break 语句，用于在添加其他 case 时阻止落空错误。

如果 case 没有 break 语句，case 将会“落空”。这样，如果条件符合“A”，则 case A 和 case B 都会执行。

使用空格、换行符和 TAB 缩进向代码中添加空白，可以提高代码的可读性。空白可增强可读性，因为它有助于显示代码的层次结构。

（四） 动作面板

在 Flash 8 中，使用【动作】面板可以创建和编辑对象或帧的 ActionScript 代码。选择帧、按钮或影片剪辑实例可以激活【动作】面板，同时，根据选择的对象的不同，【动作】面板标题也会发生变化。

选择【窗口】/【动作】命令，打开【动作】面板，如图 9-1 所示。【动作】面板由动作

工具箱、脚本导航器、脚本窗格和面板工具栏几部分构成。

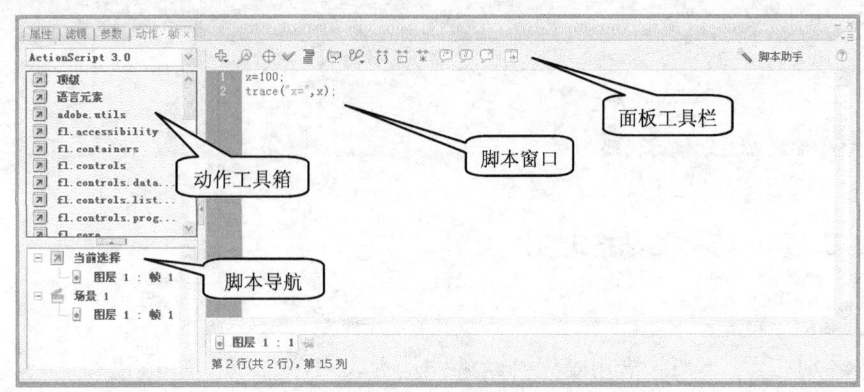

图9-1 【动作】面板

(1) 动作工具箱

使用动作工具箱可以浏览 ActionScript 语言元素（函数、类、类型等）的分类列表，然后将其插入到脚本窗口中。要将脚本元素插入到脚本窗口中，可以双击该元素，或直接将它拖动到脚本窗口中。还可以使用面板工具栏中的 （添加）按钮来将语言元素添加到脚本中。

(2) 脚本导航器

脚本导航器可显示包含脚本的 Flash 元素（影片剪辑、帧和按钮）的分层列表。使用脚本导航器可在 Flash 文档中的各个脚本之间快速移动。

如果单击脚本导航器中的某一项目，则与该项目关联的脚本将显示在脚本窗口中，并且播放头将移到时间轴上的相应位置。如果双击脚本导航器中的某一项，则该脚本将被固定（就地锁定）。

(3) 脚本窗口

在脚本窗口中键入代码。脚本窗口提供了一个全功能 ActionScript 编辑器，包括代码的语法格式设置和检查、代码提示、代码着色、调试以及其他一些简化脚本创建的功能。

(4) 面板工具栏

面板工具栏包含了一些常用的功能按钮，如图 9-2 所示。使用【动作】面板的工具栏可以访问代码帮助功能，这些功能有助于简化在 ActionScript 中进行的编码工作。

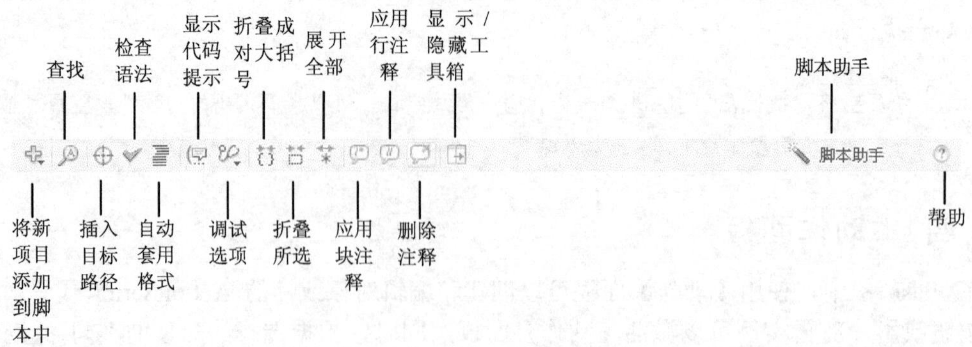

图9-2 脚本窗口上的功能按钮

(5)　插入目标路径

单击⊕按钮后，会出现如图9-3所示【插入目标路径】对话框。利用该对话框可以选择语句或函数要操作的目标对象。路径分“相对路径”和“绝对路径”两种，一般选择前者。

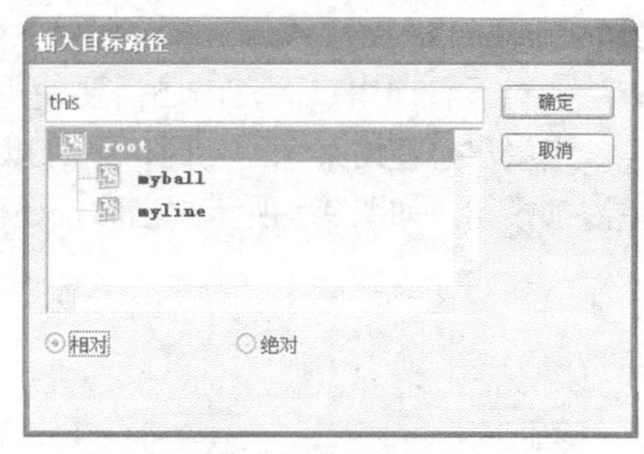

图9-3　插入目标路径

所谓“相对路径”是指目标相对于当前对象的位置。标识符“this”代表了当前对象或影片剪辑实例。在脚本执行时，“this”引用包含该脚本的影片剪辑实例。在调用方法时，“this”包含对包括所调用方法的对象的引用，在附加到按钮的“on”事件处理函数动作中，“this”引用包含该按钮的时间轴。在附加到影片剪辑的“onClipEvent()”事件处理函数动作中，“this”引用该影片剪辑自身的时间轴。

所谓“绝对路径”是指目标相对于主时间轴的位置。标识符“_root”代表了指向主时间轴的引用。如果影片有多个级别，则影片主时间轴位于包含当前正在执行脚本的级别上。例如，如果级别1中的脚本计算“_root”，则返回“_level1”。

(6)　检查语法

选择✔按钮后，系统会自动对脚本窗口中的代码进行检查。如果代码没有语法错误，就会出现图9-4（a）所示的信息；若代码有错误，则弹出图9-4（b）所示对话框，同时，打开输出面板，显示错误信息，如图9-4（c）所示。

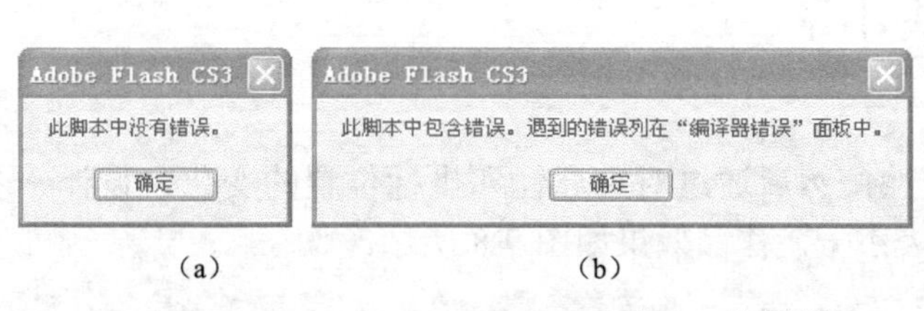

（a）　（b）　（c）

图9-4　检查语法

(7)　调试选项

在脚本中设置和删除断点，以便在调试 Flash 文档时可以停止，然后逐行跟踪脚本中的每一行。设置断点后，在该行语句的行号前会出现一个红点。

(8)　脚本助手

单击 脚本助手 按钮，【动作】面板会变化为“脚本助手”模式。这时，每当用户向脚本窗口中添加一条语句，面板就会提示用户输入脚本元素，如图9-5所示。这对于那些不喜欢编写自己的脚本，或者对函数参数不熟悉的用户来说，是非常有帮助的。

利用 脚本助手 按钮，用户能够很方便地在“脚本助手”模式和“动作脚本”模式之间进行切换。

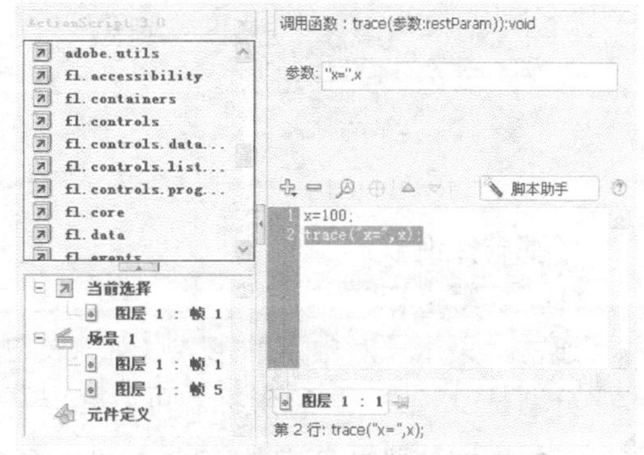

图9-5　脚本助手模式

在左侧的动作工具箱中，通过下拉框，可以选择不同的 ActionScript 版本，如图 9-6 所示。虽然 Flash CS3 支持 ActionScript 3.0，但是 ActionScript 3.0 的主要特点是面向对象的编程思想和方法，对于普通用户而言，还需要使用 ActionScript 2.0 甚至 1.0 中大量的函数和方法。

当用户想使用某个语句时，既可以通过左侧的动作工具箱来选择语句，也可以通过弹出式菜单添加语句，如图 9-7 所示。当然，还可以通过直接向脚本窗口写入代码的方式来添加脚本。

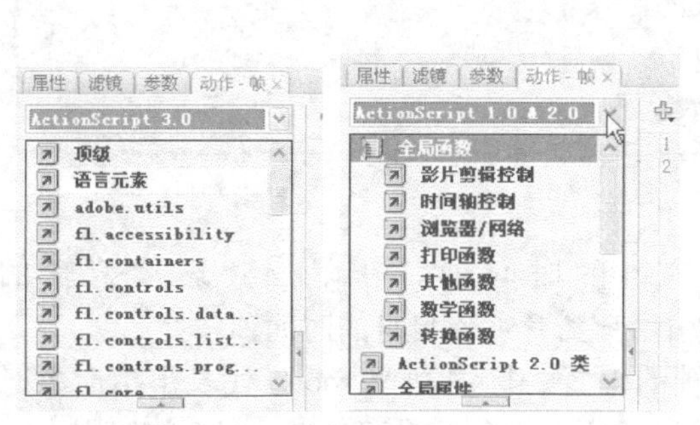

图9-6 选择不同的 ActionScript 版本

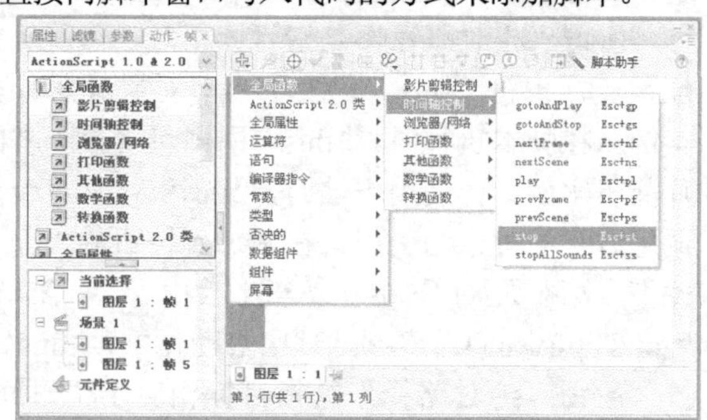

图9-7 添加语句的方法

任务二 脚本的应用

前面讲了一些 ActionScript 的基本概念和语法，也许有些读者会觉得太复杂了。其实，其使用方法是比较简单的。下面通过几个例题来说明 ActionScript 的具体使用方法。

（一）改变属性——功夫小子

【任务要求】

理解屏幕坐标，了解对象的属性，然后通过对象属性和坐标位置的变化，设计一个伸拳飞腿、闪转腾挪、苦练武功的功夫小子，作品效果如图 9-8 所示。

图9-8 功夫小子

【基础知识】

(1) 屏幕坐标

通常，采用一对数字的形式（如（5,12）或（17, −23））来定位舞台上的对象，这两个数字分别是 *X* 坐标和 *Y* 坐标。可以将屏幕看作是具有水平（*X*）轴和垂直（*Y*）轴的平面图形。屏幕上的任何位置（或“点”）可以表示为 *X* 和 *Y* 值对，即该位置的“坐标”。通常，舞台坐标原点（*X* 和 *Y* 轴相交的位置，其坐标为（0，0））位于显示舞台的左上角。正如在

标准二维坐标系中一样，*X* 轴上的值越往右越大，越往左越小；对于原点左侧的位置，*X* 坐标为负值。但是，与传统的坐标系相反，在 ActionScript 中，屏幕 *Y* 轴上的值越往下越大，越往上越小（原点上面的 *Y* 坐标为负值）。

屏幕坐标关系如图 9-9 所示。*X* 轴正向为从左到右，*Y* 轴正向为从上到下。图中表示的坐标值是指计算机屏幕大小为 1 024×768。

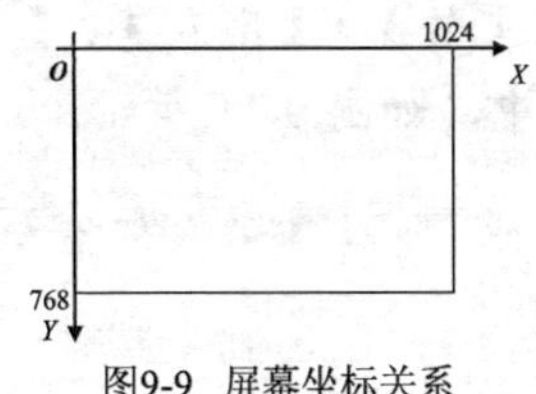

图9-9　屏幕坐标关系

一般舞台上对象的原点（基准点）的位置都在对象的左上角。

(2) 影片剪辑对象的属性

影片剪辑对象共有 14 种属性，涉及到对象位置、大小、角度、透明度等属性的值，如表 9-1 所示。

表 9-1　对象的属性

属性	含义
_alpha	对象的透明度，“0”为全透明，“100”为全不透明
_focusrect	是否显示对象矩形外框
_height	对象的高度
_highquality	用数值定义了对象的图像质量
_name	对象的名称
_quality	用字符串“low”、“Medium”、“High”定义图像质量
_rotation	对象的放置角度
_soundbuftime	对象的音频播放缓冲时间
_visible	定义对象是否可见
_width	对象的宽度
_x	对象在 *X* 轴方向上的位置
_xscale	对象在 *X* 轴方向上的缩放比例
_y	对象在 *Y* 轴方向上的位置
_yscale	对象在 *Y* 轴方向上的缩放比例

例如，下面的代码，将舞台对象 ball 的 *X* 坐标和 *Y* 坐标都设置为 20。

```
ball.x=20;
ball.y=20;
```

【操作步骤】

1. 创建一个新的 Flash 文档，保存文档名称为“功夫小子.fla”。

2. 选择【文件】/【导入】/【导入到库】命令，将一个名为“gongfuboy.gif”的文件导入到【库】中，如图 9-10 所示。可以看到，这个 gif 文件是一个连续的位图动画，它被导入到【库】中后，会自动生成一个名称为“元件 1”的元件。
3. 选择【文件】/【导入】/【导入到库】命令，将一个名为“sky.jpg”的文件导入到【库】中，如图 9-11 所示，这个图片将用作动画的背景。

图9-10 将图像导入到库

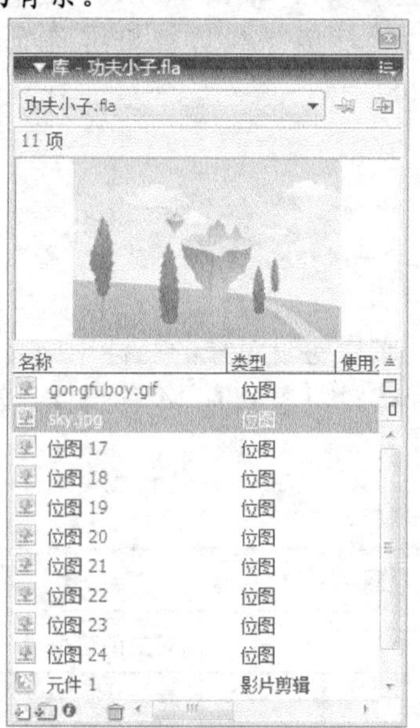

图9-11 导入背景图片到库

4. 在【时间轴】面板中选择第 1 帧，从库中将背景图片拖入到舞台上。
5. 选择第 30 帧，按下 F6 键，插入一个关键帧。如图 9-12 所示，将动画扩展为 30 帧。
6. 从库中将“元件 1”拖入到舞台的右下角位置，创建一个元件的实例对象。
7. 选择该实例对象，在属性面板中设置其名称为“boy”，如图 9-13 所示。

图9-12 将动画扩展为 30 帧

图9-13 定义实例名称

8. 在【时间轴】面板中创建一个新的图层。
9. 在新图层上选择第 10 帧，按下 F6 键，插入一个关键帧；然后打开【动作】面板，在脚本窗口输入代码：

```
boy._x=50;
boy._y=100;
```

10. 如图 9-14 所示。设置对象 boy 的 X 坐标为 50，Y 坐标为 100。

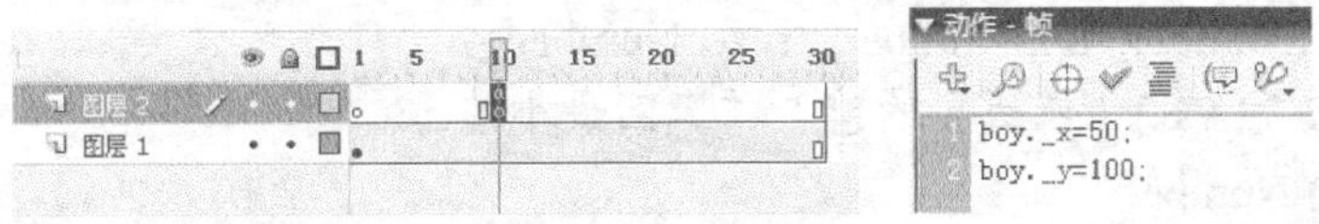

图9-14　在第 10 帧输入脚本

对象的坐标原点在其左上角。因此，对于 boy 对象位置的指定，实际上是对其原点的位置指定。也就是说，定义对象的坐标为（50,100），也就是 boy 对象的左上角的坐标为（50,100）。

11. 同理，在第 20 帧、30 帧分别插入一个关键帧，并分别创建脚本代码，如图 9-15 所示。

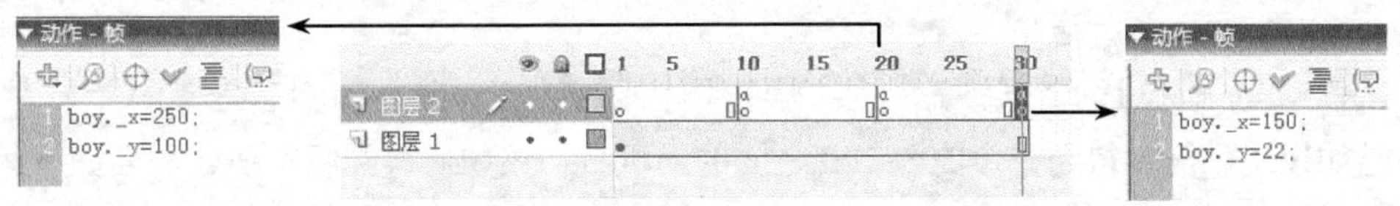

图9-15　第 20 帧、30 帧的 ActionScript 代码

12. 选择【控制】/【测试影片】命令，测试动画，可以看到功夫小子每到一个关键帧就会变换自己的位置。

（二）随机取值——梦中女孩

【任务要求】

利用数学函数和公式设计一个美丽的小动画：梦中的女孩，总是在恍惚中来去，淡淡的美丽，朦胧又清晰。在动画中，女孩每次都出现在一个随机的位置上，而且透明度、角度也都会发生变化。动画的效果如图 9-16 所示。

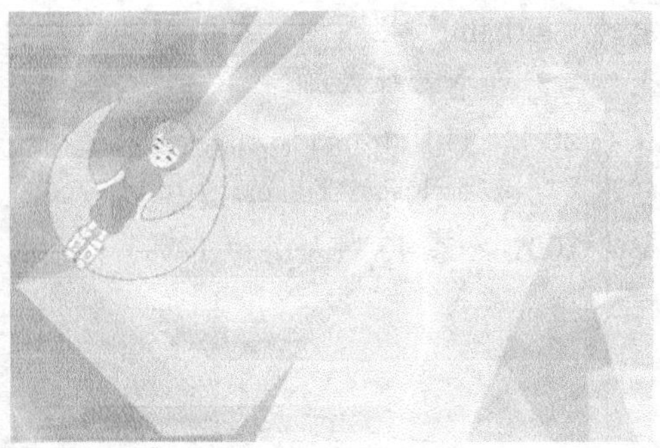

图9-16　梦中女孩

【基础知识】

在 Flash 动画的 ActionScript 脚本中，经常要用到一些数学函数和公式，这就需要使用 Math 类了。Math 类包含了许多常用数学函数和常数主要有以下几种。

- abs(val:Number):Number
  计算并返回由参数 val 指定的数字的绝对值。
- cos(angleRadians:Number):Number
  以弧度为单位计算并返回指定角度的余弦值。
- max(val1:Number,val2:Number,...rest):Number

计算 val1 和 val2（或更多的值）并返回最大值。

- min(val1:Number,val2:Number,...rest):Number
  计算 val1 和 val2（或更多的值）并返回最小值。
- random():Number
  随机函数，返回一个伪随机数 n，其中 $0 \leqslant n<1$。
- round(val:Number):Number
  取整函数，将参数 val 的值向上或向下舍入为最接近的整数并返回该值。

这里，以取随机数为例，说明 Math 类中方法的使用。

random()是数学类 Math 的一个方法，能够产生一个 0～1 之间的随机数。下式可以得到一个 0～100 之间的随机值：

```
Math.random()*100
```

但是如果用户需要得到一个 50～100 之间的随机数，该如何得到呢？那就需要如下运算：

```
Math.random()*50+50
```

将 Math.random()乘上 50 就意味着在 0～50 之间取值；再加上 50 后，表达式的取值范围就是 50～100 之间。同理，可以获得任意区间的随机数。

【操作步骤】

1. 创建一个新的 Flash 文档。选择【文件】/【导入】/【导入到库】命令，将一个名为“girl.png”的文件导入到库中。
2. 选择【插入】/【新建元件】命令，创建一个“影片剪辑”类型的元件“元件 1”，如图 9-17 所示。
3. 双击“元件 1”进入编辑状态。将【库】中的“girl.png”拖入到“元件 1”的舞台上，与舞台中心对齐。

图9-17 将“girl.png”导入到库中

4. 在第 20 帧、40 帧分别插入关键帧。
5. 创建“动画”补间效果，如图 9-18 所示。其中，图片在第 1 帧缩小到 30%，第 20 帧大小为 100%，第 40 帧大小为 10%。

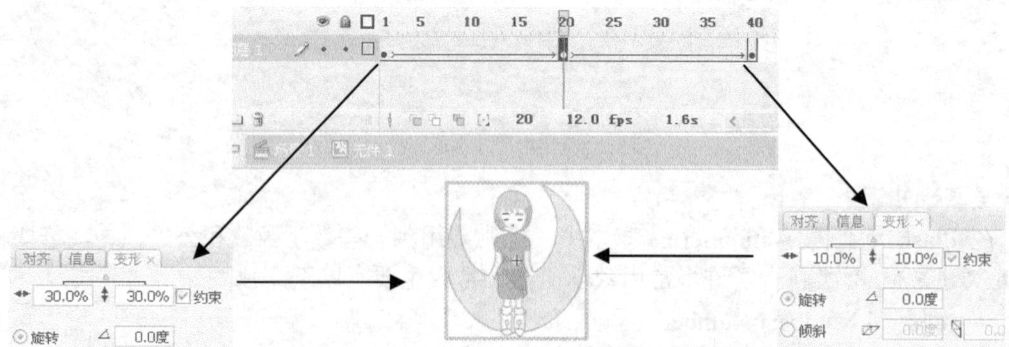

图9-18 在“元件 1”创建“动画”补间效果

6. 选择【文件】/【导入】/【导入到库】命令，将一个名为“Dream.jpg”的文件导入到【库】中，这个图片将用作动画的背景。

7. 返回到“场景 1”中，从【库】中将“Dream.jpg”拖入舞台作为背景。
8. 选择第 40 帧，按下 F6 键，将动画长度扩充到 40 帧。
9. 从库中将“元件 1”拖到舞台上，创建一个实例，使其与舞台中心对齐。
10. 定义实例名称为“girl”，如图 9-19 所示。

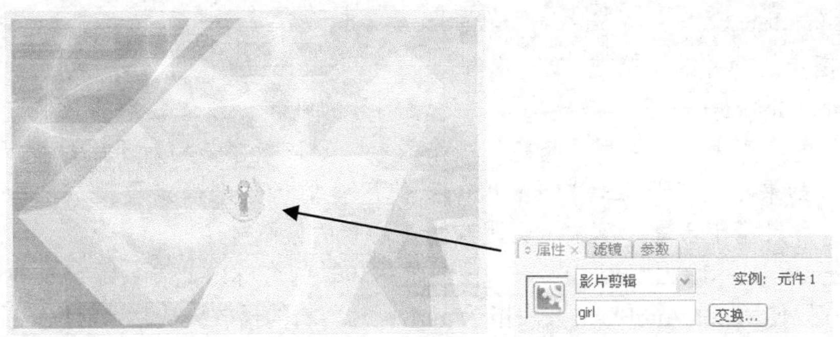

图9-19　定义实例名称

11. 在【时间轴】面板上，选择第 40 帧。打开【动作-帧】面板，输入如图 9-20 所示的脚本。利用随机函数对对象属性进行赋值。

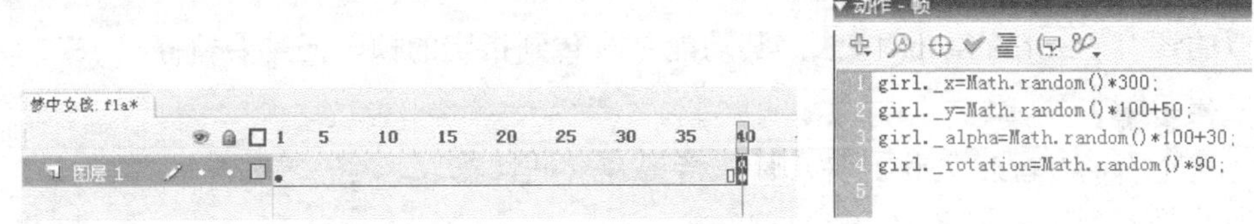

图9-20　利用随机数进行赋值

说明：

```
girl.x=Math.random()*300;              //定义 x 坐标值为 0～300 之间的随机数
girl.y=Math.random()*100+50;           //定义 y 坐标值为 50～150 之间的随机数
girl.alpha=Math.random()*100+30;       //定义透明度为 0.3～1.3 之间的随机数
girl.rotation=Math.random()*90;        //定义旋转角度为 0～180 之间
```

12. 测试动画，可见“梦中女孩”每次都会出现在一个新的随机位置，并且透明度和角度也会随机变化。

（三）画面跳转——表情变幻

【任务要求】

跳转函数能够实现不同关键帧之间的跳转。试利用之设计一个作品，使卡通娃娃的表情不断地随机变幻，有高兴、伤心，也有害羞、惊讶，动画的效果如图 9-21 所示。

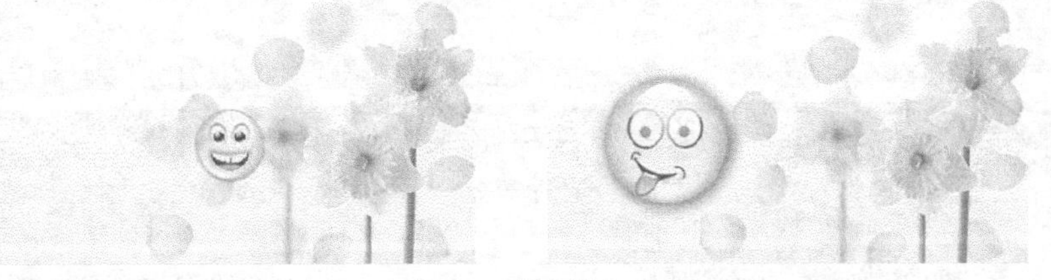

图9-21　表情变幻

【基础知识】

在某种条件下，使动画跳转到特定的画面，这也是动画制作过程中经常要使用的方法。这一般需要使用 ActionScript 中的跳转语句 gotoAndPlay()来实现。

用法：

```
public function gotoAndPlay(frame:Object, scene:String = null):void
```

跳转到指定的帧并继续播放 SWF 文件。

- frame:Object——表示播放头转到的帧编号的数字，或者表示播放头转到的帧标签的字符串。如果用户指定了一个数字，则该数字是相对于用户指定的场景的。如果不指定场景，Flash Player 使用当前场景来确定要播放的全局帧编号。如果指定场景，播放头会跳到指定场景的帧编号。
- scene:String (default = null) ——要播放的场景的名称。此参数是可选的。

下面的代码使用 gotoAndPlay()方法指示 mc1 影片剪辑的播放头从其当前位置前进 5 帧：

```
mc1.gotoAndPlay(mc1.currentFrame + 5);
```

下面的代码使用 gotoAndPlay()方法指示 mc1 影片剪辑的播放头移到名为“"Scene 12”的场景中标记为“intro”的帧：

```
mc1.gotoAndPlay("intro", "Scene 12");
```

类似的还有 gotoAndStop()方法，其功能是跳转到指定的帧，但是要暂停播放。

【操作步骤】

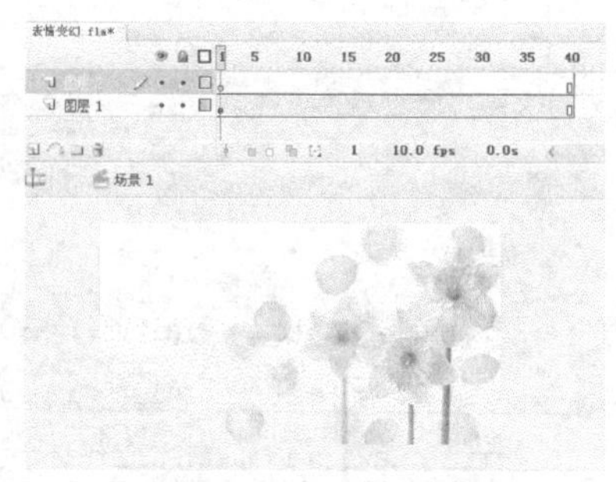

图9-22 创建一个新的图层

1. 创建一个新的 Flash 文档。将几幅表情图片及一幅花的图片导入到【库】中。
2. 选择第 1 帧，将花的元件拖入到舞台，用来做动画背景。
3. 在第 40 帧位置插入帧，将动画长度扩充到 40 帧。
4. 创建一个新的图层，如图 9-22 所示。
5. 选择“图层 2”的第 2 帧，插入关键帧；然后在舞台上导入一个笑脸表情图片，适当缩小图片大小。
6. 选择第 10 帧，插入关键帧；然后根据自己的想法随意调整笑脸表情图片的大小、位置。
7. 选择第 2 帧，创建“动画”补间，如图 9-23 所示。
8. 同理，在第 11 帧插入一个关键帧，删除前面的笑脸表情图片，重新导入一个表情图片，再创建一个长度为 10 帧的补间动画。如此类推，创建总共 4 个补间动画。如图 9-24 所示。

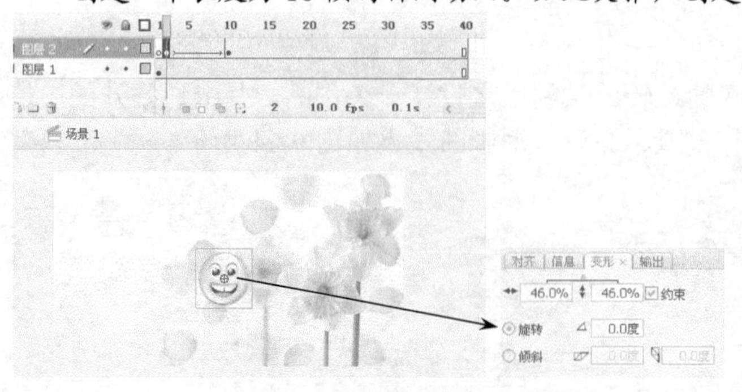

图9-23 创建“动画”补间

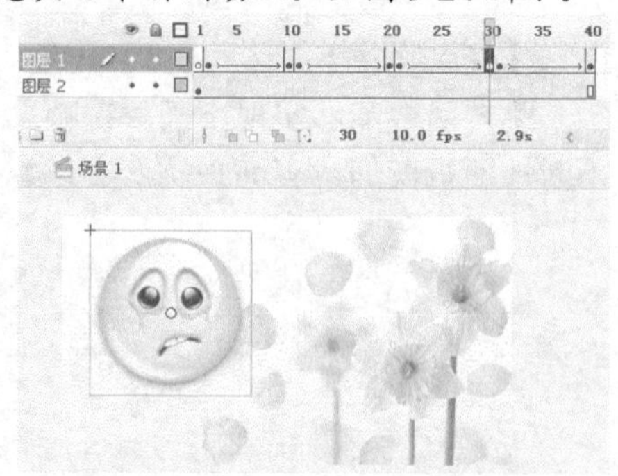

图9-24 创建总共 4 个补间动画

9. 在第1帧中添加动作脚本如下：

```
var flag:int;                                //定义一个标志变量，类型为整型
flag=Math.round(Math.random()*3);  //使变量取值为 0～3 之间的整数，也即 0、
1、2；其中，random 为取随机值函数，round 为取整函数
trace(flag);                                 //跟踪输出变量的值
if(flag==0){                                 //用条件语句判断变量是否等于 0
        gotoAndPlay(2);                      //是，则跳转到第 2 帧
}
if(flag==1){                                 //若变量等于 1，则跳转到第 11 帧
        gotoAndPlay(11);
}
if(flag==2){                                 //若变量等于 2，则跳转到第 21 帧
        gotoAndPlay(21);
}
if(flag==3){                                 //若变量等于 3，则跳转到第 31 帧
        gotoAndPlay(31);
}
```

说明：trace()语句用于跟踪输出变量的值。这在动画的调试中非常有意义，可以使我们时刻了解到变量值的变化。在生成最终作品后，trace()语句就不再输出了。

10. 选择第 10 帧、第 20 帧、第 30 帧和第 40 帧，分别添加动作脚本“gotoAndPlay(1)”。
11. 测试动画，可以看到，每显示完一个小补间动画后，动画就跳转回到第 1 帧，重新对变量求值，以决定下次跳转位置。这样，表情就在不断变幻。

（四）事件的响应——滑雪宝宝

【任务要求】

利用脚本对事件的响应，实现对象跟随鼠标运动的效果。当晶莹的白雪笼罩大地，每个孩子都会欢呼雀跃，快乐滑雪。在这个动画作品中，滑雪宝宝喜欢上了鼠标光标，鼠标光标移动到哪里，滑雪宝宝就跑到哪里。动画效果如图 9-25 所示。

图9-25　滑雪宝宝

【基础知识】

在 Flash 动画作品中，经常需要对一些情况进行响应，如鼠标的运动、时间的变化、用户的操作等，这些情况统称为事件。一般来说，每个事件都有自己专用的事件函数来响应。下面用一个具体的事件处理实例来说明事件处理的方法。

onEnterFrame（进入帧）事件是 Flash 动画中最常用到的事件之一。当动画播放头进入一个新帧时就会触发此事件。如果动画只有一帧，则会按照设定的帧频（默认为 12 帧/秒）持续触发此事件。在这个事件发生后，系统就会要求所有侦听此事件的对象同时开始相应的事件来处理函数。

在开始设计实例之前，首先来分析一下舞台上两个位置点 A（*x*1，*y*1）和 B（*x*2，*y*2）之间的坐标关系，如图 9-26 所示。

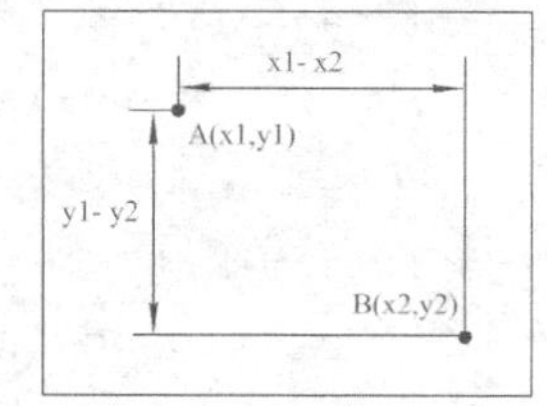

图9-26 舞台上两点之间的坐标关系

A、B 两点的水平间距为 *x*1-*x*2，垂直间距为 *y*1-*y*2。若 B 点向 A 点靠近，则 B 点坐标变化为：

```
x2=x2+(x1-x2)
y2=y2+(y1-y2)
```

若 B 点是逐渐向 A 点靠近，则需要将间距划分为若干小段，然后反复进行位置判断，直至两点位置重合。例如划分为 5 段，则：

```
x2=x2+(x1-x2)/5
y2=y2+(y1-y2)/5
```

下面就按照这个算法来设计实例。

【操作步骤】

1. 创建一个新的 Flash 文档。
2. 将“snowboy.gif”文件导入到库中。由于该文件是一个多帧的动态文件，所以 Flash 会自动创建了一个包含该文件的“元件 1”。
3. 选择第 1 帧，将“元件 1”拖动到舞台上，设置实例名称为“snowboy”。如图 9-27 所示。

图9-27 设置实例名称为“snowboy”

4. 选择第 1 帧，打开【动作】面板，在脚本窗口中，输入代码如图 9-28 所示。这段代码的作用是判断滑雪宝宝的坐标与鼠标是否一致，若不相同就逐渐变化逼近鼠标位置。

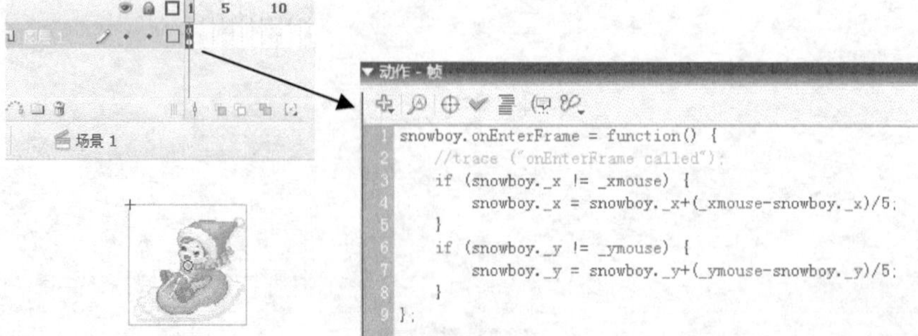

图9-28 帧动作脚本

代码说明：

```
snowboy.onEnterFrame = function() { //监测 snowboy 是否激活了 onEnterFrame
                                          事件，是则进入下面的函数过程
//trace ("onEnterFrame called");   //trace 函数用于程序调试观察，运行时无用
if (snowboy._x != _xmouse) {          //如果对象的 x 坐标不等于鼠标的 x 坐标
    snowboy._x =snowboy._x+(_xmouse-snowboy._x)/5;  //改变对象的 x 坐标
}
if (snowboy._y != _ymouse) {
    snowboy._y = snowboy._y+(_ymouse-snowboy._y)/5;
}
};
```

5. 测试动画，可以看到不管鼠标移动到哪里，滑雪宝宝都会慢慢地跟随过去。

滑雪宝宝图像的坐标原点在左上角，所以当滑雪宝宝的左上角到达鼠标位置后，就会停止移动。

任务三　制作“雾里看花”动画

【任务要求】

在这个动画里，一片雾气笼罩的鲜花，一个缓慢旋转的万花筒；按下鼠标，万花筒就会跟随鼠标移动，并且透过万花筒能够看到雾气后面清晰的鲜花。动画效果如图 9-29 所示。

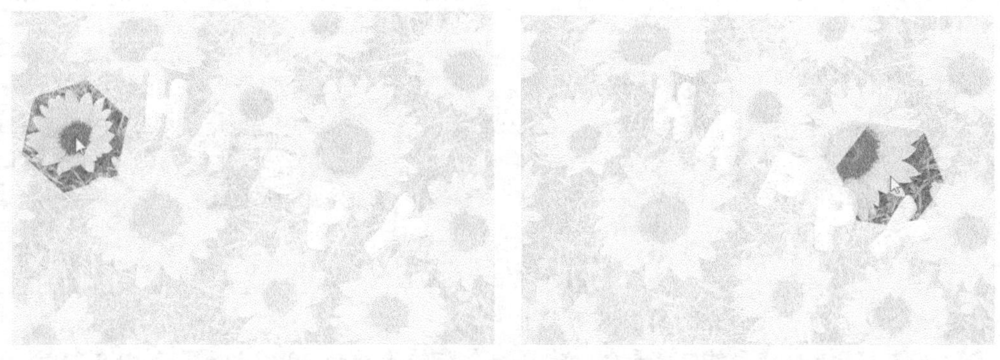

图9-29　展示整体效果

【基础知识】

对象的拖动是 Flash 作品中经常用到的一种操作，例如拼图练习、打靶游戏等。利用 ActionScript 能够轻松实现这种功能。

(1)　startDrag 函数

```
startDrag(lockCenter:Boolean = false, bounds:Rectangle = null)
```

作用：

- 允许用户拖动指定的对象。该对象将一直保持可拖动，直到通过调用 stopDrag()方法来明确停止，或直到将另一个对象变为可拖动为止。在同一时

间只有一个对象是可拖动的。

参数：

- lockCenter:Boolean (default = false)——指定是将可拖动的对象锁定到鼠标位置中央(true)，还是锁定到用户首次单击该对象时所在的点上（false）。默认值为 false。
- bounds:Rectangle (default = null)——相对于对象父级的坐标的值，用于指定对象约束矩形。默认值为无。

(2) stopDrag 函数

```
stopDrag()
```

结束 startDrag()方法。

（一）旋转的万花筒

【操作步骤】

1. 创建一个新的 Flash 文档。
2. 创建一个命名为“元件 1”的影片剪辑元件。
3. 选择多角星形工具，在【属性】面板中单击 选项... 按钮，打开【工具设置】面板，设置【边数】为 6。
4. 在“元件1”中绘制一个六角图形，色彩选择红色，如图9-30所示。（其实这里选择什么色彩都是对动画的实现无任何影响）。

图9-30 绘制六角图形

5. 创建一个命名为“元件 2”的影片剪辑元件。
6. 将“元件 1”拖入“元件 2”舞台，建立一个旋转 1 周的 30 帧动画，如图 9-31 所示。

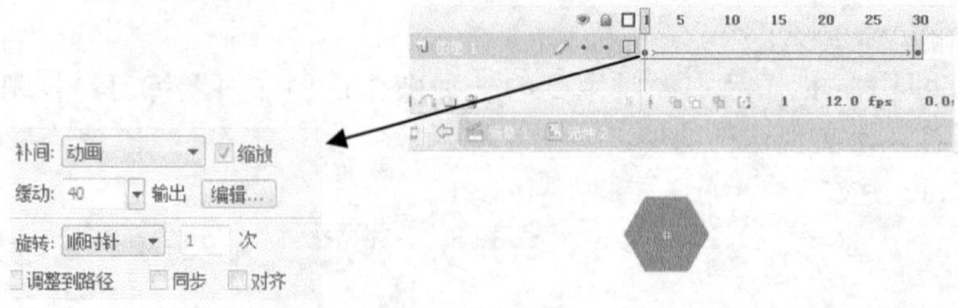

图9-31 创建旋转的万花筒

（二）雾气笼罩的鲜花

【操作步骤】

1. 将一幅鲜花图片导入到【库】中。
2. 创建一个名为“前景”的影片剪辑元件，将鲜花图片拖入其中，并与舞台中心对齐，如图 9-32 所示。

图9-32　创建“前景”元件

3. 返回“场景 1”中，将元件“前景”拖入舞台，使元件与舞台中心对齐；在【属性】面板中设置其【Alpha】为 25%，如图 9-33 所示。这样能够产生一种雾气遮盖的效果。

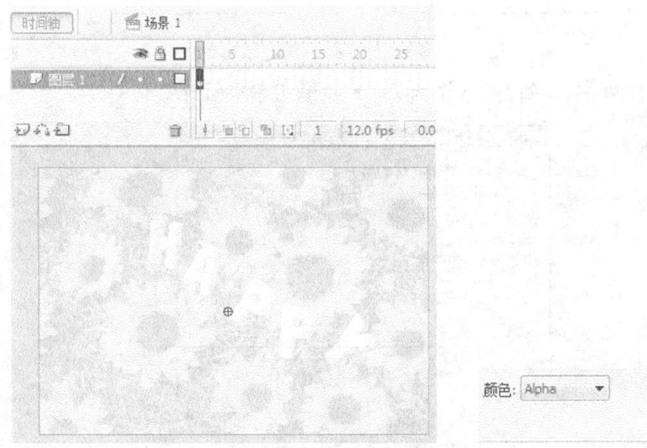

图9-33　创建雾气效果

4. 添加“图层 2”，再次将“前景”元件拖到舞台，与舞台中心对齐，【Alpha】值保持为 100%，不需要调整。

（三）可以拖动的视窗

【操作步骤】

1. 添加“图层 3”，将元件“元件 2”拖入舞台，设置其实例名称为“view”，如图 9-34 所示。

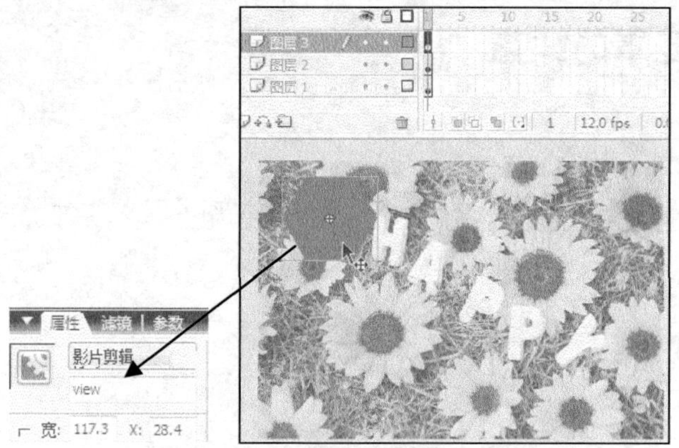

图9-34 创建万花筒视窗

2. 在“图层3”上单击鼠标右键，从快捷菜单中选择“遮罩层”命令，设置“图层3”为遮罩层，则该层转化为其下一层的遮罩，如图 9-35 所示。

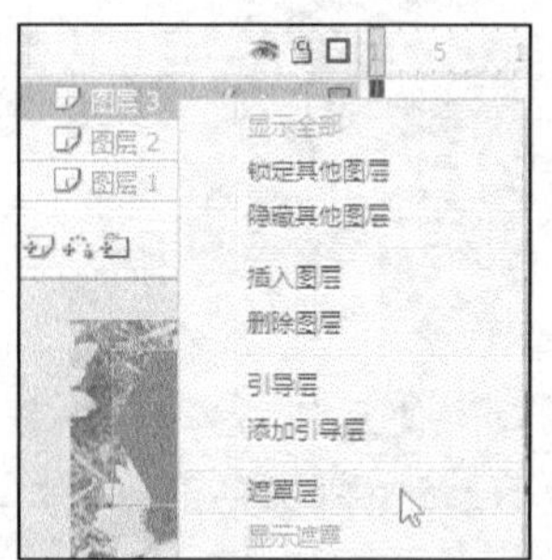

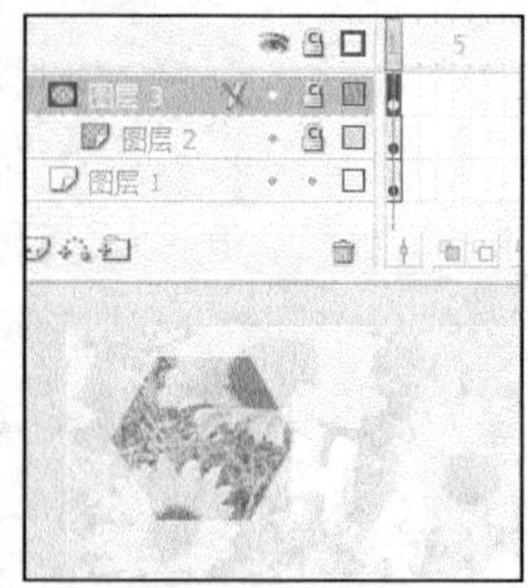

图9-35 设置“图层 3”为遮罩层

3. 在“图层 3”的第1 帧中，创建动作脚本，如图 9-36 所示。

动作 - 帧

```
view.onMouseDown =function(){
    this.startDrag(true);
}
view.onMouseUp=function() {
    this.stopDrag();
}
```

图9-36 创建动作脚本

代码说明：

```
view.onMouseDown =function(){          //响应在对象 view 上按下鼠标的事件
    this.startDrag(true);              //对象自身可以被拖动
}
view.onMouseUp=function() {            //响应在对象 view 上松开鼠标的事件
    this.stopDrag();                   //对象停止拖动
}
```

4. 测试动画，可见，在画面任何位置按下鼠标，旋转的万花筒都会被吸附到光标位置，并随鼠标拖动而移动；同时，透过该万花筒，可以看到迷雾下清晰而美丽的花朵。

【知识链接】

在 Flash 8 有许多动作语句和函数，全部熟记是很困难的，也是不必要的，因为 Flash 8 提供了丰富的在线帮助信息，供大家在使用时参考。从【帮助】菜单中选择【Flash 帮助】命令，会弹出 Flash 8 的【帮助】面板，其中不仅有 Flash 常用功能的帮助，还有 ActionScript 2.0 的语言参考等，如图 9-37 所示。

ActionScript 是 Flash 8 的精髓，是 Flash 动画精妙绝伦的根源，它的内容非常丰富，希望读者通过认真学习和反复练习，最终能够很好地掌握这个强大的设计工具。

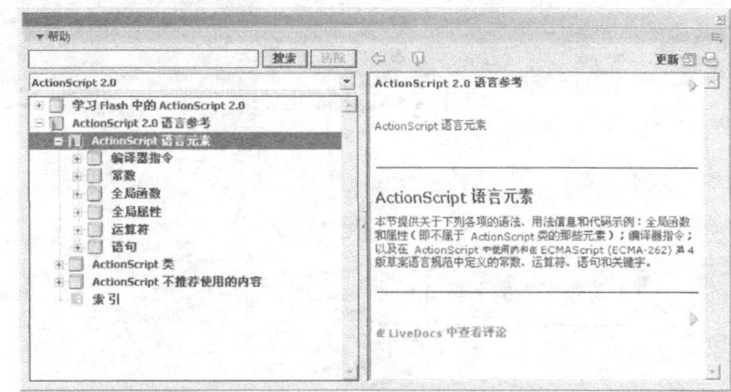

图9-37　Flash 8 的 ActionScript 语言参考

项目实训

完成本项目的各个任务后，读者初步掌握了 ActionScript 的概念和用法，以下进行实训练习，对所学内容加以巩固和提高。

实训一　随机变化的号码

画面中，水晶地球上的号码不停地在 0～30 之间随机变化，动画的效果如图 9-38 所示。

图9-38　随机变化的号码

【操作步骤】

1. 创建一个新的 Flash 文档，将一个名为“号码背景.jpg”的文件导入到库中。
2. 将“号码背景.jpg”元件拖入到舞台，作为动画的背景。
3. 使用【工具】面板的 A 工具，在舞台上绘制一个“静态文本”类型的文本框，在其中输入内容“随机变化的号码”，设置字体为“黑体”，大小为“20”。
4. 再使用 A 工具绘制一个“动态文本”类型的文本框，定义实例名称为“code”，设置文本属性如图 9-39 所示。
5. 在【时间轴】面板上选择第 1 帧，然后打开【动作】面板。在面板上，单击 脚本助手 按钮，使【动作】面板切换到脚本助手模式。

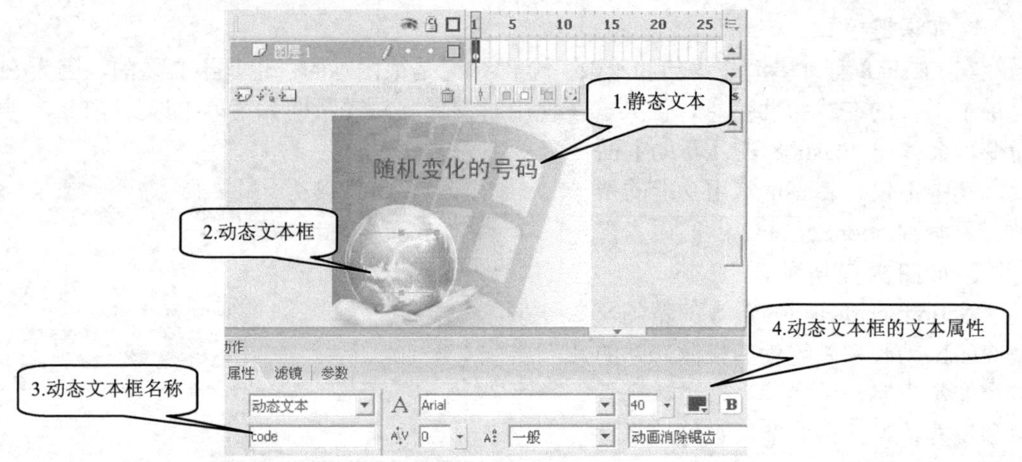

图9-39 绘制文本框

6. 单击按钮，从其弹出式菜单中选择“set variable”（为变量赋值）语句，则【动作】面板上会显示出我们选择的语句，如图 9-40 所示。

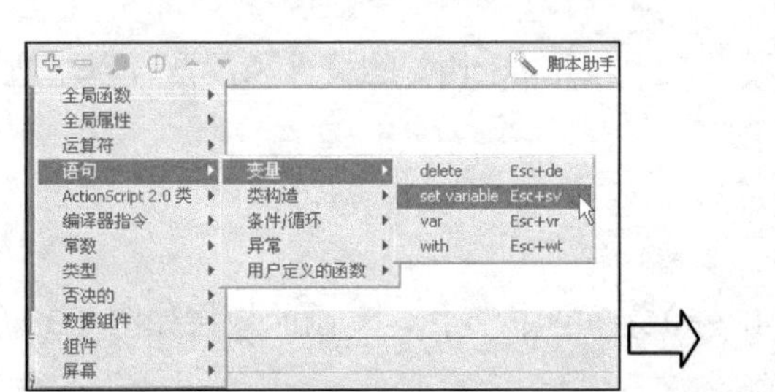

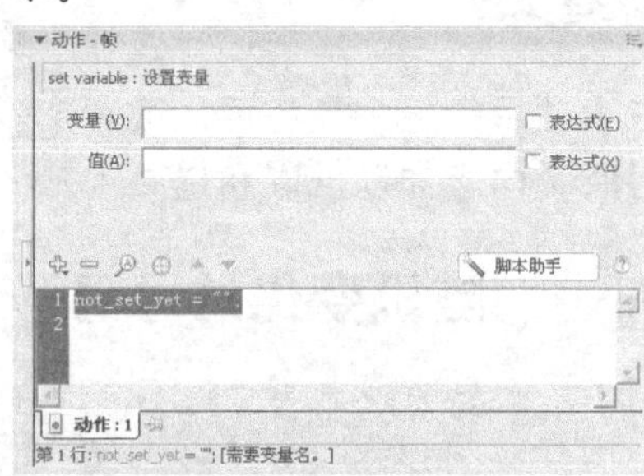

图9-40 选择赋值

7. 在【变量】栏输入“code.text”，如图 9-41 所示。注意不要选中后面的 表达式(E) 选项。

code.text 表示实例 code 所对应的文本框的文本内容。Text 是 code 实例（文本框）的一个属性，可以设置，也可以读取。

8. 在【值】栏输入变量的值“Math.round(Math.random()*30)”，以获取 0～30 之间的随机值，如图 9-42 所示。注意，要选中后面的 表达式(E) 选项，以说明该字符串为一个表达式，而非单纯的字符。

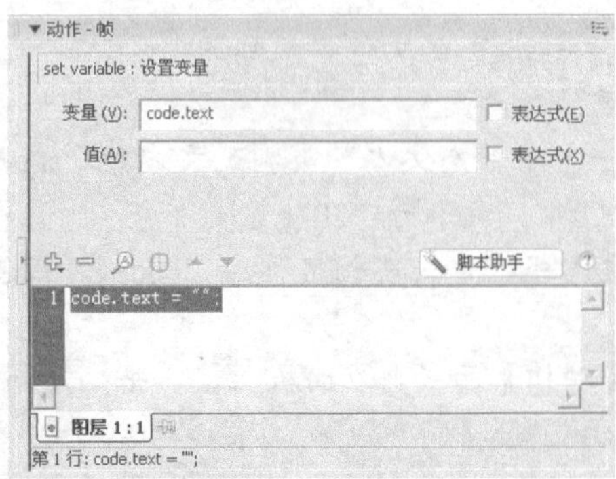

图9-41 输入变量名称

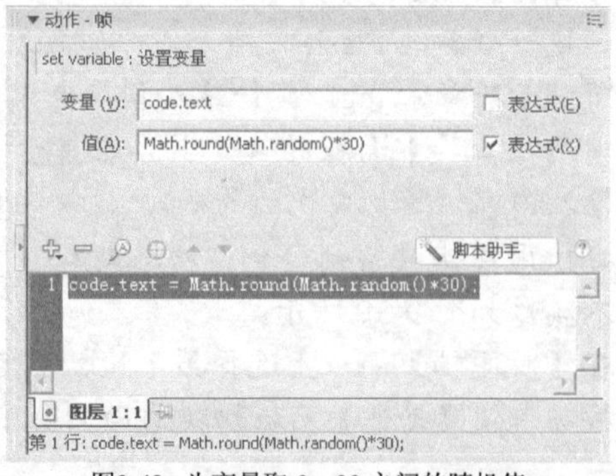

图9-42 为变量取 0～30 之间的随机值

一定要注意 Math 的头一个字母是大写，而 random 须全部小写字母。

9. 选择【控制】/【测试影片】来查看动画效果。你会发现，动画中的数字不变化。这是为什么呢？这是因为，目前动画只有 1 帧，那么第 1 帧既是起始帧也是结束帧。所以动画就停留在这一帧，赋值语句无法得到反复执行。要解决这个问题，必须增加动画的帧数。

10. 在【时间轴】面板，选择第 2 帧，按下键盘的 F5 键，增加一帧，使动画的长度扩展为 2 帧，如图 9-43 所示。

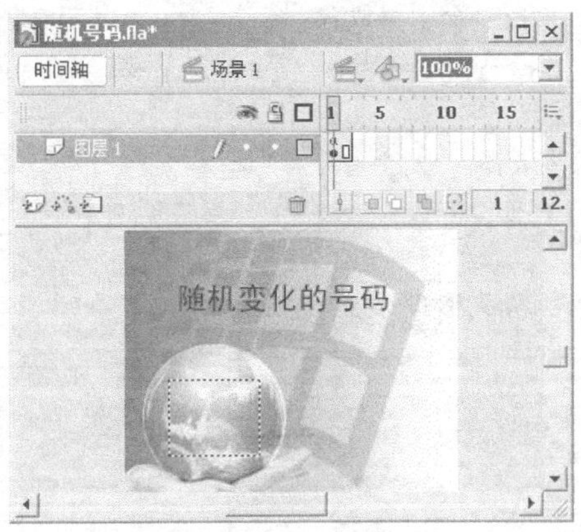

图9-43　动画的长度扩展为 2 帧

11. 再次测试动画，可见动画中的数字在快速地随机变化。

实训二　滚动的字幕

文字字幕从画面的下方逐渐向上滚动，且由隐渐现。当全部内容都显示后，字幕又逐渐消隐，滚动离开画面。动画效果如图 9-44 所示。

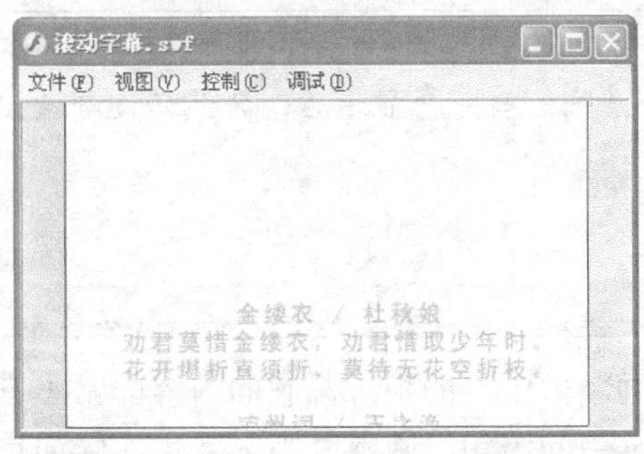

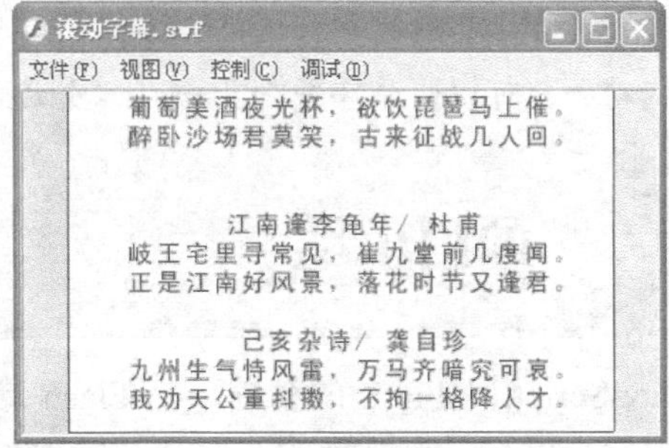

图9-44　滚动的字幕

【操作步骤】

1. 创建新的 Flash 文档。
2. 引入一幅图像作为动画的背景。
3. 插入一个新的图层，绘制一个边框为蓝色、填充为白色的矩形框，并根据需要调整其大小。
4. 创建一个【类型】为【影片剪辑】、【名称】为“字幕”的元件。

5. 在元件中创建一个包含字幕内容的文本对象，设置对象相对于舞台居中、上对齐。
6. 选择【场景 1】的“图层 2”的第 1 帧，将“字幕”元件拖入到舞台，位置居中，置于舞台下方。
7. 设置字幕实例的名称为“txt”，【颜色】为“Alpha”，值为“10%”。如图 9-45 所示。
8. 选择“图层 2”的第 1 帧，在【动作】面板中输入如下代码，如图 9-46 所示。

```
this.onEnterFrame = function() {          //只要进入当前帧，就持续触发本事件
_root.txt._y -=2;                    //将对象的 y 坐标减少 2,这样对象就会向上运动
if(_root.txt._y>-150)  //如果对象的 y 坐标大于-150，说明字幕最后一行尚未到达舞
                        台中央位置
{   if(_root.txt._alpha<100) _root.txt._alpha+=1;}        //使对象逐渐显现
else                                                       //否则
    _root.txt._alpha-=1;                                   //使对象逐渐消隐
}
```

这段代码定义了对象的运动及透明度的变化情况。

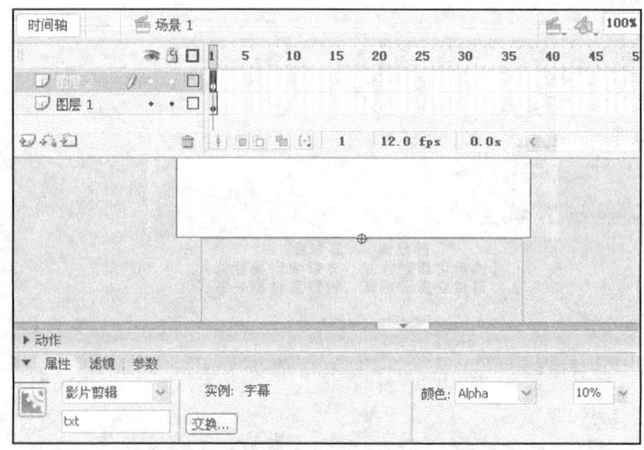
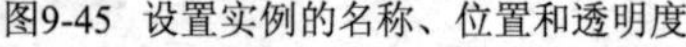

图9-45 设置实例的名称、位置和透明度

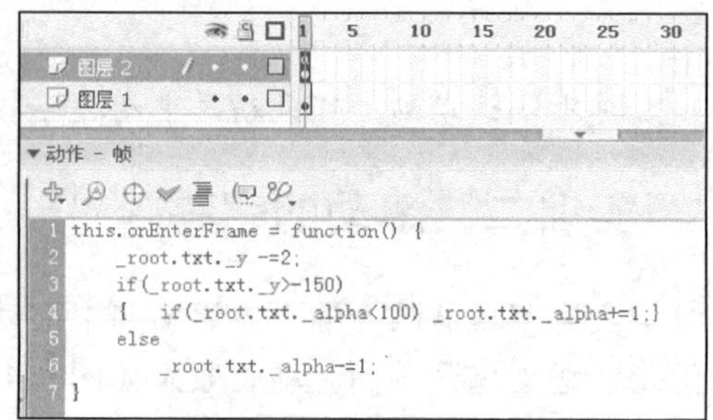

图9-46 函数可以使用的事件的列表

9. 测试动画。可以看到字幕向上滚动，并逐渐清晰；当完全显示后，又开始逐渐淡出画面。

项目小结

ActionScript 是 Flash 的精髓，是 Flash 动画精妙绝伦的根源，它的内容非常丰富，想在短时间内完全掌握是有难度的。但是一般动画常用的语句、函数并不多，也比较简单，通过认真学习和反复练习，大家都能够很好地掌握。

Flash 有许多动作语句和函数，全部熟记是很困难的，也是不必要的，因为 Flash 提供了丰富的在线帮助信息，供读者在使用时参考。从【帮助】菜单中选择【Flash 帮助】命令，会出现 Flash 的【帮助】面板，其中不仅有 Flash 常用功能的帮助，还有 ActionScript 的语言参考等。

思考与练习

一、填空题

1. ActionScript 程序一般由______、______和______组成。
2. ActionScript 是一种______大小写的语言。
3. 单行注释以______开头并持续到该行的末尾。
4. 在 Flash 8 中，运算符有很多种类，包括______、______、______、______、位运算符、赋值运算符等。

二、简答题

1. while 语句与 do...while 语句有什么区别？
2. 影片剪辑元件的实例，不对其命名能否进行动作控制？
3. 如何在动画播放过程中，使对象（按钮、影片剪辑等）不可见？
4. 如何观察当前变量的情况？
5. 在定义目标路径时，_root、_parent 和 this 有什么区别？

三、操作题

1. 设计一个表现蜜蜂在花丛中爬行的动画，蜜蜂向上爬行，但其位置是随机计算得到的。效果如图 9-47 所示。

图9-47　蜜蜂与花

2. 利用遮罩，设计一个随机跳动的圆形窗口，透过窗口，能够看到朦胧的花朵后面的运动器材的图像。效果如图 9-48 所示。

图9-48　跳动的圆形窗口

项目十

交互动画：五彩飞花

ActionScript 可以使 Flash 产生奇妙的动画效果，但是这并不是 ActionScript 的全部，它更重要的作用是使动画具有交互性。这种交互性提供了用户控制动画播放的手段，使用户由被动的观众变为主动的操作者，可以根据需要播放声音、操纵对象、获取信息等。正是这种交互性，使得 Flash 在动画设计上更加灵活方便，也使它能够实现其他动画设计工具所未能企及的功能。

本项目主要通过以下几个任务完成。

- 任务一　认识交互操作
- 任务二　控制动画播放
- 任务三　制作“五彩飞花”动画

学习目标

掌握交互式动画中基本的控制方法。
掌握交互式动画设计的基本思路和方法。
理解碰撞、连线、按键等常见操作函数。

任务一　认识交互操作

在前面章节中已经介绍过，ActionScript 语句的调用必须是在某种事件的触发下进行，如进入帧而执行帧动作语句等。在交互式动画中，这种事件一般是由用户的操作触发的。

在面向对象的程序设计中，对象的概念是比较宽泛的。而在 Flash 中，对象一般是指在动画中出现的实体，如按钮、影片剪辑、图形、文字等。所谓事件，实际上就是用户对这些对象的某种设定或交互。动画的帧只有一种事件，即被载入（播放）时，其中的动作脚本（如果有的话）就能够得到执行。相对而言，对象的事件就丰富了许多。

动作语句的调用必须是在某种事件的触发下进行，而且这种事件一般是由用户的操作触发的。这里所谓的事件，实际上就是用户对动画的某种设定或交互。动画帧只有一种事件，即被载入（播放）时，其中的动作脚本（如果有的话）就能够得到执行。相对而言，对象（按钮或影片剪辑）的事件就丰富了许多。

（一）侦测鼠标事件

【任务要求】

创建一个椭圆形的对象，使之能够对各种鼠标事件进行响应，对象的形状会发生变化，并在【输出】窗口中显示鼠标事件的名称。如图 10-1 所示。

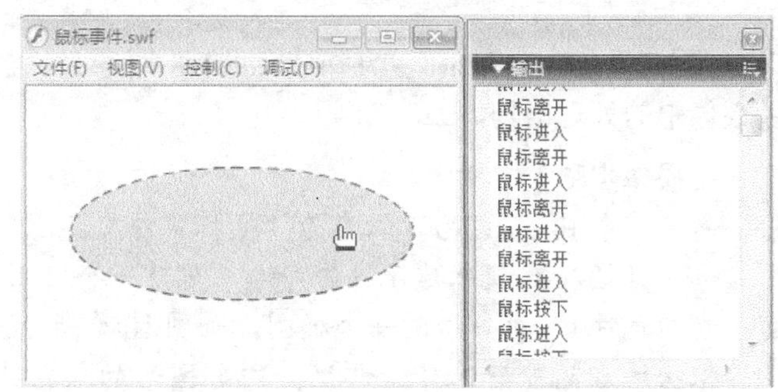

图10-1　鼠标事件

【基础知识】

对象一般都有 8 种鼠标事件，为了说明这些事件的含义，下面来演示一个 Flash 5 中附带的范例文件“mouse_events.swf”。读者可以从本书配套光盘中找到该文件。

播放该动画，会出现图 10-1 所示的画面。在水晶球左侧，罗列了对象的 8 种事件。

- 【PRESS】(按下)：对象被鼠标按下的事件。
- 【RELEASE】(弹起)：对象被按下后，弹起时的动作，即鼠标按键被松开时的事件。
- 【RELEASE OUTSIDE】(在对象外放开)：将对象按下后，移动光标到对象外面，然后松开鼠标按键的事件。
- 【ROLL OVER】(光标经过)：鼠标光标经过（移动到）目标对象上的事件。
- 【ROLL OUT】(光标离开)：鼠标光标进入目标对象，然后离开时的事件。
- 【DRAG OVER】(拖曳指向)：这是一个较为复杂的事件，它的实现包括下面 3 个步骤：首先，利用鼠标选中对象，并按住鼠标左键不放；然后，继续按住鼠标左键并拖动鼠标指针到对象之外；最后，将鼠标指针再拖回到对象之上。
- 【DRAG OUT】(拖曳离开)：鼠标单击目标对象后，按住鼠标左键不放，然后拖离对象的事件。
- 【KEY PRESS (P)】(键盘按下)：选中此项后，在右侧的输入框中定义一个键盘按键名称，则一旦键盘上此定义按键按下，事件发生。

这 8 种事件的说明文字本身就包含了对相应事件的响应，对它们进行相应的操作，在水晶球中就会出现相应的提示文字，说明某种事件发生了。例如，将鼠标移动到【ROLL OVER】文字对象上，水晶球中就会出现文字“ROLL OVER MOUSE EVENT WAS DETECTED”，说明鼠标指向的事件发生了，如图 10-2 所示。

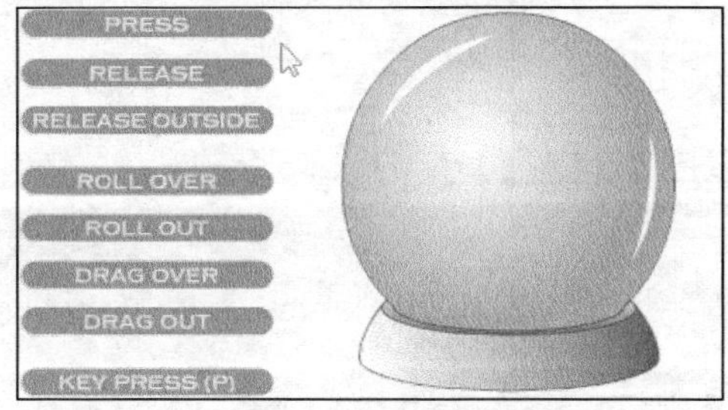

图10-2　按钮的 8 种事件

图10-3　鼠标指向事件的发生

对按钮的操作，要通过“on()”函数来处理。“on()”函数的用法如下：

```
on(mouseEvent) {
  statement(s)    //此处是处理语句
}
```

其中，“mouseEvent”就是前面讲的 8 种事件。当某事件发生时，“on()”函数就执行其函数体中的处理语句。

【操作步骤】

1. 新建一个 Flash 文档，保存为“鼠标事件.fla”文件。
2. 选择【插入】/【新建元件】命令，创建一个“影片剪辑”类型的元件“元件 1”。
3. 在“元件 1”中，绘制一个椭圆，如图 10-4 所示。椭圆的色彩、边框线的样式，都可以根据读者的爱好选择。这里，内部图形的颜色选择棕黄色，边框线选择粗细为 3 的虚线。
4. 返回到“场景 1”中，将“元件 1”拖入舞台，在【属性】面板中，设置实例名称为“mc”，如图 10-5 所示。

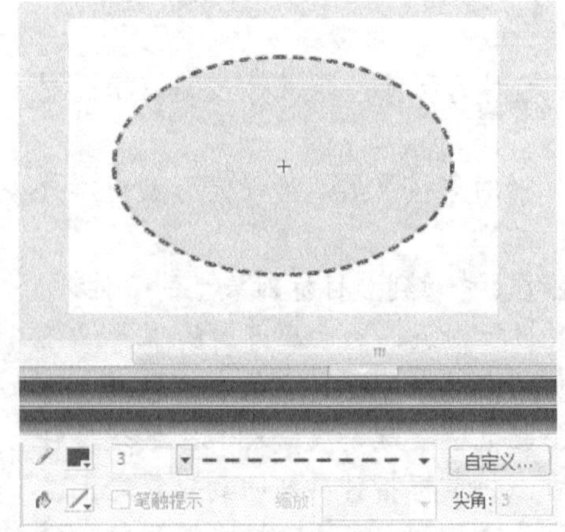

图10-4 绘制一个椭圆

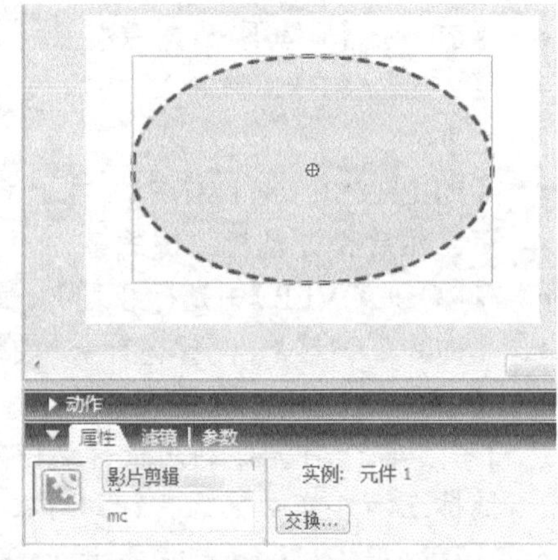

图10-5 设置实例名称为“mc”

5. 在【时间轴】面板选择第 1 帧，打开【动作】面板，输入动作脚本，如图 10-6 所示。

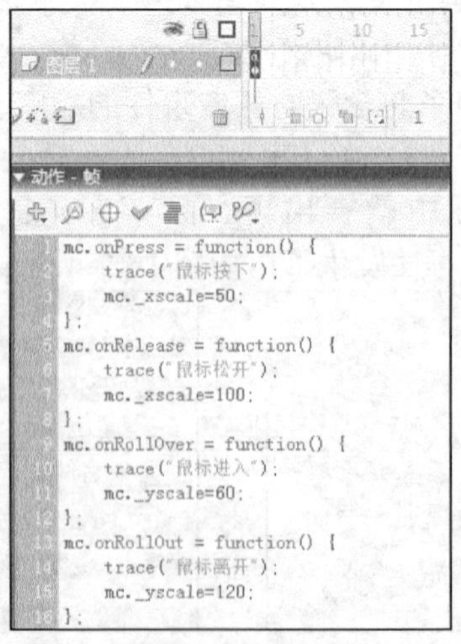

图10-6 输入代码后的脚本窗口

代码说明：

```
mc.onPress = function() {          //侦测是否在对象上有鼠标按下的操作
trace("鼠标按下");                  //在【输出】窗口中显示“鼠标按下”文字
mc._xscale=50;                     //设置对象在 x 方向的比例变化为 50%
};
mc.onRelease = function() {        //侦测是否在对象上有鼠标松开的操作
trace("鼠标松开");
mc._xscale=100;
};
mc.onRollOver = function() {       //侦测是否在对象上有鼠标进入的操作
trace("鼠标进入");
mc._yscale=60;                     //设置对象在 y 方向的比例变化为 60%
};
mc.onRollOut = function() {        //侦测是否在对象上有鼠标离开的操作
trace("鼠标离开");
mc._yscale=120;
};
```

6. 测试动画。可见，当鼠标在对象上进行各种操作时，相应的输出信息就会在【输出】窗口中显示出来。

通过这个动画，读者们能够更好地理解鼠标事件的含义。当然也可以根据需要在各个事件中添加更加丰富的处理方式，实现跳转、控制等各种功能。

（二） 交互按钮

按钮是交互式动画的最常用控制方式。Flash 中，按钮是作为一个元件来制作的。

【任务要求】

首先了解按钮的结构，然后自行设计一个简单的按钮，使其在弹起、指针经过、按下、点击等不同状态呈现不同的颜色和文字，如图 10-7 所示。

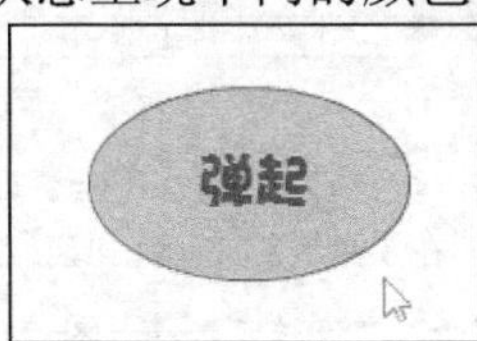

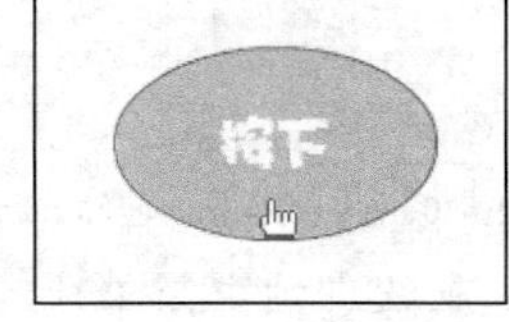

图10-7　自定义按钮

【基础知识】

在 Flash 8 提供的公用库中，有很多样式的按钮，任意打开一个，就可以看到按钮的结构、形态特点。

(1) 从系统菜单中选择【窗口】/【公用库】/【按钮】命令，打开公用按钮库，如图 10-8 所示。可见其中包含了许多系统自带的按钮和按钮素材。

(2) 选择“playback rounded”文件夹下的“rounded green play”和“rounded green stop”按钮，分别拖入到舞台。

(3) 双击舞台上的“rounded green play”按钮，打开其结构，如图 10-9 所示。

图10-8 公用按钮库

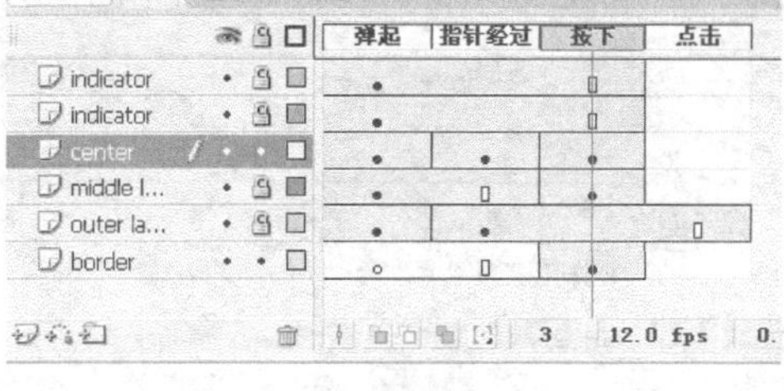

图10-9 多层的按钮结构

可以看到，Flash 8 的按钮有一个4帧的时间轴，分别表示按钮在【弹起】、【指针经过】、【按下】和【点击】状态下的外观。这说明，按钮实际上是一个可交互的影片剪辑，不过它的时间轴并不能直接播放，而要根据鼠标的操作跳转到相应的帧上。

说明：【点击】状态定义了操作按钮的有效区域，即可以对按钮进行操作的区域，它在动画中不显示。如果内容为空，则以按钮【弹起】状态下的图形区域为有效区域。

一般在设计按钮时，不需要设计如此多的图层。只需要在各个状态帧下添加适当的图形和文字就可以了。对于系统提供的按钮，我们也可以对各状态帧进行修改，添加文字、光环、按钮音效等，甚至也可以删除不需要的图层。

了解了按钮的结构，下面我们来设计本例要求的简单按钮。

【操作步骤】

1. 创建一个新的 Flash 文档。
2. 选择【插入】/【新建元件】命令，创建一个“按钮”类型的元件，如图 10-10 所示。
3. 【确定】后，就能够从时间轴上看到该按钮的 4 帧结构，如图 10-11 所示。

图10-10 按钮的 4 帧时间轴

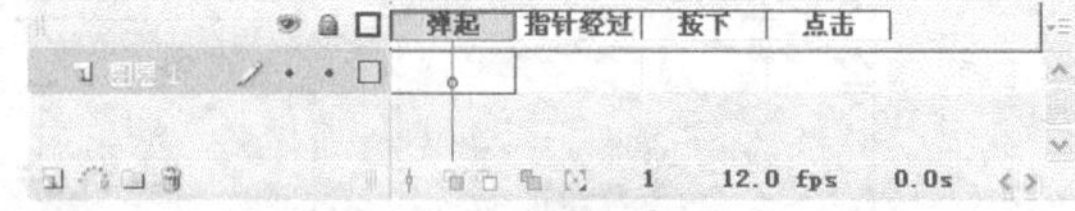

图10-11 在【弹起】状态帧中绘制椭圆

4. 在【弹起】状态帧中简单地绘制一个椭圆，然后绘制文字“弹起”，如图 10-12 所示。

图10-12 【弹起】状态帧

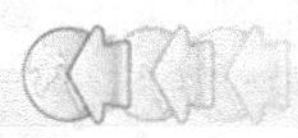

5. 在其他各状态帧分别按F6键，插入关键帧，分别修改各帧椭圆的颜色和文字内容，如图 10-13 所示。

图10-13　修改各帧内容

6. 返回到“场景 1”中，将我们制作的按钮元件拖入舞台。测试动画，可以看到当按钮处在不同的状态下时，表现出不同的外观和文字。

可见，按钮的结构很简单，但是它能够很好地响应用户的操作。读者可以根据需要设计自己的按钮，在各状态帧中添加文字、光环、声响等。

从按钮的操作过程可以看到，【点击】状态基本不会显示出来。因此，实际设计按钮时，一般不需要在【点击】状态帧建立什么内容。

任务二　播放控制

交互的概念不难理解，但是重点的是如何在 Flash 中实现这种交互。在 Flash 动画中，最常用的交互操作就是控制动画的播放和停止。利用按钮能够很方便地实现这个功能。不过，针对主时间轴动画和影片剪辑，其动画的播放控制语句也略微有所不同。

（一）　控制动画：飞鸟翩翩

这里所指的动画，是指主时间轴动画，也就是直接在动画的主时间轴上建立的补间动画或逐帧动画。利用 stop()语句和 play()语句可以直接控制这种动画。

【任务要求】

原野上，一只小鸟翩翩飞翔，时远时近。利用画面上的按钮，可以控制小鸟的飞翔，画面效果如图 10-14 所示。

图10-14　飞鸟翩翩

【操作步骤】

1. 创建一个新的 Flash 文档，保存为“飞鸟翩翩.fla”。
2. 修改“图层 1”的名称为“背景”。
3. 导入一幅图片“原野.jpg”到舞台，并设置舞台大小与图片大小相同，使图片能够完全覆盖舞台。
4. 选择第 60 帧，按下 F5 键，将动画延长到 60 帧，如图 10-15 所示。

图10-15 动画延长到 60 帧

5. 新建一个“影片剪辑”类型的元件“飞鸟”。
6. 在“飞鸟”的编辑状态下，将一个图像文件“鸟.gif”导入到舞台。这是一个表现小鸟飞翔的动态图像，如图 10-16 所示。

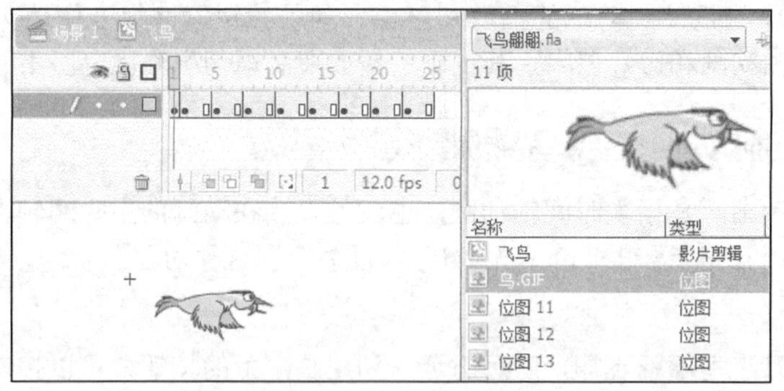

图10-16 将图像文件“鸟.gif”导入到舞台

7. 返回到“场景 1”中，在【时间轴】面板中，单击 按钮，添加一个新层，将图层名称修改为“飞鸟”。
8. 将元件“飞鸟”拖入到舞台中，放置在舞台左侧，创建一个“飞鸟”元件的实例对象，如图 10-17 所示。
9. 单击 按钮，为“飞鸟”层添加一个运动引导层，如图 10-18 所示。

图10-17　将元件“飞鸟”拖入到舞台

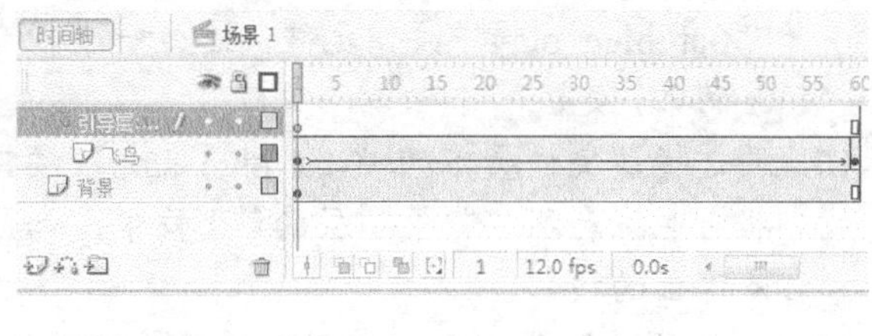

图10-18　为“飞鸟”层添加一个运动引导层

10. 选择运动引导层的第 1 帧，用工具绘制一条曲线。
11. 选择工具，则钢笔线条成为实线。若感觉曲线不够光滑，可以选择曲线，然后使用工具使曲线更加光滑，如图 10-19 所示。

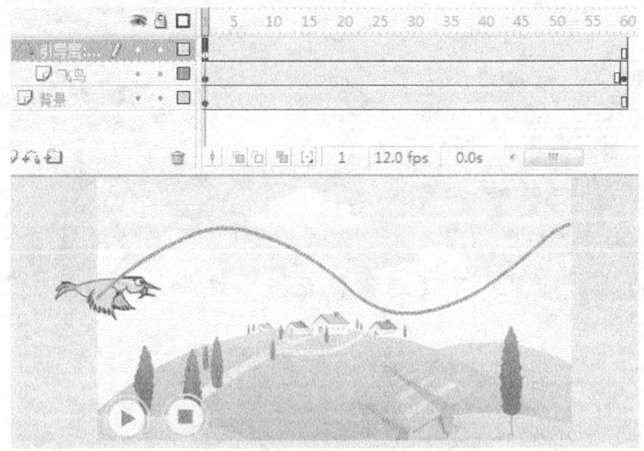

图10-19　绘制一条引导曲线

12. 选择“飞鸟”层的第 1 帧，拖动小鸟图片，将其吸附定位在曲线的起点。
13. 选择第 60 帧，按 F6 键，添加一个关键帧，然后将小鸟图片吸附定位在曲线的终点，如图 10-20 所示。

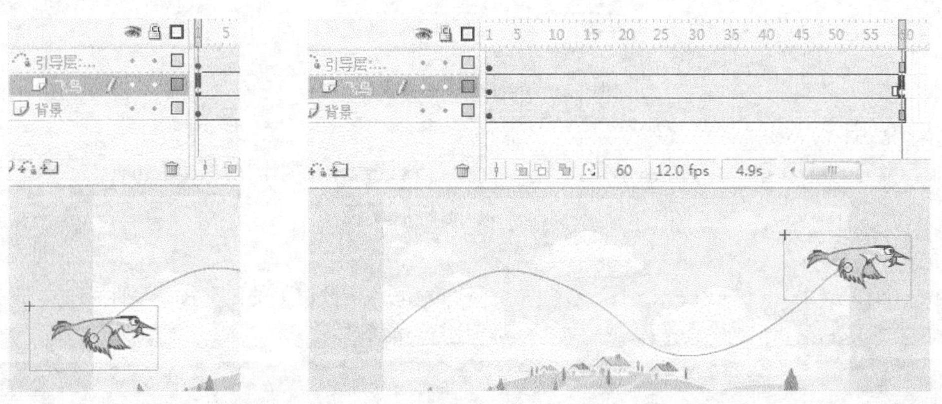

图10-20　将小鸟图片吸附在引导曲线上

14. 重新选择“飞鸟”层的第 1 帧，单击鼠标右键，从快捷菜单中选择“创建补间动画”命令，则一个小鸟飞翔的路径动画设计完成。测试动画，可以看到飞鸟沿着我们设置好的路径翩翩飞翔。

15. 下面要用按钮来控制小鸟的飞翔。打开公用按钮库，从“playback flat”文件夹中选择“flat blue play”按钮元件，这是一个带有播放标志的按钮元件。将它拖动到“背景”层的第1帧中。
16. 再选择该文件夹下的“flat blue stop”按钮元件，这是一个带有停止标志的按钮元件，将它也拖动到“背景”层的第1帧中，如图 10-21 所示，这样建立了两个用于控制播放和停止的按钮。
17. 在【属性】面板中，分别定义两个按钮的名称为“playBtn”和“stopBtn”，如图 10-22 所示。

图10-21 添加控制按钮

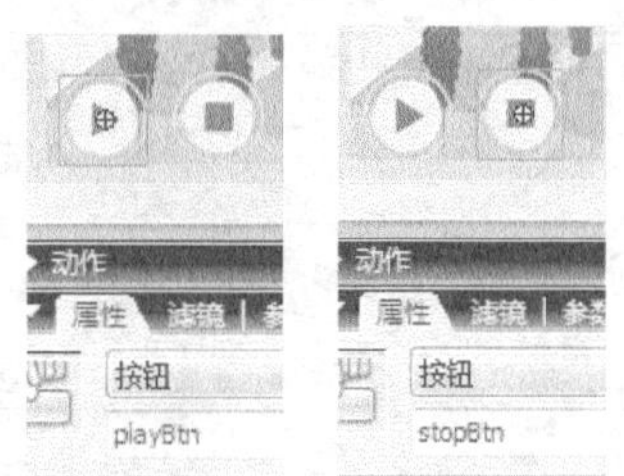

图10-22 定义两个按钮的名称

18. 选择“背景”层的第 1 帧，打开【动作】面板。在脚本窗口输入控制动画播放的代码，如图 10-23 所示。

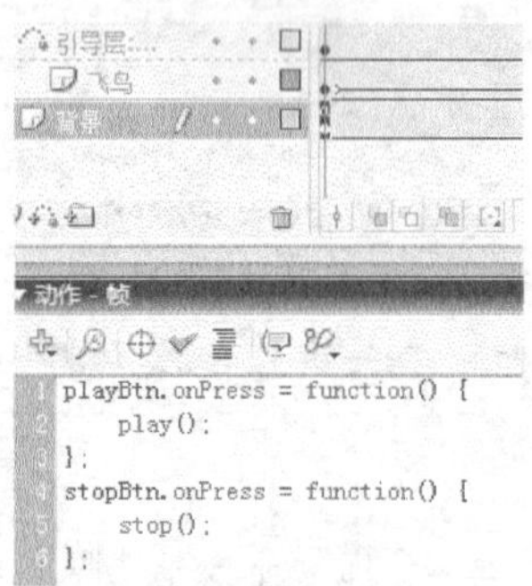

图10-23 输入控制动画播放的代码

代码说明：

```
playBtn.onPress = function() {         //检测播放按钮上的鼠标按下事件
        play();                        //播放动画
};
stopBtn.onPress = function() {         //检测停止按钮上的鼠标按下事件
        stop();                        //停止动画
};
```

19. 测试动画，可见小鸟翩翩飞翔。单击■按钮，则小鸟就会停止在空中；再单击▶按钮，则小鸟继续飞翔。
20. 保存文件。

（二） 控制元件：隐形的翅膀

在上面的例子中，单击 按钮，小鸟会停止飞翔，但仍然不停地挥动翅膀。可见，在主时间轴上使用 play()语句和 stop()语句可以控制主时间轴上动画的播放和暂停，但是无法控制舞台上引用的影片剪辑元件的实例。那么，该如何控制这种元件实例的播放呢？这就需要对其单独进行控制了。

【任务要求】

在前面例子的基础上进行修改，以使控制按钮能够对小鸟翅膀的挥动也实现控制。

【操作步骤】

1. 将上例另存为“隐形翅膀.fla”。
2. 在“飞鸟”图层的第 1 帧，选中实例图片，定义实例名称为“bird”，如图 10-24 所示。
3. 选择“背景”层第 1 帧，然后打开【动作】面板，在脚本窗口中增加一条代码，如图 10-25 所示。其作用是使对象“bird”停止播放。

图10-24　定义左侧实例名称

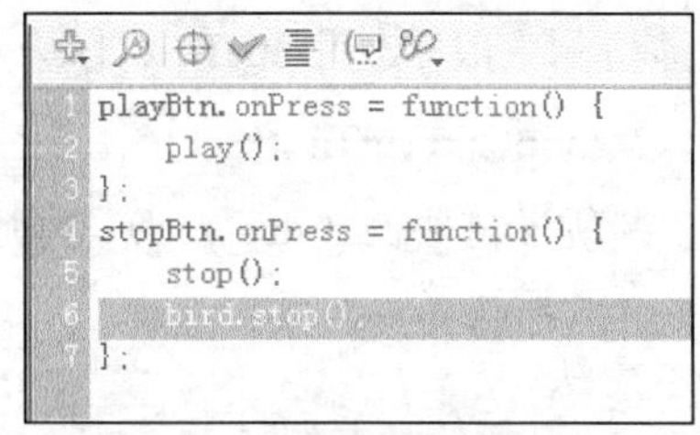

图10-25　控制对象“bird”停止

4. 测试动画，单击 按钮，你会发现小鸟不仅停止了向前飞翔，其翅膀的挥动也停止了。单击 按钮，小鸟开始向前飞翔，但是其翅膀仍然不动。这说明对影片剪辑元件实例的控制需要专门指出其名称。
5. 在脚本窗口中再增加一条代码，如图 10-26 所示，用以控制元件开始播放。

如果读者搞不清楚该如何选择对象（特别是在对象多层嵌套的情况下），可以利用 （插入目标路径）按钮来帮忙。如图 10-27 所示。

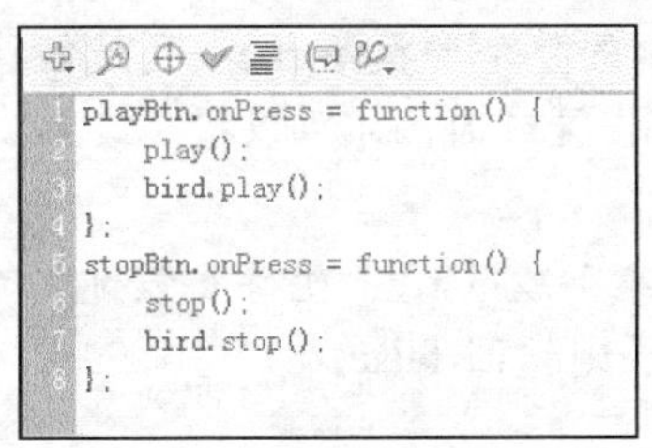

图10-26　使对象开始播放

图10-27　使用【插入目标路径】按钮

（三） 碰撞检测：吃不到的草莓

【任务要求】

一个不停开合的大嘴巴想要吃草莓。利用键盘上的 4 个方向键控制大嘴巴的运动和转向，但是每当大嘴巴刚碰到草莓时，草莓就会跑到另外一个随机位置。大嘴巴总也吃不到草莓。当大嘴巴从一侧边界越界后，就会从另一个边界进入。画面如图 10-28 所示。

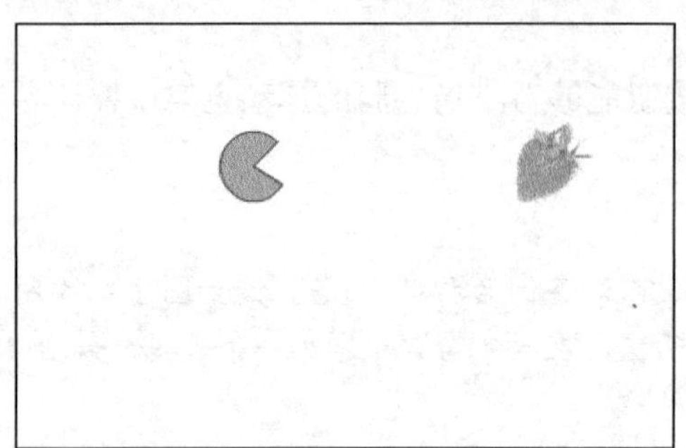

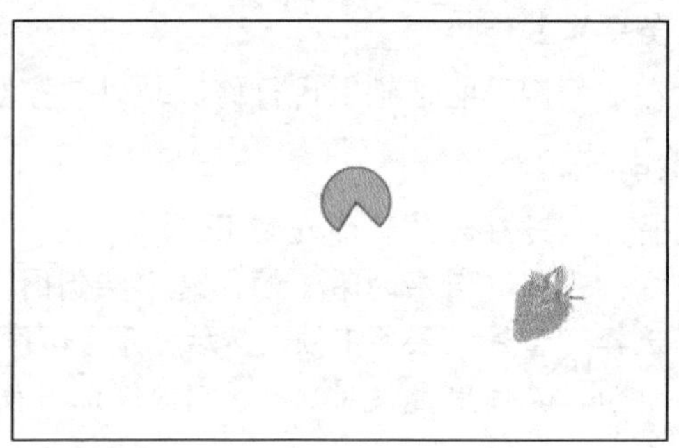

图10-28 吃不到的草莓

【基本知识】

碰撞检测一般是使用 hitTest 方法来实现的。

1. MovieClip.hitTest()

判断当前实例（my_mc）与由 target 或 *X* 和 *Y* 坐标参数所标识的点击区域是否重叠或交叉。

基本用法：

```
my_mc.hitTest(x, y, shapeFlag)
my_mc.hitTest(target)
```

参数：

- *X* 舞台上点击区域的 *X* 坐标。
- *Y* 舞台上点击区域的 *Y* 坐标。
- *X* 和 *Y* 坐标都在全局坐标空间中定义。
- target：由 my_mc 指定的实例交叉或重叠的点击区域的目标路径。target 参数通常表示一个按钮或文本输入字段。
- shapeFlag：一个布尔值，指定是计算指定实例的整个形状（true）还是仅计算边框（false）。只有当用 *X* 和 *Y* 坐标参数标识点击区域时，才可以指定该参数。

返回值：

计算影片剪辑，以确认其是否与由 target（对象）或（*x*,*y*）坐标参数标识的区域发生重叠或相交。如果重叠，就返回 true，否则返回 false。

2. Key 类

使用 Key 类的方法可生成用户能够通过标准键盘控制的界面。Key 类的属性是常量，表示控制游戏时最经常使用的键。

- Key.RIGHT、Key.LEFT、Key.UP、Key.DOWN

属性，判断键盘上的右、左、上、下方向键是否按下。是则为 true，否则为 false。

- Key.isDown(keycode)

方法，如果按 keycode 中指定的键，则返回 true。否则返回 false。

例如，以下脚本使用户可以控制影片剪辑的位置。

```
onClipEvent (enterFrame) {
  if(Key.isDown(Key.RIGHT)) {
    this._x=_x+10;
  } else if (Key.isDown(Key.DOWN)) {
    this._y=_y+10;
  }
}
```

【设计思路】

- 设计一个不停开闭的大嘴巴元件。
- 随机设置草莓对象的位置。
- 定义大嘴巴的运动速度。
- 利用方向键控制大嘴巴对象的位置和旋转。
- 判断两个对象是否碰撞，是就为草莓对象设置一个新的位置。

【设计步骤】

1. 创建一个 Flash 文档。
2. 然后创建一个“影片剪辑”类型的元件“草莓”，然后导入一幅包含草莓的图片，如图 10-29 所示。

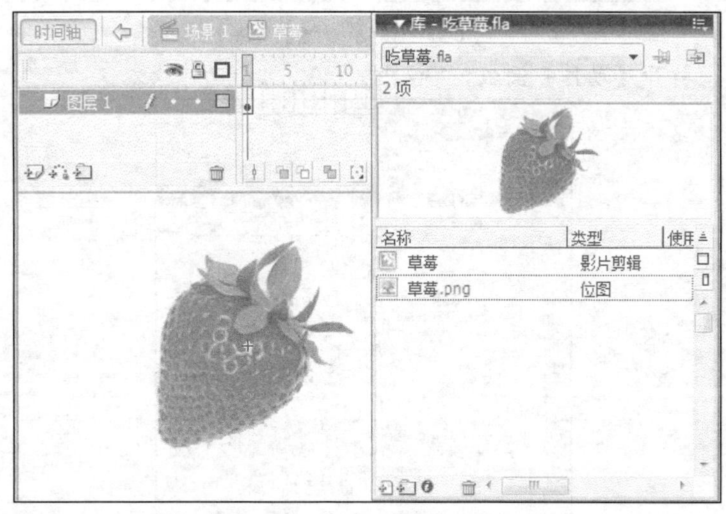

图10-29　创建元件“草莓”

3. 再创建一个“影片剪辑”类型的元件，命名为“大嘴”。
4. 制作一个共包含 4 帧的逐帧动画，实现大嘴巴由开渐合，如图 10-30 所示。

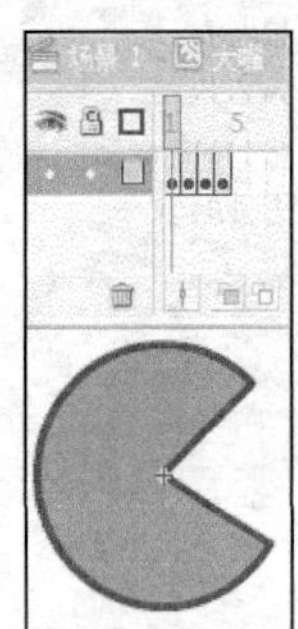
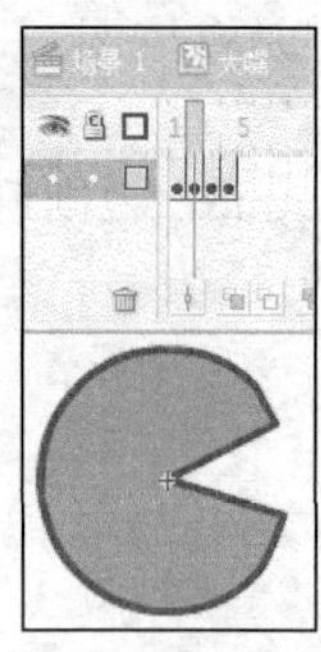
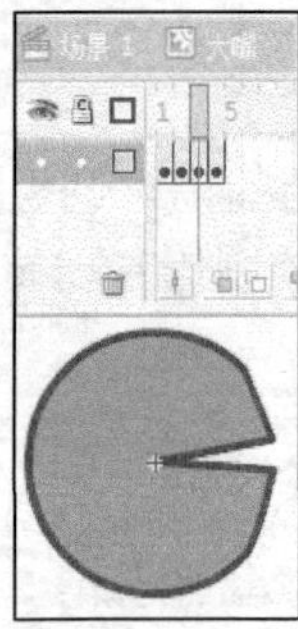
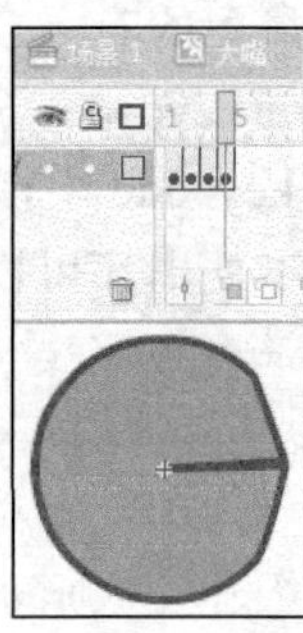

图10-30　设计制作大嘴巴

5.　将两个元件分别拖放到【场景 1】第 1 帧的舞台上，适当调整各个元件实例的大小，使其符合动画画面的要求。

6.　定义"大嘴"对象的实例名称为"bigmouth"，"草莓"对象的实例名称为"ball"，如图 10-31 所示。

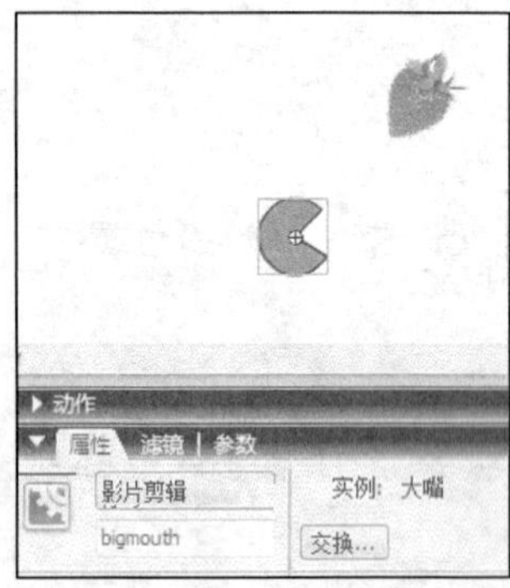

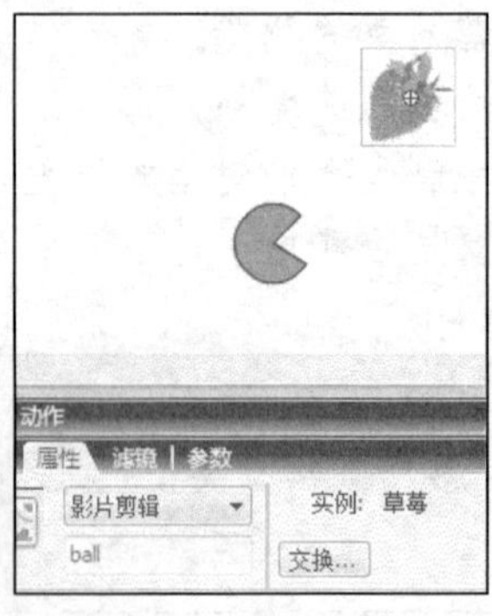

图10-31　定义两个对象的名称

7.　选择第 1 帧，打开【动作】面板，输入图 10-32 所示动作脚本。

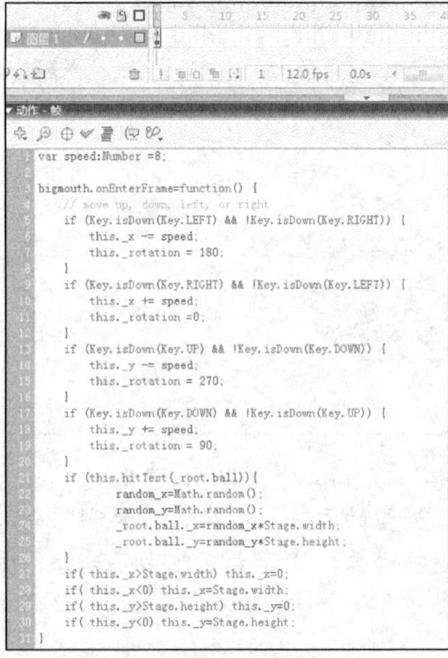

图10-32　输入动作脚本

代码说明：

```
var speed:Number =8;                              //用一个变量，定义对象运动速度

bigmouth.onEnterFrame=function() {
    if (Key.isDown(Key.LEFT) && !Key.isDown(Key.RIGHT)) {   //左方向键
    this._x -= speed;                             //对象的 x 坐标减小
    this._rotation = 180;                         //对象旋转 180°，大嘴巴向左
}
if (Key.isDown(Key.RIGHT) && !Key.isDown(Key.LEFT)) {   //右方向键
    this._x += speed;                         //对象的 x 坐标增大
    this._rotation =0;                        //对象旋转 0°，大嘴巴向右
}
if (Key.isDown(Key.UP) && !Key.isDown(Key.DOWN)) {    //上方向键
    this._y -= speed;                         //对象的 y 坐标减小
    this._rotation = 270;                     //对象旋转 270°，大嘴巴向上
}
if (Key.isDown(Key.DOWN) && !Key.isDown(Key.UP)) {    //下方向键
    this._y += speed;                         //对象的 y 坐标减小
    this._rotation = 90;                      //对象旋转 90°，大嘴巴向下
}
if (this.hitTest(_root.ball)){                //判断是否与 ball 对象碰撞
    random_x=Math.random();                   //定义随机值
    random_y=Math.random();
    _root.ball._x=random_x*Stage.width;          //定义 ball 对象的位置
    _root.ball._y=random_y*Stage.height;
}
if( this._x>Stage.width) this._x=0;              //对超出边界情况进行处理
if( this._x<0) this._x=Stage.width;
if( this._y>Stage.height) this._y=0;
if( this._y<0) this._y=Stage.height;
}
```

说明：if语句使用的条件是并列条件，如“左键按下并且右键没有按下”等，这样定义的目的是避免左右键同时按下。另外，Stage.width、Stage.height 是系统函数，分别记录了舞台的宽度和高度。

8. 不需要其他设置了。测试动画，就能够得到需要的动画效果了。

（四） 脚本绘图：网络你我他

【任务要求】

画面上有“网”、“络”、“你”、“我”、“他”几个字，每个字都可以拖动，而字之间的连

线也会随之改变，但仍然保持连接。如图 10-33 所示。

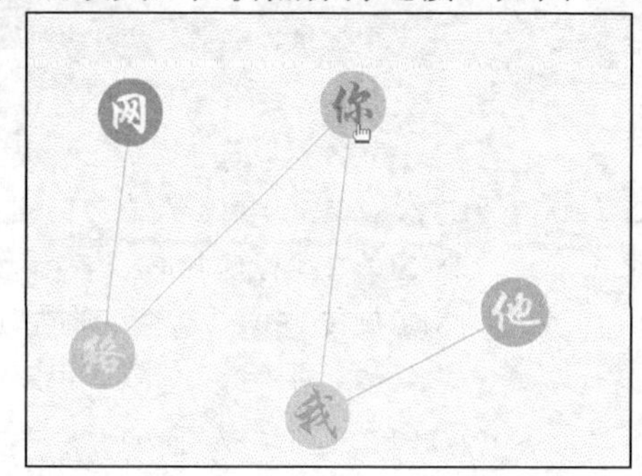

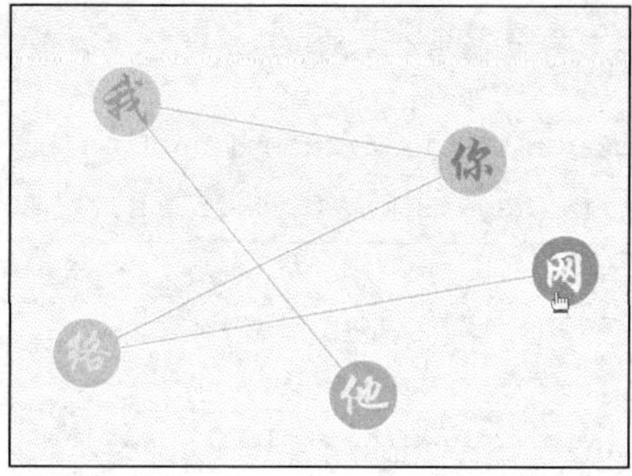

图10-33 网络你我他

【基础知识】

1. lineStyle 方法

用法：lineStyle(thickness, rgb, alpha)

功能：指定 Flash 用于后续 lineTo()和 curveTo()方法调用的线条样式，在以不同参数调用 lineStyle()方法之前，线条样式不会改变。可以在绘制路径的中间调用 lineStyle()以为路径中的不同线段指定不同的样式。

参数：

- thickness，整数，以磅为单位指示线条的粗细；有效值为 0～255。如果未指定数值，或者该参数为 undefined，则不绘制线条。
- rgb，线条的十六进制颜色值（例如，红色为 0xFF0000，蓝色为 0x0000FF，等等）。如果未指示值，则 Flash 使用 0x000000（黑色）。
- alpha，整数，指示线条颜色的 Alpha 值；有效值为 0～100。如果未指示值，则 Flash 使用 100（纯色）。

2. moveTo 方法

用法：moveTo(*X*, *Y*)

功能：将当前绘画位置移动到 (*X*, *Y*)。如果缺少任何一个参数，则此方法将失败，并且当前绘画位置不改变。

参数：

- *X*，整数，指示相对于父级影片剪辑注册点的水平位置。
- *Y*，整数，指示相对于父级影片剪辑注册点的垂直位置。

3. lineTo 方法

用法：lineTo(*X*, *Y*)

功能：使用当前线条样式绘制一条从当前绘画位置到 (*X*, *Y*) 的线条；当前绘画位置随后会设置为(*X*, *Y*)。如果在对 moveTo()进行任何调用之前调用了 lineTo()，则当前绘画位置默认为 (0, 0)。如果缺少任何一个参数，则此方法将失败，并且当前绘画位置不改变。

4. clear 方法

用法：clear()

功能：删除使用影片剪辑绘画方法（包括用lineStyle 指定的线条样式）在运行时创建的

所有图形。用 Flash 绘画工具手动绘制的形状和线条不受影响。

5. updateAfterEvent 函数

用法：updateAfterEvent()

功能：更新舞台上的内容显示（与为影片设置的每秒帧数无关）。

6. 自定义函数 function

当我们需要一组语句来完成特定任务时，就可以利用 function 来定义一个函数。定义函数时，还可以为其指定参数。参数是函数要对其进行操作的值的占位符。每次调用函数时，可以向其传递不同的参数。

基本用法：

```
function functionname ([parameter0, parameter1,...parameterN]){
  statement(s)
}
```

参数说明：

- functionname：新函数的名称。
- parameter：一个标识符，表示要传递给函数的参数。这些参数是可选的。
- statement(s)为function的函数体定义的任何动作脚本指令。在函数的 statement(s) 中使用 return 动作可使函数返回或生成一个值。

下面的示例定义函数 sqr，该函数接受一个参数并返回该参数的 square(x*x)。

```
y=sqr(3);                // y=9
function sqr(x) {
  return x*x;
}
```

【设计思路】

- 创建“影片剪辑”类型的元件，绘制文字和圆形。
- 定义鼠标按下可以拖动对象，鼠标释放后停止拖动。
- 自定义一个函数，在几个文字对象之间连线。

【设计步骤】

1. 设置场景的背景色为浅蓝色。
2. 创建“影片剪辑”类型的元件，在元件中绘制不同色彩的圆形和文字。如图 10-34 所示。

图10-34　创建“影片剪辑”类型的元件

3. 将元件拖动到舞台上，并分别为各个实例命名，如图 10-35 所示。

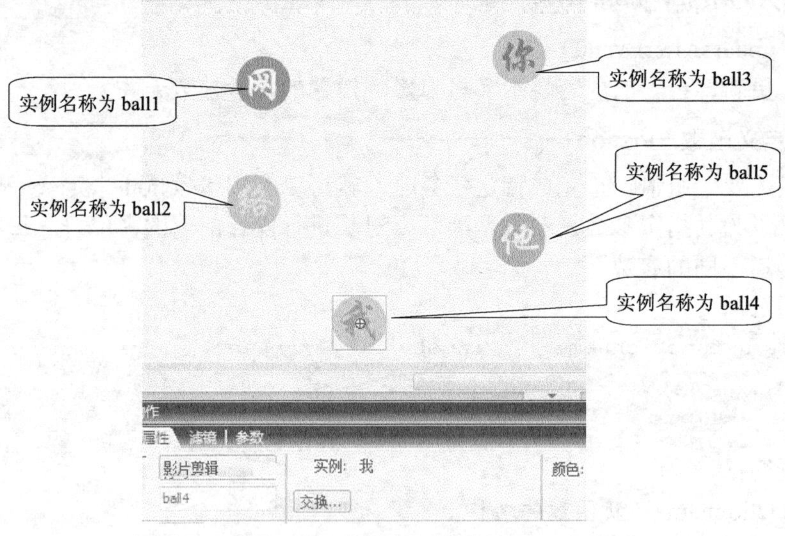

图10-35 为各实例对象命名

4. 选择第 1 帧，在【动作】窗口输入如图 10-36 所示动作脚本，定义实例对象 ball1 具有如下方法：鼠标按下，可以被拖动。鼠标释放，停止拖动。
5. 同理，为其他几个实例对象定义这两个方法。
6. 创建一个自定义函数 Line()，如图 10-37 所示。

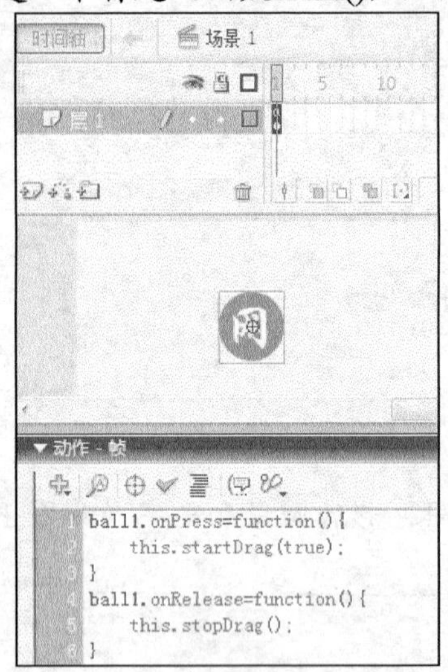

图10-36 为实例对象 ball1 自定义方法

```
function Line() {
        clear();
        lineStyle(1, 0x6666cc, 100);
        moveTo(ball1._x, ball1._y);
        lineTo(ball2._x, ball2._y);
        lineTo(ball3._x, ball3._y);
        lineTo(ball4._x, ball4._y);
        lineTo(ball5._x, ball5._y);
}
```

图10-37 创建自定义函数 Line()

代码说明：

```
function Line() {                          //自定义函数
    clear();                               //清除当前已有的线条
   lineStyle(1, 0x6666cc, 100);            //设置线条样式
   moveTo(ball1._x, ball1._y);             //将绘图起始点移动到 ball1 上
   lineTo(ball2._x, ball2._y);             //绘制一条从 ball1 到 ball2 的线条
```

```
    lineTo(ball3._x, ball3._y);          //绘制一条从ball2到ball3的线条
    lineTo(ball4._x, ball4._y);          //绘制一条从ball3到ball4的线条
    lineTo(ball5._x, ball5._y);          //绘制一条从ball4到ball5的线条
}
```

7. 再为当前场景上的鼠标移动事件定义一个函数，如图 10-38 所示。首先调用 Line()函数绘制连线，然后用 updateAfterEvent()函数对动画画面更新显示。

```
onMouseMove = function() {
    Line();
    updateAfterEvent();
};
```

图10-38　为当前场景上的鼠标移动事件定义函数

代码说明：

```
onMouseMove = function() {          //当鼠标移动时执行此函数
    Line();                         //调用函数绘制连线
    updateAfterEvent();             //更新画面内容
};
```

8. 测试动画，可见每个字都可以被拖动，而字之间的连线也会随之改变，但仍然保持连接。

任务三　制作“五彩飞花”动画

【任务要求】

蓝天白云，童话家园，一只白鸽在飞翔。每次单击鼠标，就会有一个花朵从白鸽位置飞出，仿佛美的精灵，随机摇摆着飘落。动画效果如图 10-39 所示。

图10-39　五彩飞花

（一）制作花朵元件

1. 创建一个新的 Flash 文档，保存文档名称为“五彩飞花.fla”。
2. 将名为“花 1.jpg”的图片导入到库。这是一个位图格式的鲜花图像。

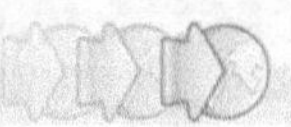

3. 创建一个名称为“花朵”的“影片剪辑”类型的元件。
4. 从库中将“花 1.jpg”图片拖入到“花朵”第 1 帧的舞台上，如图 10-40 所示。
5. 选择舞台上的图片对象，然后单击鼠标右键在弹出的快捷菜单中选择“分离”命令，如图 10-41 所示。这样位图图像就被分离为舞台上连续的像素点。

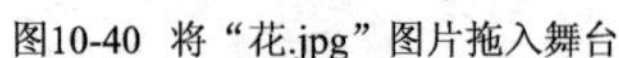

图10-40 将“花.jpg”图片拖入舞台

图10-41 选择“分离”命令

6. 选择【套索】工具，再在选项区选择“魔术棒设置”按钮，打开一个对话框，设置魔术棒的“阈值”为 20，如图 10-42 所示。
7. 确定后，选择“魔术棒”工具，然后在舞台上的空白区域（没有花的位置）单击鼠标，则此时所有底色像素点都被选择了。
8. 按 Delete 键，可见底色像素点基本都被删除了，得到了一个单纯的花朵。为了使操作效果更便于观察，请将舞台背景设置为灰色，如图 10-43 所示。

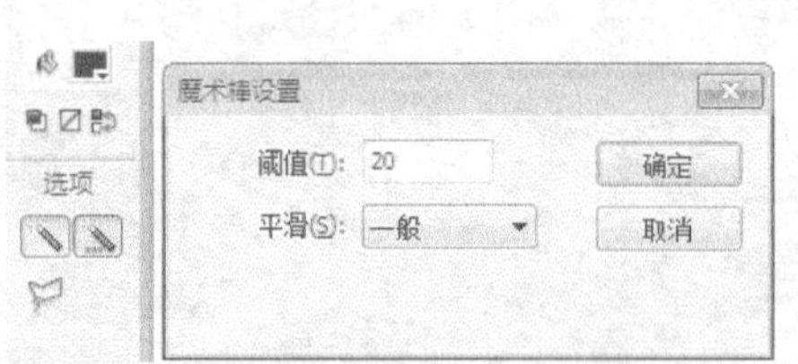

图10-42 选择底色像素点

图10-43 底色像素点基本都被删除

9. 使用【工具】面板中的【选择】工具、【橡皮擦】工具等，将残余底色清除。
10. 利用【对齐】面板，将花朵与舞台中心对齐。若花朵太大，可以适当缩小。
11. 同理，选择第 2、3、4 帧，按下 F6 键，分别添加关键帧，导入不同的花朵，并进行清除底色的操作，以便得到一个个单纯的花朵，如图 10-44 所示。注意各帧的花朵颜色、形态都是不同的。

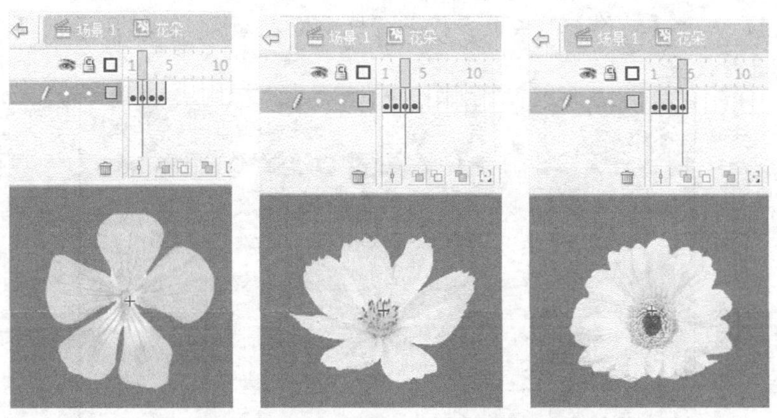

图10-44　为各帧添加不同的花朵

12. 打开【动作】面板，为各帧都添加一个“stop()”语句，如图10-45 所示。这样做的目的是使各帧不会连续播放，以便后面随机选择花朵。

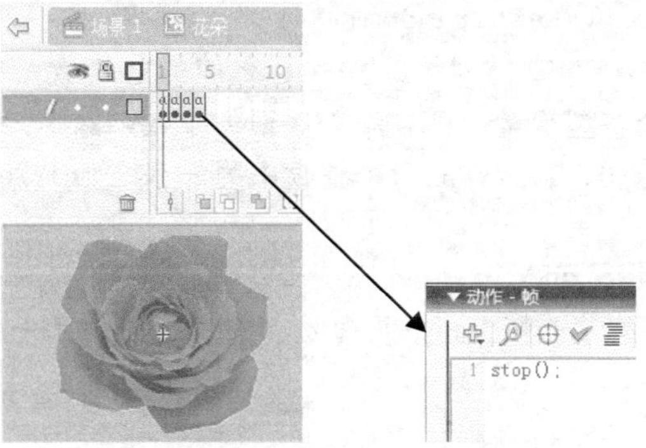

图10-45　为各帧添加语句

至此，花朵元件制作完成。

（二）制作“飘动”元件

1. 新建一个“影片剪辑”类型的元件“飘动”。
2. 选择第 1 帧，将“花朵”元件拖入到舞台，打开【对齐】面板，使其与舞台中心对齐。
3. 打开【变形】面板，将实例大小调整到 30%。
4. 在【属性】面板中，定义实例名称为“leaf”，如图 10-46 所示。

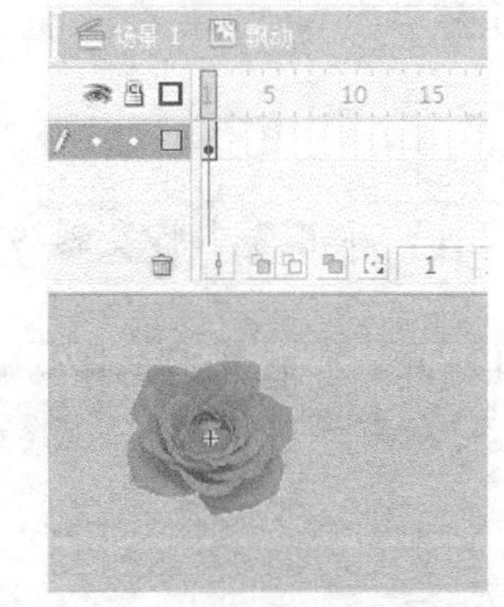

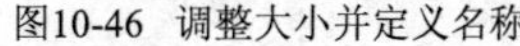
图10-46　调整大小并定义名称

5. 选择第1帧，打开【动作】面板，在代码窗口中输入如图 10-47 所示代码，对“leaf”对象的位置进行设置。

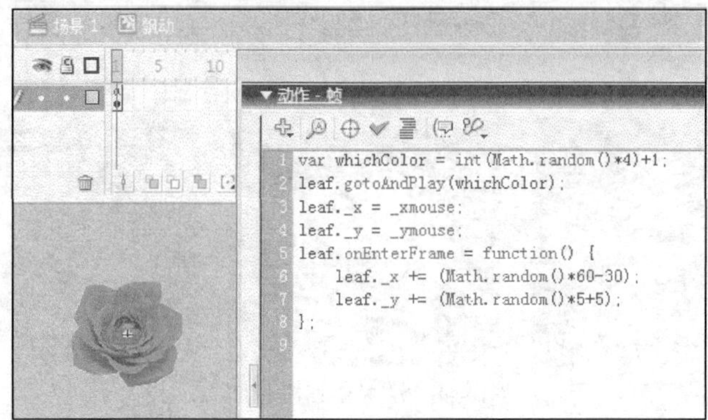

图10-47 对“leaf”对象的位置进行设置

代码分析：

```
var whichColor = int(Math.random()*4)+1;
```

“Math.random() * 4”得到的是 0~4 之间的随机数，是包括小数的随机实数。将其赋值给一个整型变量，则自动将后面的小数删除，只保留前面的整数。所以得到的值就只能是 0、1、2、3 四个整数中的一个。加 1 以后，就能够得到 1~4 之间的整数。

```
leaf.gotoAndPlay(whichColor);
```

跳转到实例 leaf 的某一帧上，从而每次都能够随机显示一种花朵。

```
leaf._x = _xmouse;
leaf._y = _ymouse;
```

设置实例 leaf 的初始位置为鼠标当前位置。

```
leaf.onEnterFrame = function() {
```

设置当实例 leaf 出现，就反复调用下面的函数来计算。

```
leaf._x += (Math.random()*60-30);
```

定义 leaf 对象的 *X* 坐标每次在原值的基础上，增加一个–30～30 之间的随机值。这样，leaf 对象就会产生一个左右摇摆的随机动作。

```
leaf._y += (Math.random()*5+5);
```

定义 leaf 对象的 *Y* 坐标每次在原值的基础上，增加一个 5～10 之间的随机值。这样，leaf 对象就会不断向下移动。

（三）完成作品

1. 打开“五彩飞花（素材）.fla”文件，从其库中将复制两个元件，这是我们在自己的作品中要用到的两个素菜。
2. 在当前作品“五彩飞花.fla”文件的库中，将两个元件粘贴进来，如图 10-48 所示。
3. 选择第 1 帧，将元件“家园”拖入到舞台上，作为动画的背景；调整大小使其与舞台基本相符，并与舞台中心对齐。

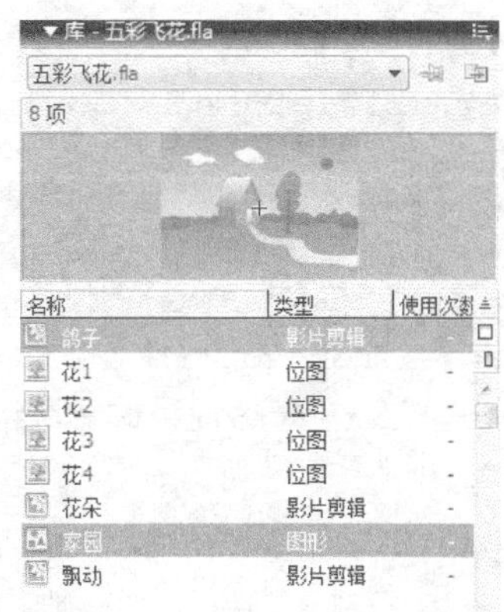

图10-48　复制素菜元件

4. 再将元件“鸽子”、“飘动”分别拖入舞台，设置实例名称分别为“bird”、“flower”，如图 10-49 所示。

图10-49　将元件拖入舞台并设置实例名称

5. 选择第 1 帧，打开【动作】面板，在脚本窗口输入如图10-50 所示代码，用以复制花朵对象并定义其位置。

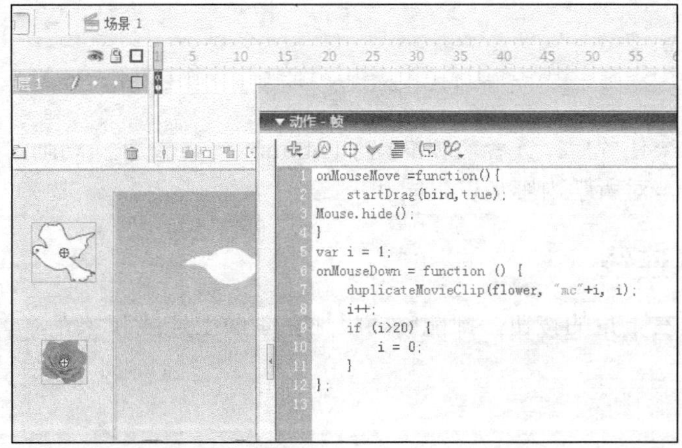

图10-50　创建新的 flower 对象

代码说明：

```
onMouseMove =function(){                    //当鼠标移动时，执行函数内容
    startDrag(bird,true);                   //拖动 bird 对象，且对象中心锁定在光标上
    Mouse.hide();                           //隐藏光标
}
var i = 1;                                  //定义一个变量，用于控制复制对象的总数
onMouseDown = function () {                 //响应鼠标按下事件
    duplicateMovieClip(flower, "mc"+i, i);        //复制 flower 对象
    i++;                                    //变量加 1
    if (i>20) {                             //如果复制对象超过 20 个，就循环复制
        i = 0;
    }
};
```

【函数说明】

duplicateMovieClip 函数用于在 SWF 文件播放时，创建一个影片剪辑的实例。其用法为：

```
duplicateMovieClip(target, newname, depth)
```

其中target是要复制的影片剪辑的名称，newname 是要产生的新的对象的名称，depth 是新对象的深度级别。

深度级别是所复制的影片剪辑的堆叠顺序。这种堆叠顺序很像时间轴中图层的堆叠顺序；较低深度级别的影片剪辑隐藏在较高堆叠顺序的剪辑之下。必须为每个所复制的影片剪辑分配一个唯一的深度级别，以防止它替换已有深度上的实例。

由于花朵都是影片剪辑类型的元件的实例，所以即使主时间轴停止，影片剪辑仍然会在其自身时间轴的控制下动作，从而使花朵不断地产生和消失。

6. 测试动画，可见白鸽随着鼠标移动，在任何位置单击鼠标，一朵朵的小花就会在鼠标位置出现，然后慢慢飘落下来。

项目实训

完成项目的各个任务后，读者初步掌握了 ActionScript 交互式动画的概念和设计方法，下面进行实训练习，对所学内容加以巩固和提高。

实训　随机连线

每次单击画面右下角的按钮，都能够随机地在画面上连线和填充，画面效果如图 10-51 所示。

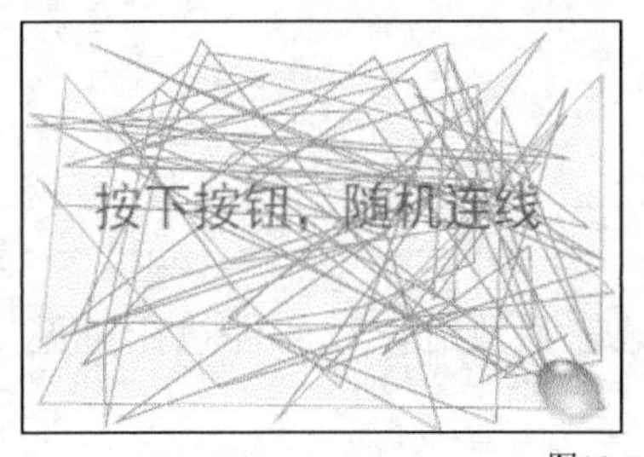

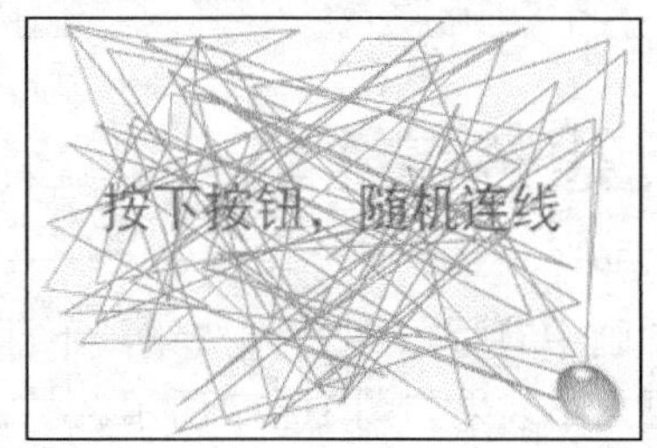

图10-51　随机连线

【操作提示】

1. 从按钮库中找一个按钮，拖入到舞台上，命名为“reset”。
2. 利用文本工具在舞台上输入提示文字。
3. 选择第 1 帧，打开动作脚本窗口，输入图 10-52 所示内容。

```
reset.onPress = function() {
    clear();
    lineStyle(1, 0xFF0000, 100);
    beginFill(0xFFFF00, 50);
    moveTo(50, 50);
    for (i=1; i<100; i++) {
        x = Math.random()*Stage.width;
        y = Math.random()*Stage.height;
        lineTo(x, y);
    }
};
```

图10-52　利用动作脚本对 ball 对象进行操作和判断

代码简要说明。

- 清除画面的连线。
- 设置线条样式和填充样式。
- 将绘图起始位置移动到坐标点（50,50）。
- 利用 for 循环绘制 100 条随机线。

4. 不需要对其他实例对象进行调整和编写代码。测试动画，可见已经实现随机连线的动画效果。

项目小结

本项目介绍了交互式动画的制作方法。交互式动画是指在播放动画作品时支持事件响应和交互功能的一种动画，也就是说，动画播放时可以接受用户控制，而不是像普通动画一样从头播放到尾。这种交互性提供了用户控制动画播放的手段，使用户由被动的观众变为主动的操作者，可以根据自己的需要播放声音、操纵对象、获取信息等。

交互是 Flash 动画的核心，是其区别于其他动画作品的独有特点。所谓交互，就是由用户利用各种方式，如按钮、菜单、按键及文字输入等，来控制和影响程序的运行。交互的目的就是使计算机与用户进行对话（操作），其中每一方都能对另一方的指示做出反应，使计算机程序（动画也是一种程序）在用户可理解、可控制的情况下顺利运行。

思考与练习

1. 在动画中有播放和暂停按钮，下面设计在播放时，仅暂停按钮可见；在停止时，仅播放按钮可见。效果如图 10-53 所示。

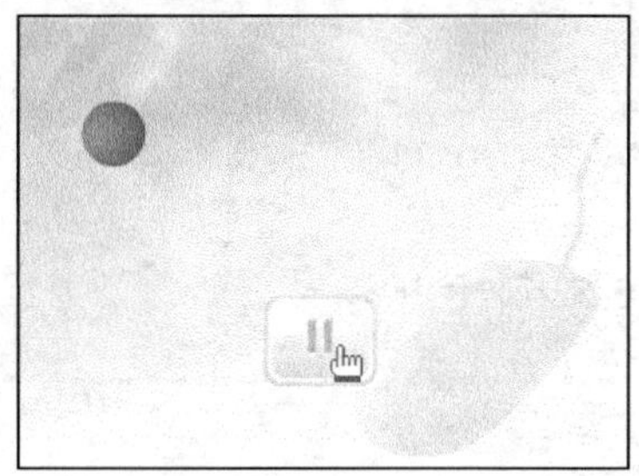

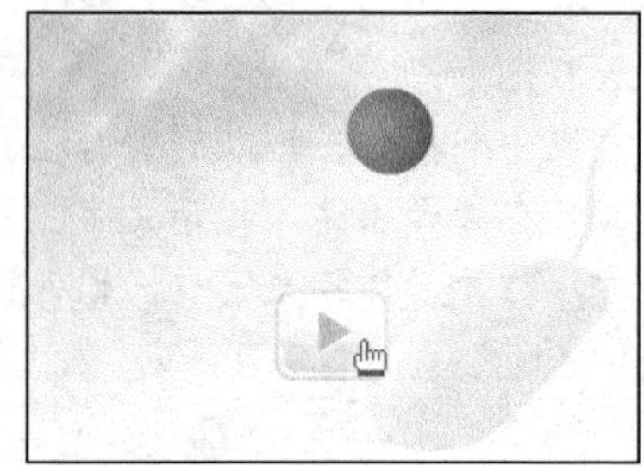

图10-53 交替的控制按钮

2. 试设计一个利用按钮控制的字幕，单击向上按钮，则字幕上面的内容逐步显现；单击向下按钮，下面的内容显现。效果如图 10-54 所示。

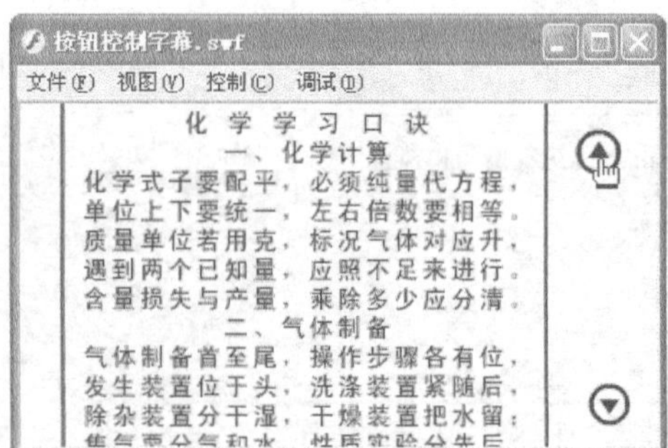

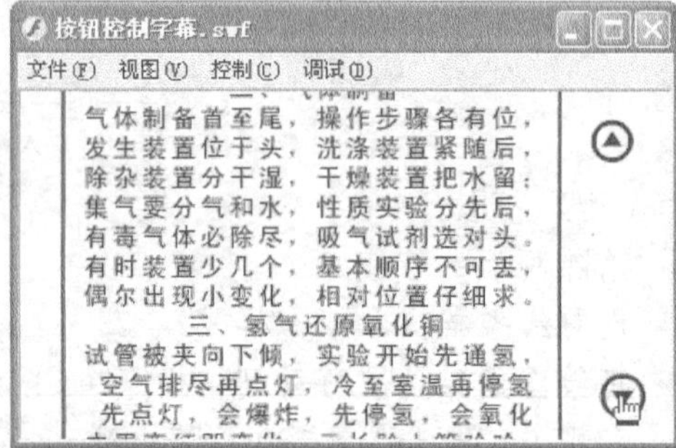

图10-54 利用按钮控制的字幕

3. 使用键盘上的方向键控制螃蟹的上下左右运动，动画效果如图 10-55 所示。

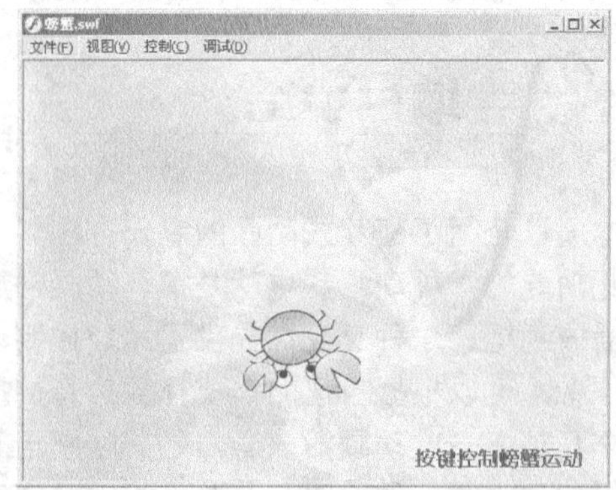

图10-55 按键控制的螃蟹

项目十一

组件、行为与演示文稿

为了简化操作步骤和降低制作难度，Flash 为用户提供了交互组件和幻灯片工具，使程序设计与软件界面设计分离，提高代码的可复用性；利用行为，可以提供常见的交互控制。借助这些工具，用户可以方便地实现一些复杂的交互性效果，从而大大拓展了 Flash 的应用领域。

本项目主要通过以下几个任务完成。

- 任务一　使用组件开发交互动画
- 任务二　行为的应用
- 任务三　幻灯片演示文稿

学习目标

掌握常用组件的基本功能与用法。

了解行为及其在设计中的应用。

掌握幻灯片演示文稿的使用方法。

任务一　使用组件开发交互动画

组件是用来简化交互式动画开发的一门技术，一次性制作，可以多人反复使用，旨在让开发人员重用和共享代码，封装复杂功能，使用户方便而快速地构建功能强大且具有一致外观和行为的应用程序。组件是带参数的影片剪辑，其中所带的预定义参数由用户在创作时进行设置。每个组件还有一组独特的动作脚本方法、属性和事件，也称为 API（应用程序编程接口），使用户在运行 Flash 时能够设置参数和其他选项。

根据作品的需要，我们可以通过编写动作脚本调用并设置组件。对一般的操作，可以选择【窗口】/【组件】命令，调出【组件】面板，选择相应的组件双击或拖动到舞台。组件在舞台上有两种显示状态，选择【控制】/【启用动态预览】命令，就会看出两者的区别。

组件具有封装好的结构，只要设置几个接口参数即可使用。选择【窗口】/【组件检查器】命令，打开【组件检查器】面板。选择舞台上的组件，就能够在【参数】选项卡中看到相应的参数，同时可以在【属性】面板的【参数】选项卡中看到组件的参数，如图 11-1 所示。每个组件都拥有自己的参数属性，在参数值上单击，可以直接进行修改或从下拉选项中选择。

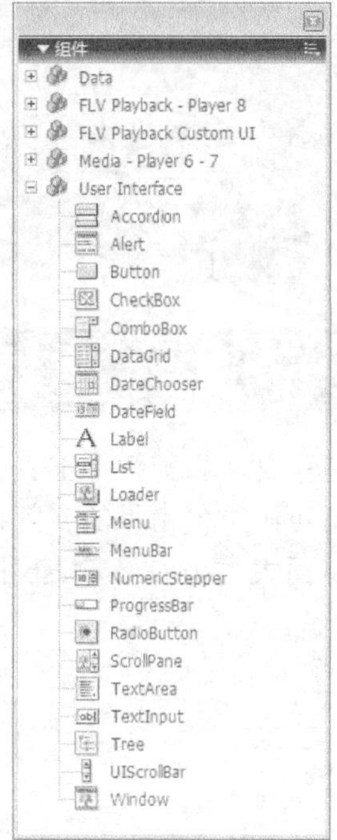
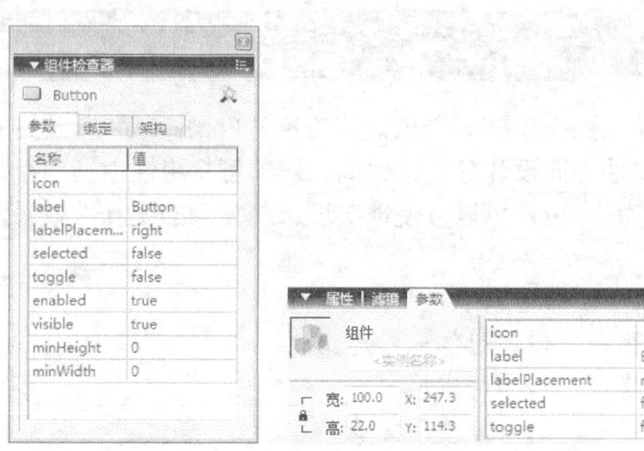

图11-1 在【参数】面板设置参数

下面对【组件】面板中"User Interface"文件夹下的几个常用组件的作用，以及参数做简要介绍。各组件中作用相同的参数，只做一次介绍。

(1) "Button"组件是一个可调整大小的矩形用户界面按钮，其参数如下。

- 【icon】: 为按钮添加自定义图标，是库中影片剪辑或图形元件的链接标识符。
- 【label】: 设置按钮上显示的字符，默认值是"Button"。
- 【labelPlacement】: 确定按钮上的标签文本相对于图标的方向。
- 【selected】: 如果【toggle】参数的值是"true"，则该参数指定按钮是处于按下状态 (true) 还是释放状态 (false)。
- 【toggle】: 将按钮转变为切换开关。如果值为"true"，则按钮在按下后保持按下状态，直到再次按下时才返回到弹起状态。如果值为"false"，则按钮的行为就像一个普通按钮。默认值为"false"。

(2) "CheckBox"组件是复选框，被选中后框中会出现一个复选标记，其参数如下:

- 【selected】: 将复选框的初始值设为选中 (true) 或取消选中 (false)。

(3) "ComboBox"组件是组合框，既可以是静态的，也可以是可编辑的。使用静态组合框，用户可以从下拉列表中做出一项选择。使用可编辑的组合框，用户可以在列表顶部的文本字段中直接输入文本，也可以从下拉列表中选择一项。其参数如下。

- 【data】: 将一个数据值与"ComboBox"组件中的每个项目相关联。该数据参数是一个数组。
- 【editable】: 确定"ComboBox"组件是可编辑的 (true) 还是静态的 (false)。默认值为 false。
- 【labels】: 用一个文本值数组填充"ComboBox"组件。
- 【rowCount】: 设置在不使用滚动条的情况下一次最多可以显示的项目数。

(4) “RadioButton”组件是单选按钮，用于至少有两个“RadioButton”组件实例的组，其参数如下。

- 【data】：是与单选按钮相关的值。
- 【groupName】：是单选按钮的组名称，默认值为“radioGroup”。

(5) “TextArea”组件和“TextInput”组件都是动作脚本 TextField 的对象。需要单行文本字段，用“TextInput”组件。需要多行文本字段，用“TextArea”组件。其设置如下。

- 【editable】：指明组件是 (true) 否 (false) 可编辑。
- 【html】：指明文本是 (true) 否 (false) 采用 HTML 格式。
- 【text】：指明显示的内容。
- 【wordWrap】：指明文本是 (true) 否 (false) 自动换行。
- 【password】：指明字段是 (true) 否 (false) 为密码字段。

(6) “ScrollPane”组件是滚动窗格，在一个可滚动的有限区域中显示影片剪辑、JPEG 文件和 SWF 文件，显示内容可以从本地位置或 Internet 加载。其参数如下。

- 【contentPath】：指明要加载到滚动窗格中的内容。该值可以是本地 SWF、JPEG 文件的相对路径，或 Internet 上文件的相对或绝对路径，也可以是设置为【为动作脚本导出】的库中【影片剪辑】元件的链接标识符。
- 【hLineScrollSize】、【vLineScrollSize】：指明每次按下箭头按钮时水平滚动条和垂直滚动条移动多少个单位，默认值为 5。
- 【hPageScrollSize】、【vPageScrollSize】：指明每次按轨道时水平滚动条和垂直滚动条移动多少个单位。默认值为 20。
- 【hScrollPolicy】、【vScrollPolicy】：显示水平滚动条和垂直滚动条。该值可以为“on”、“off”或“auto”（默认值）。
- 【scrollDrag】：是一个布尔值，它允许 (true) 或不允许 (false) 用户在滚动窗格中滚动内容。

这里仅介绍了几个常用的组件，其他组件就不再一一赘述。有兴趣的读者可以参考 Flash 的帮助文档。

（一）利用模板创建交互测验

【任务要求】

利用系统提供的模板，创建一个交互测验作品，能够接收用户的反馈并评分，效果如图 11-2 所示。

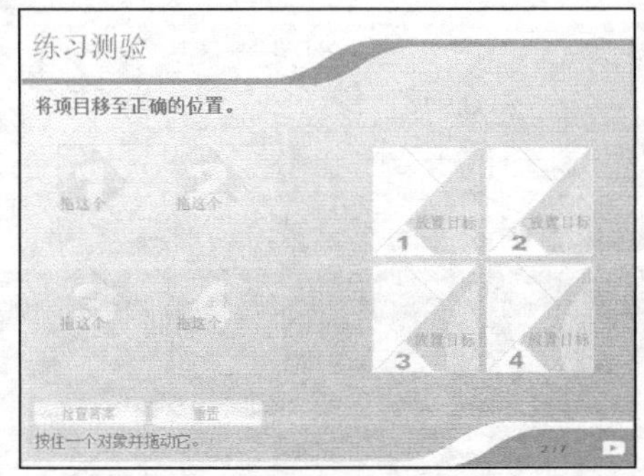

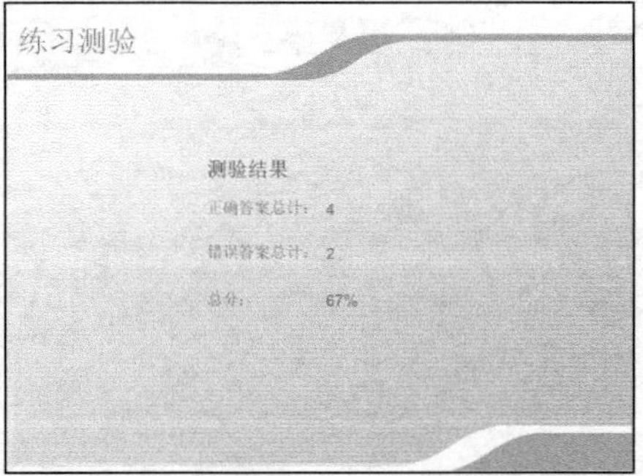

图11-2　交互测验

【操作步骤】

1. 新建一个 Flash 文档，在【从模板新建】对话框中，选择【模板】选项卡中的“测验”/“测验_样式 1”，如图 11-3 所示。

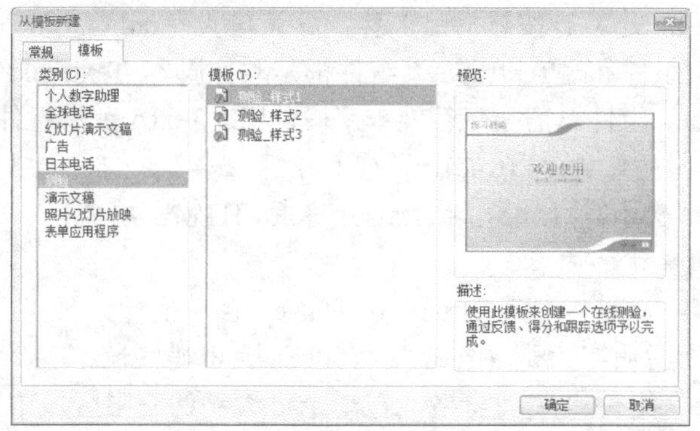

图11-3 选择“测验_样式 1”

2. 确定后，可以看到系统自动生成了一个完整的作品，如图 11-4 所示。

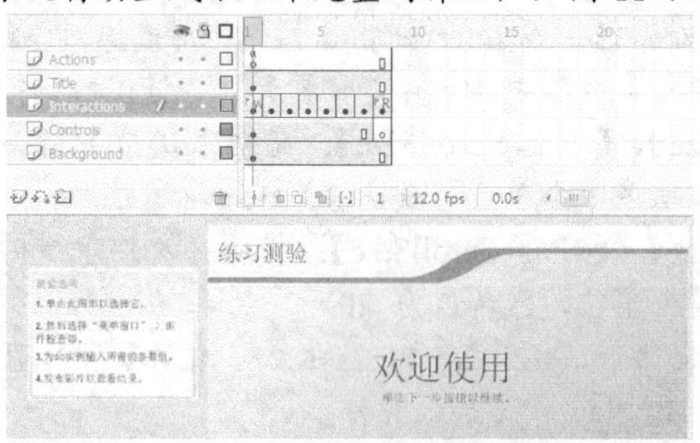

图11-4 系统自动生成一个作品

在这个作品的时间轴上，可以看到“Interactions”层中，有 8 个关键帧，每个关键帧都包含了一个操作页面，要求用户完成某种交互操作。例如，第 3 帧是一个要求回答问题的测试，第 6 帧是一个多项选择的测试题，第 7 帧是一个单项选择的测试题，如图 11-5 所示。

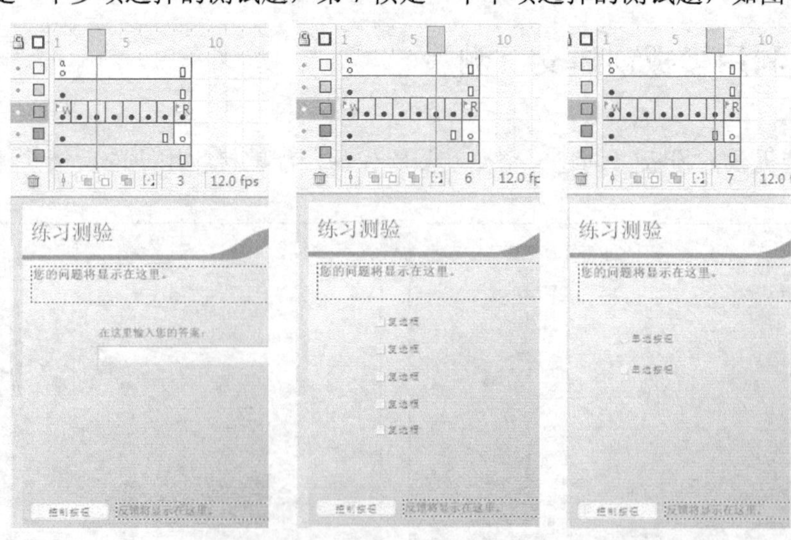

图11-5 每个关键帧都包含了一个交互操作

3. 不做任何修改，直接测试作品，可以看到这就是一个完成的动画作品，包含了 6 种不同的交互测验问题。

（二）选项组件：自定义选择题

在上面的测试作品中，包含了若干交互组件。要修改测试作品，就必须对这些组件有一些初步的了解。下面就针对不同的组件，单独讨论其用法。

【任务要求】

设计一个带有测试功能的动画，如图11-6所示，选择题目，则下面的选项有效；选择不同选项，然后检测答案，则在动态文本框中会给出不同的反馈信息。

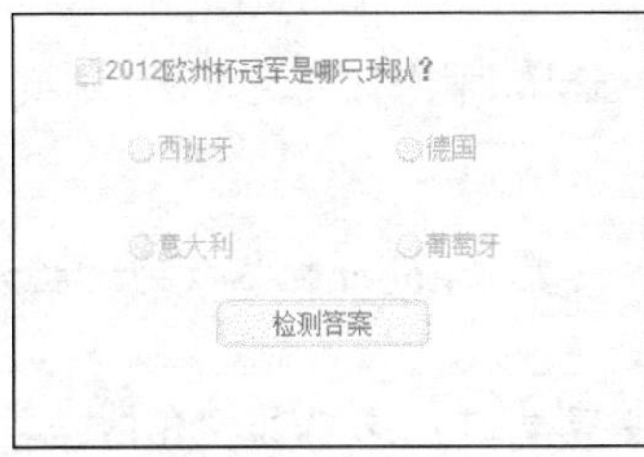

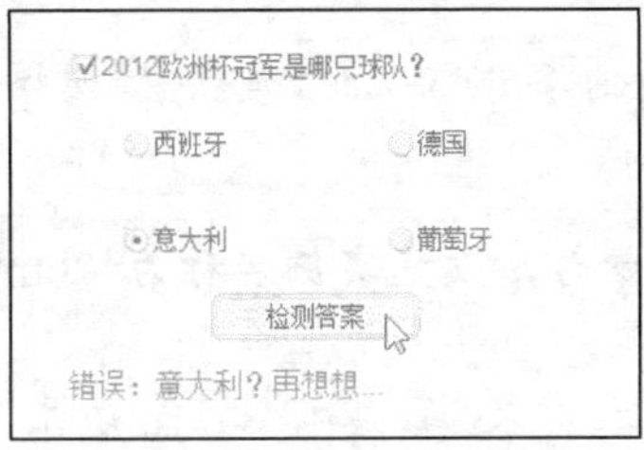

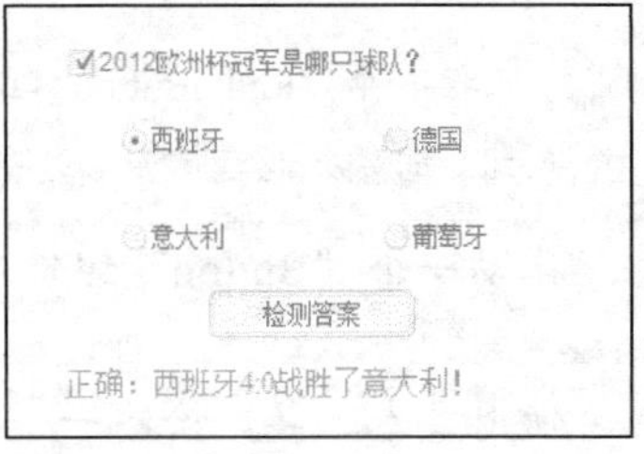

图11-6　自定义选择题

【操作步骤】

1. 创建一个新的文档。
2. 从【组件】面板中拖动“CheckBox”组件到舞台上，定义实例名称为“check1”。如图 11-7 所示。

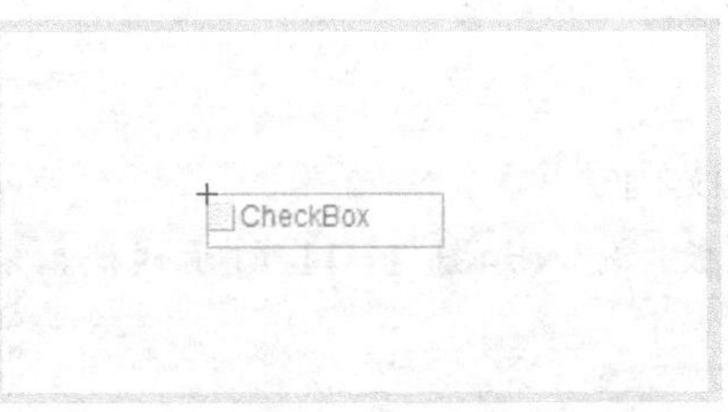

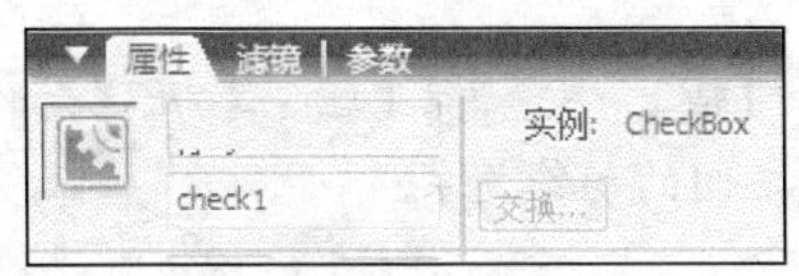

图11-7　设置“CheckBox”组件的实例名称

3. 在【组件检查器】中，设置【Label】参数为题目内容，如图 11-8 所示。

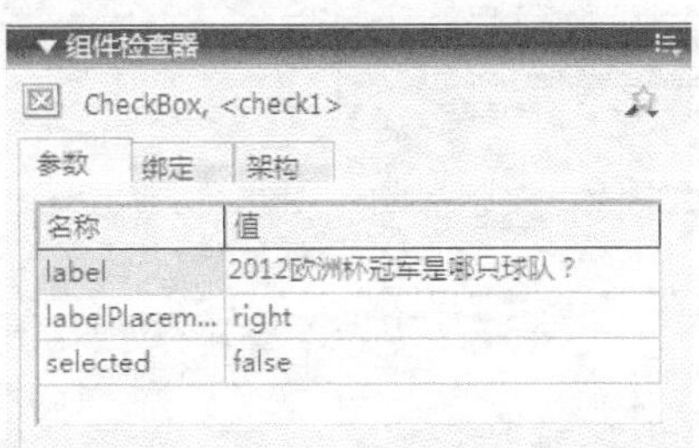

图11-8　设置“CheckBox”组件的参数

4. 拖动一个“RadioButton”组件到舞台上，设置其实例名称为“rb1”；在【组件检查器】中，设置【Label】参数为“西班牙”，【groupName】参数为“rGroup”，如图 11-9 所示。

图11-9 设置“RadioButton”组件属性和参数

5. 再拖动 3 个“RadioButton”组件到舞台上，分别设置实例名称为 rb2、rb3、rb4，【groupName】参数为“rGroup”，【label】参数为选项的文字内容。

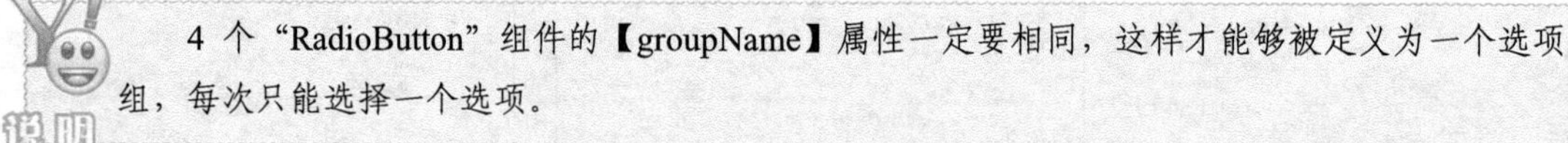

4 个“RadioButton”组件的【groupName】属性一定要相同，这样才能够被定义为一个选项组，每次只能选择一个选项。

6. 拖动一个“Button”组件到舞台，设置实例名称为“btn”，设置【Label】参数为“检测答案”。
7. 使用文本工具，绘制一个动态文本框，如图 11-10 所示，设置其实例名称为“info”。

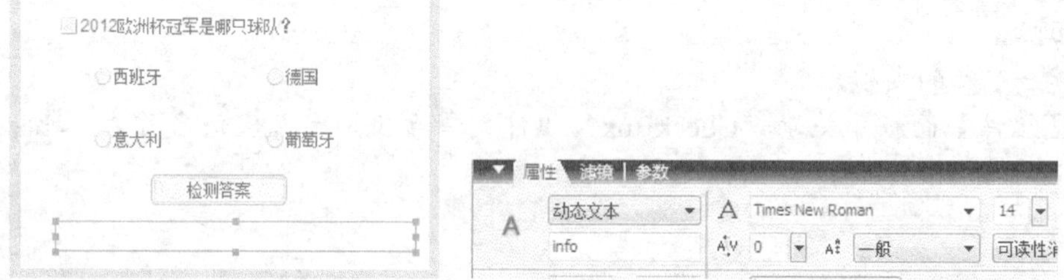

图11-10 动态文本框

8. 在时间轴上，选择第 1 帧，打开【动作】面板，输入如图 11-11 所示代码，以关联各个组件之间的动作关系。

```
rb1.enabled = false;
rb2.enabled = false;
rb3.enabled = false;
rb4.enabled = false;
check1.onPress = function() {
    rb1.enabled = !rb1.enabled;
    rb2.enabled = !rb2.enabled;
    rb3.enabled = !rb3.enabled;
    rb4.enabled = !rb4.enabled;
};
btn.onPress = function() {
        if (rb1.selected) {
            info.text="正确：西班牙4:0战胜了意大利！";
        } else {
            info.text="错误："+rGroup.selection.label+"？再想想...";
        }
}

图层 1 : 1
```

图11-11 程序代码

代码说明：

```
rb1.enabled = false;                    //设置各选项组件在初始时不可用
```

```
rb2.enabled = false;
rb3.enabled = false;
rb4.enabled = false;
check1.onPress = function() {        //处理复选框组件按下的事件
        rb1.enabled = !rb1.enabled;      //使各选项组件的状态与当前状态相反
        rb2.enabled = !rb2.enabled;
        rb3.enabled = !rb3.enabled;
        rb4.enabled = !rb4.enabled;
};
btn.onPress = function() {           //处理按钮按下事件
        if (rb1.selected) {               //如果 rb1 被选中，则显示正确信息
            info.text="正确：西班牙 4:0 战胜了意大利！";
        } else {
            info.text="错误："+rGroup.selection.label+"？再想想...";
        }
}
```

rGroup.selection.label 的作用是获取 rGroup 选项组当前选中的选项的标签。

9. 测试作品，可以看到，通过对题目的选择，可以控制内容的显示。

（三）列表组件：图片导航

【任务要求】

使用 ComboBox 组件创建一个水果名称的下拉列表框，单击列表框中的某个选项，就会展示相应的水果图片，如图 11-12 所示。

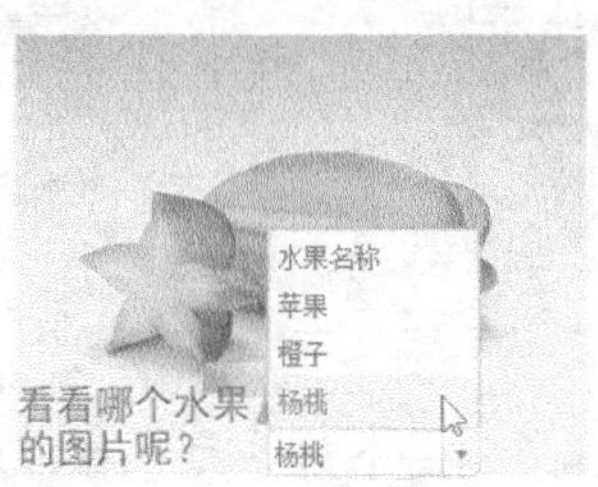

图11-12　图片导航

【操作步骤】

1. 创建一个新的 Flash 文档。
2. 将三幅水果图片导入到库中。
3. 在时间轴上，将动画长度延伸为 4 帧，并在每一帧都插入一个关键帧。如图 11-13 所示。
4. 选择第1帧，打开【动作】窗口，输入脚本“stop()”，如图11-14所示。其目的是使动画在开始播放后停止在第 1 帧。

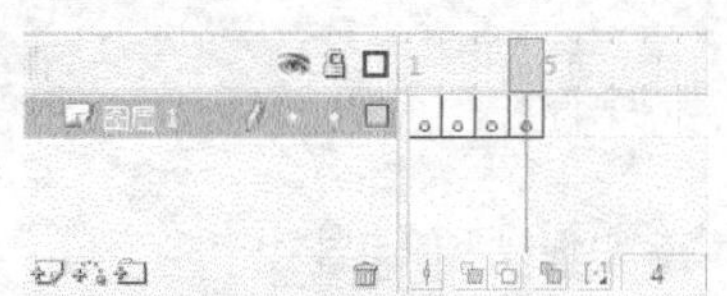

图11-13 每一帧都插入一个关键帧

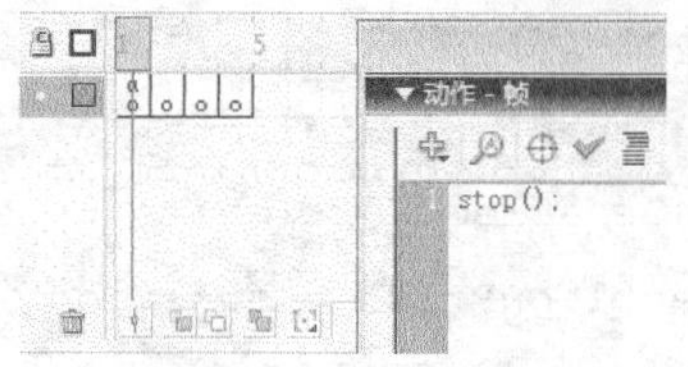

图11-14 在第 1 帧输入脚本语句

5. 在第 2、3、4 帧分别导入苹果、橙子、杨桃图片。
6. 增加一个新层“图层 2”。
7. 选择“图层2”的第1帧，从【组件】面板中拖动“ComboBox”组件到舞台上，定义实例名称为“ComboBox1”。
8. 在【属性检查器】中，选择“labels”参数，单击数值框，出现【值】对话框，分别输入几种水果的名称，如图 11-15 所示。

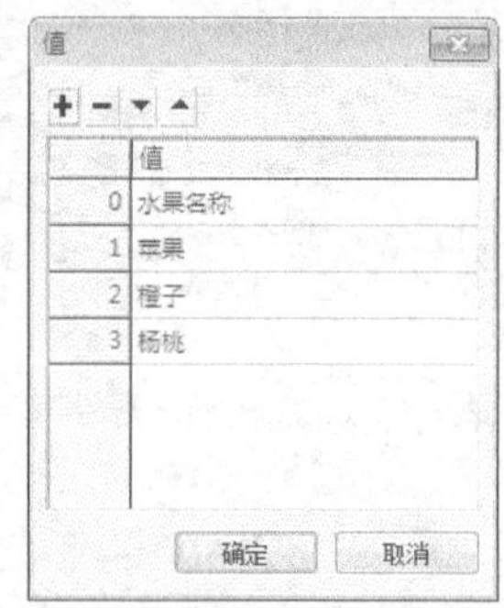

图11-15 设置 labels 参数

9. 同理，为“data”参数设置数值，如图 11-16 所示。

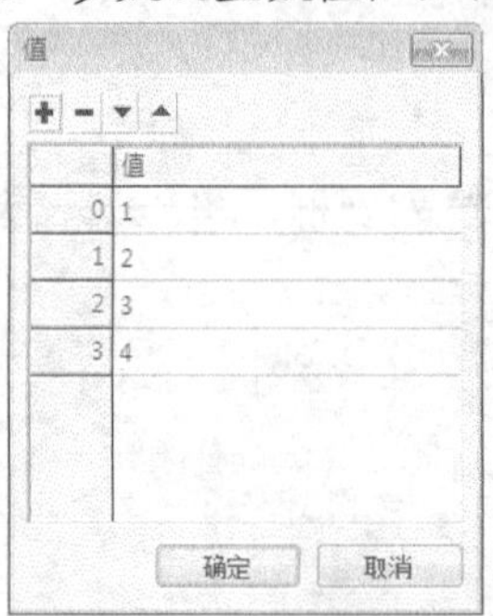

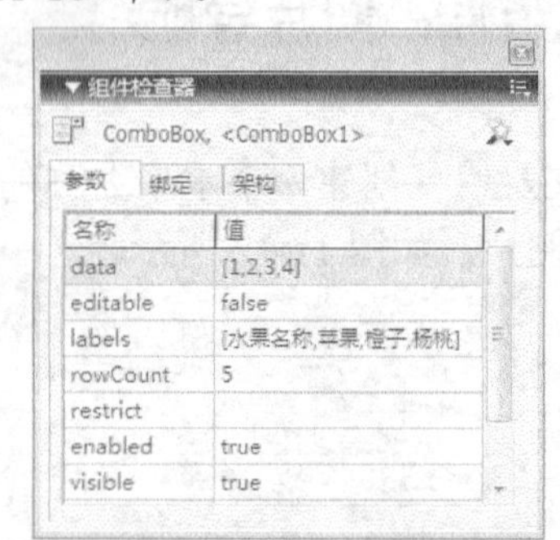

图11-16 为“data”参数设置数值

10. 用【文本】工具绘制一个静态文本框，输入文本内容“看看哪个水果的图片呢？”。
11. 选择“图层 2”的第 1 帧，打开【动作】面板，输入如图 11-17 所示代码，以定义 ComboBox 组件发生变化的事件。

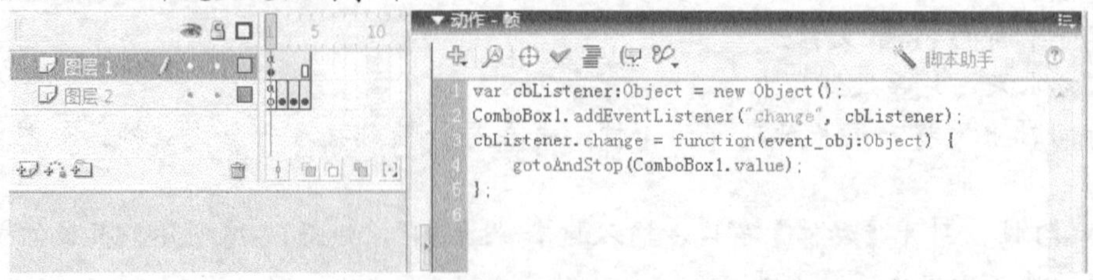

图11-17 输入脚本代码

代码说明：

```
var cbListener:Object = new Object();                // 创建侦听器对象
ComboBox1.addEventListener("change", cbListener); // 添加侦听器
cbListener.change = function(event_obj:Object) {// 侦听组件对象的变化事件
    gotoAndStop(ComboBox1.value);          //跳转到组件对象 data 值所对应的帧
};
```

12. 测试动画，单击某个水果名称，就能够跳转到对应的帧，显示水果图片。

（四）文本输入：为作品加密码

【任务要求】

动画开始后，首先要求输入密码，单击【确定】按钮后，若输入密码不正确，会提示密码错误；若密码正确，就能够显示动画作品的具体内容，效果如图 11-18 所示。

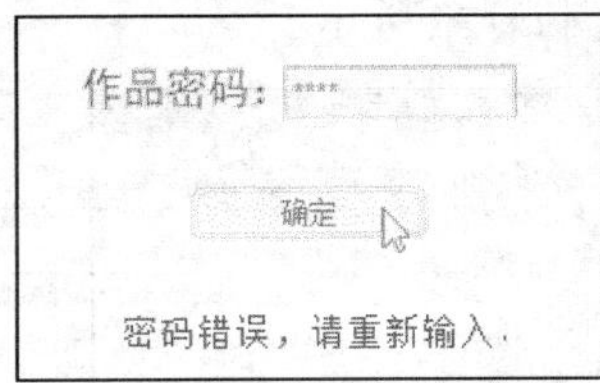

图11-18　为作品加密码

【操作步骤】

1. 新建一个 Flash 文档。
2. 用文本工具绘制一个静态文本框，输入内容“作品密码:”。
3. 从【组件】面板中拖动一个 TextInput 组件到舞台上，定义实例名称为“pwd”。
4. 在【组件检查器】中，设置组件实例的【password】参数为“true”，如图 11-19 所示。

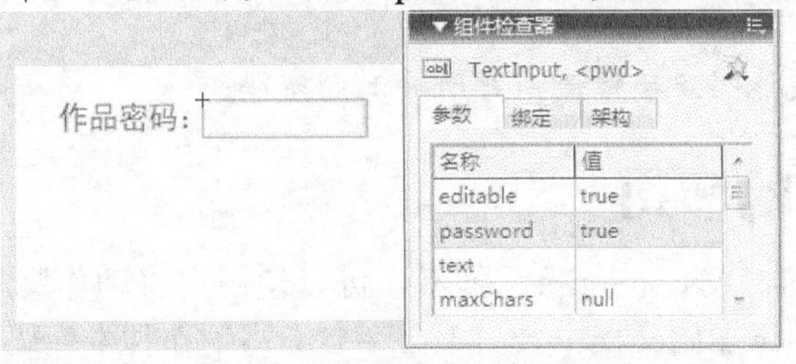

图11-19　设置组件实例的【password】参数为“true”

5. 从【组件】面板中拖动 Button 组件到舞台，定义实例名称为“btn”；在【组件检查器】中设置按钮的标签名称为“确定”，如图 11-20 所示。

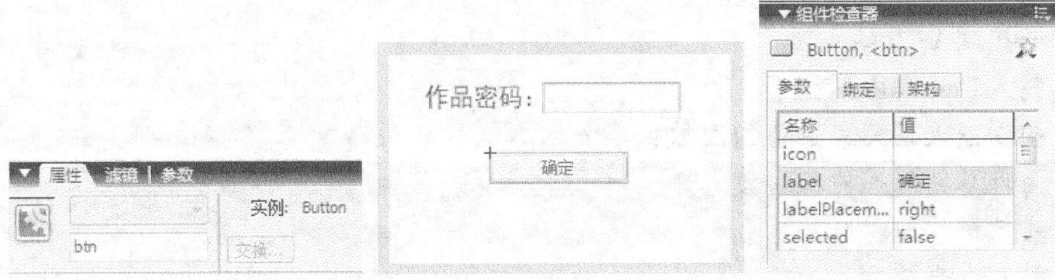

图11-20　设置 Button 组件的属性和参数

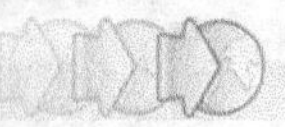

6. 用【文本】工具绘制一个动态文本框，定义其名称为“info”。
7. 选择第 1 帧，在【动作】面板中输入脚本，如图11-21 所示。

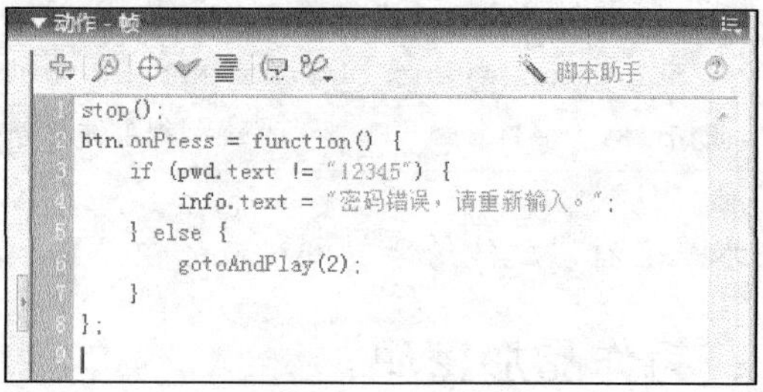

动作 - 帧
脚本助手
stop();
btn.onPress = function() {
if (pwd.text != "12345") {
info.text = "密码错误，请重新输入。";
} else {
gotoAndPlay(2);
}
};

图11-21 动作脚本

8. 在第 2 帧添加一个关键帧，删除当前内容。
9. 导入一幅机器人图片到舞台，再用文本工具绘制一个欢迎信息。
10. 打开【动作】窗口，输入脚本“stop()”，如图11-22 所示。

图层 1
动作 - 帧
stop();
Hi, 欢迎！
图层 1 : 2
第 1 行(共 1 行)，第 8 列

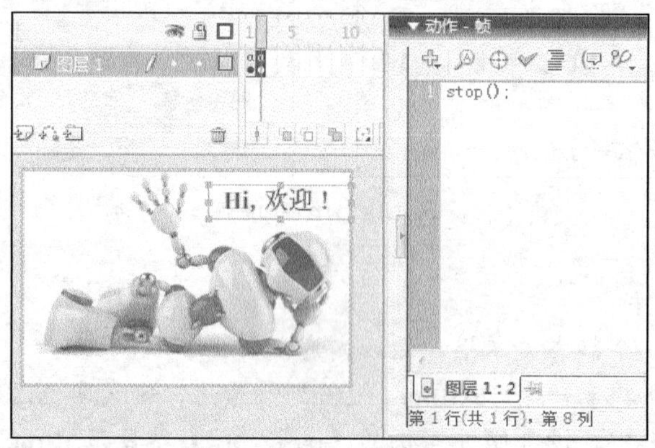

图11-22 在第 2 帧创建动画内容

11. 测试作品，动画就能够正确检测用户所输入的密码。

任务二 行为的应用

行为是预先编写的“ActionScript”脚本，可以使用户将动作脚本编码的强大功能、控制能力和灵活性简单地添加到文档中，而不必亲自编写动作脚本代码。

（一）认识 Flash 的行为

使用行为可以完成以下功能。

- 链接到 Web 站点。
- 载入声音和图形。
- 控制嵌入视频、声音的回放。
- 为屏幕创建控件和过渡。
- 播放影片剪辑。
- 触发数据源。

要应用行为控制，需要打开【窗口】/【行为】面板，一般要选择行为应用对象（如按

钮），指定触发行为的事件（如释放按钮），选择受行为影响的目标对象（如实例），并在必要时指定行为参数的设置（如帧号或标签）。

使用行为前，读者心中一定要有所规划，必须确定何时需要使用行为，而不是编写 ActionScript。要确定在 FLA 文件中如何使用以及在何处使用行为和 ActionScript，需要首先明确以下问题。

- 是否必须修改行为代码？如果是，修改多少？
- 行为代码是否必须与其他 ActionScript 交互？
- 必须使用多少个行为，计划将它们放在 FLA 文件中的何处？

对这些问题的回答将确定是否应使用行为。如果要对行为代码进行修改，无论程度大小，都不要使用行为。如果对 ActionScript 进行修改，则通常不能使用【行为】面板面板编辑行为。如果计划在【行为】面板面板上对行为进行重大编辑，那么在一个集中位置编写所有 ActionScript 通常会更加简单。在一个集中位置进行调试和修改，比在一个遍布了由行为生成代码的 FLA 文件更加容易。调试和交互分散的代码非常困难和不方便，有时自己编写 ActionScript 会比使用行为更加简单。

含有行为的 FLA 文件和不含行为的 FLA 文件，它们之间的主要区别在于编辑项目必须使用的工作流程不同。如果使用行为，则必须在舞台上选择每个实例或选择舞台，然后打开【行为】面板进行修改。如果自己编写 ActionScript 并将所有代码放在主时间轴上，则只需转至时间轴即可进行更改。

（二）在动画中应用行为

【任务要求】

建立 3 个按钮，分别用于打开网站、载入音乐、载入图片，利用行为能够方便地实现这些功能，如图 11-23 所示。

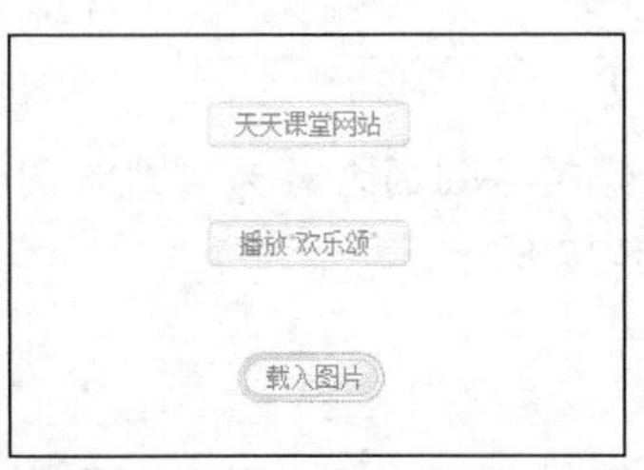

图11-23　在动画中应用行为

【操作步骤】

1. 新建一个 Flash 文档。
2. 在舞台上拖入一个 "Button" 组件，设置【Label】参数为 "天天课堂网站"。
3. 选择该组件，然后打开【行为】面板，如图 11-24 所示。可见，每个行为都包含 "事件" 和 "动作" 两个要素。

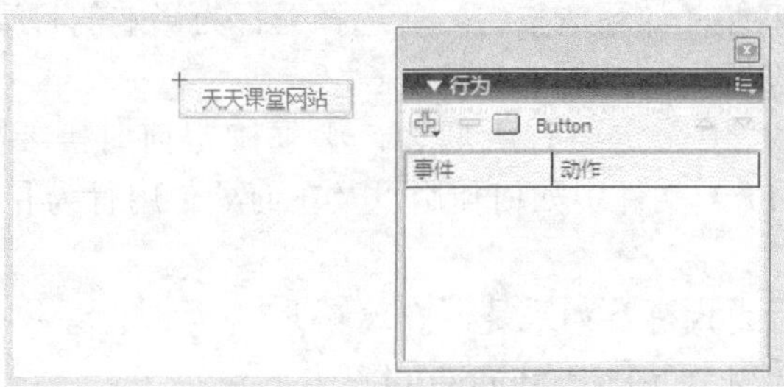

图11-24 打开按钮的【行为】面板

4. 单击“添加行为”按钮，从行为列表中选择“web”/“转到Web页”，弹出一个【转到 URL】对话框，在其中输入网站的地址，设置【打开方式】为“_blank”，如图 11-25 所示。按下 确定 按钮后，这个行为就被记录下来了。

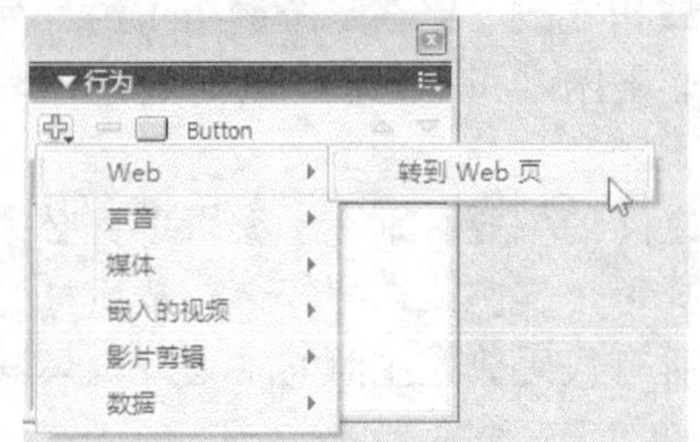

图11-25 为按钮组件添加行为

5. 再添加“Button”组件，设置【Label】参数为“播放欢乐颂”。
6. 选择该组件，在【行为】面板中，添加“声音”/“加载 MP3 流文件”，会出现一个对话框，输入音乐文件的名称和声音实例的名称，如图 11-26 所示。

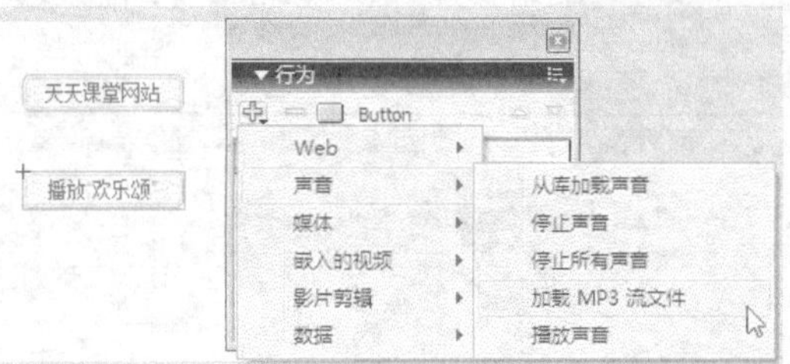

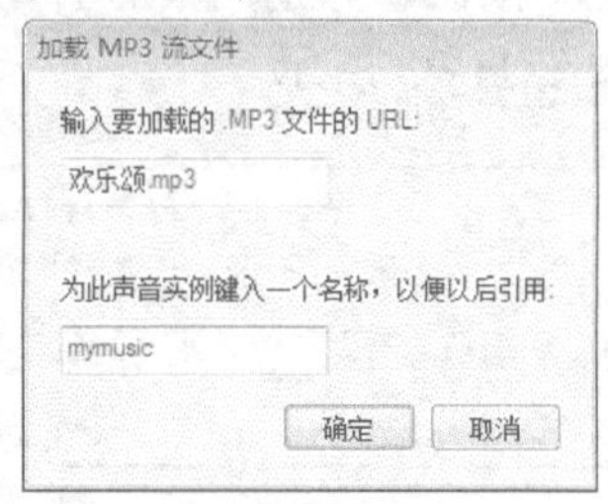

图11-26 为第二个按钮组件添加行为

7. 打开公用的按钮库，拖入一个合适的按钮到舞台上，修改按钮的名称为“载入图片”。
8. 选择该按钮，为其添加“加载图像”的行为，如图 11-27 所示。

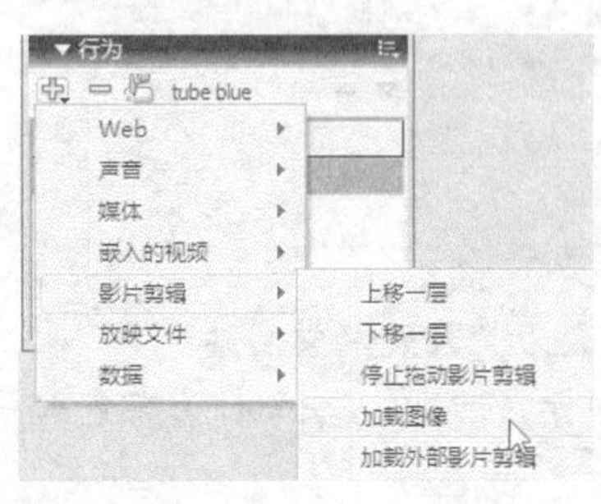

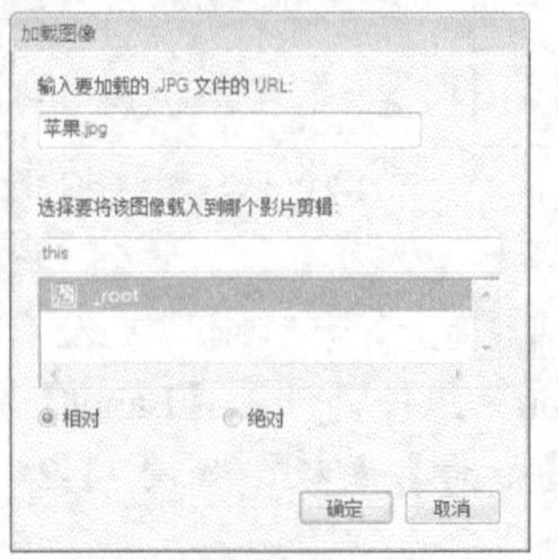

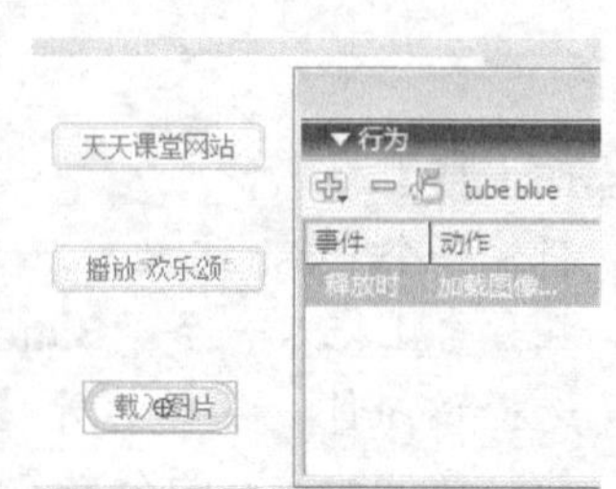

图11-27 添加行为

9. 测试动画，单击各个按钮，分别能够打开天天课堂网站、载入并播放音乐、载入并显示图片，这些功能都是利用行为来实现的。

为什么载入图片的功能要用一个普通按钮，而不用按钮组件呢？这是因为按钮组件的行为要比普通按钮少，有兴趣的读者可以自己比较一下。

任务三　幻灯片演示文稿

Flash 提供的幻灯片演示文稿，与 PowerPoint 软件的演示功能很类似，适用于制作多媒体演示文稿。

（一）了解幻灯片演示文稿

选择【文件】/【新建】命令，打开【新建文档】面板，单击【常规】选项卡，选择【Flash 幻灯片演示文稿】，就可以创建一个幻灯片演示文稿。

如图 11-28 所示，是 Flash 幻灯片演示文稿的工作界面。单击按钮会打开或关闭所选幻灯片对应的【时间轴】面板，屏幕缩略图出现在工作区左侧的【屏幕轮廓】面板中，【属性】面板显示屏幕名称和类名称。

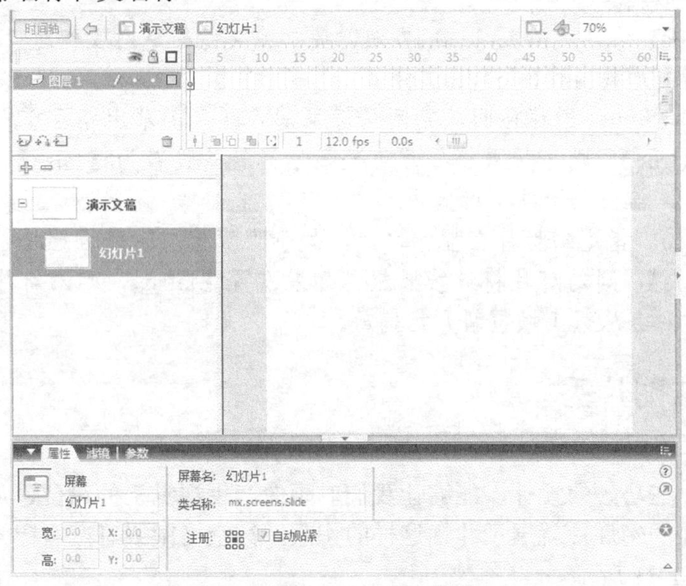

图11-28　幻灯片演示文稿的工作界面

在幻灯片演示文稿中，屏幕提供了一个具有结构化构件的用户面。顶层屏幕在默认情况下称为“演示文稿”，是容纳向文档中添加任何内容（包括其他屏幕）的容器。可以将内容放在顶层屏幕上，但不能删除或移动顶层屏幕。在顶层屏幕下面增加的屏幕都是子屏幕，子屏幕还可以再嵌套子屏幕，子屏幕继承父屏幕中的显示内容和设置的行为。

在屏幕名称处双击鼠标左键，就可以对其名称进行修改。在屏幕名称上单击鼠标右键，可以打开一个快捷菜单，其中包含多个用于处理屏幕的命令，如图 11-29 所示。

在【属性】面板中选择【参数】选项卡，可以设置参数来控制回放期间屏幕的外观和行为，如图 11-30 所示。

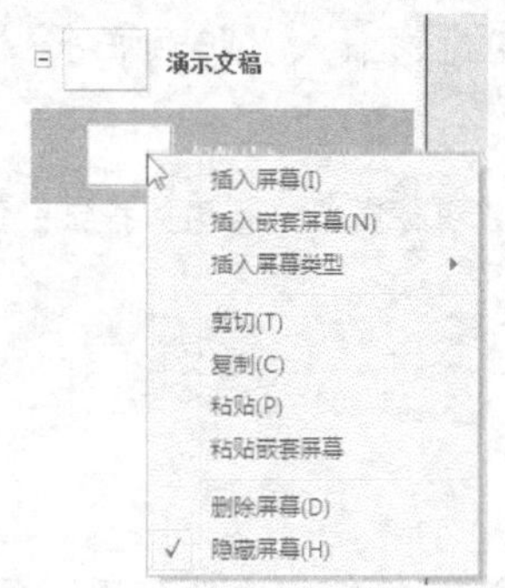

图11-29 快捷菜单

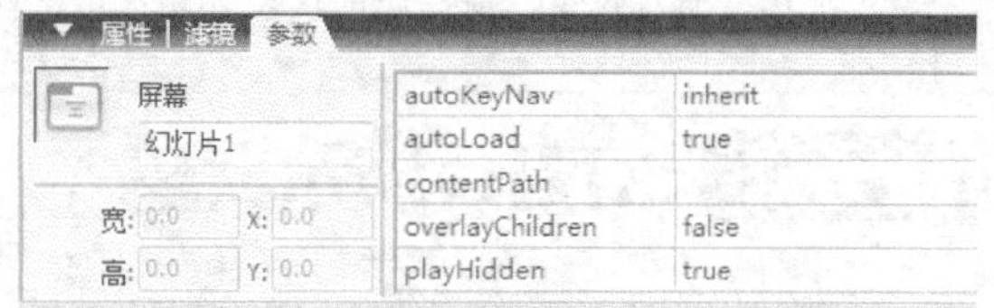

图11-30 相关参数

各参数的含义如下。

- autoKeyNav：确定幻灯片是否使用默认的键盘操作来控制转到下一张或上一张幻灯片。设置为【true】，按→键或空格键将前进到下一张幻灯片，按←键将返回到上一张幻灯片。设置为【false】，则不采用默认的键盘操作。默认设置为【inherit】，则幻灯片将从其父项继承【autoKeyNav】，如果幻灯片是根幻灯片，那么设置为【inherit】与【true】相同。
- autoLoad：【true】指示是自动加载内容，【false】指示等到调用 Loader.load()方法时才加载。
- contentPath：调用 Loader.load()方法时要加载文件的绝对或相对 URL，相对路径必须指向加载内容的 SWF 文件。
- overlayChildren：指定在回放期间子屏幕是否在父屏幕上相互重叠显示。如果设置为【true】，则子屏幕将相互重叠显示。默认设置为【false】，则在一个子项出现后，前一个子项不再显示。
- playHidden：指定幻灯片在显示之后，处于隐藏状态时是否继续播放。默认设置为【true】，则幻灯片将继续播放。如果设置【false】，则幻灯片停止播放，再次显示时会从第 1 帧重新开始播放。

（二）趣味图片秀

【任务要求】

艺术家通过一些巧妙的设计，能够让我们对画像产生视觉上的错位，从而形成某种奇妙的视觉效果。下面的幻灯片就展示几幅这样的作品，按空格键或者左右键 4 幅能够让幻灯片依次展示，如图 11-31 所示。

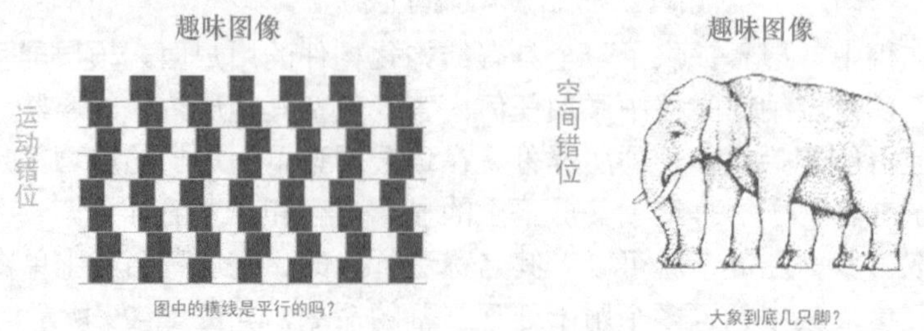

图11-31 设计作品展示

【操作步骤】

1. 新建一个“Flash 幻灯片演示文稿”类型的动画文档。
2. 选择【文件】/【导入】/【导入到库】命令，导入几幅趣味图片。
3. 选择“演示文稿”屏幕，用【文本】工具输入作品标题“趣味图像”，如图 11-32 所示。

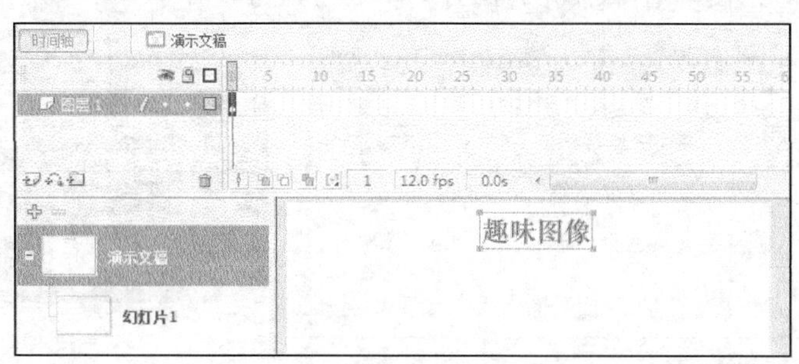

图11-32　输入作品标题

4. 选择“幻灯片 1”屏幕，输入竖排文字“运动错位”，可以看出“演示文稿”屏幕中的内容依然被显示。
5. 可以在幻灯片中制作动画。例如可以将“运动错位”文字做成动态的补间，实现简单的上下运动，如图 11-33 所示。
6. 用鼠标右键单击“幻灯片 1”，从打开的快捷菜单中选择【插入嵌套屏幕】命令，为“幻灯片 1”插入一个子屏幕“幻灯片 2”，如图 11-34 所示。

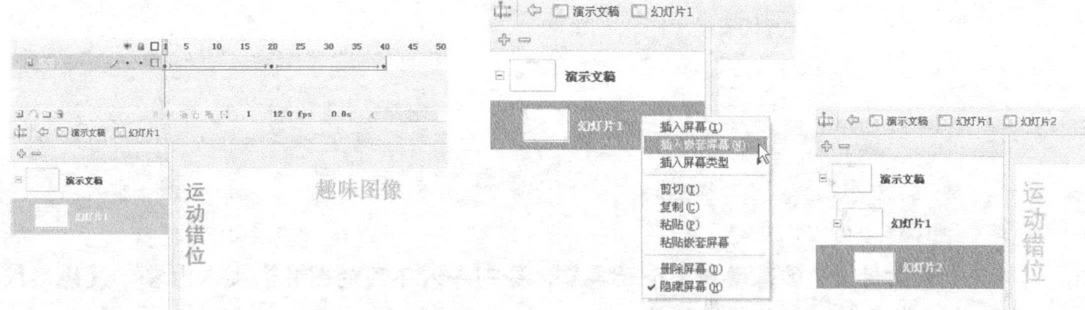

图11-33　制作“幻灯片 1”中的内容　　　图11-34　插入一个子屏幕“幻灯片 2”

7. 从【库】面板中将一个图像拖放到舞台，成为“幻灯片 2”屏幕的对象；然后用【文本】工具绘制简单的文字说明，如图 11-35 所示。

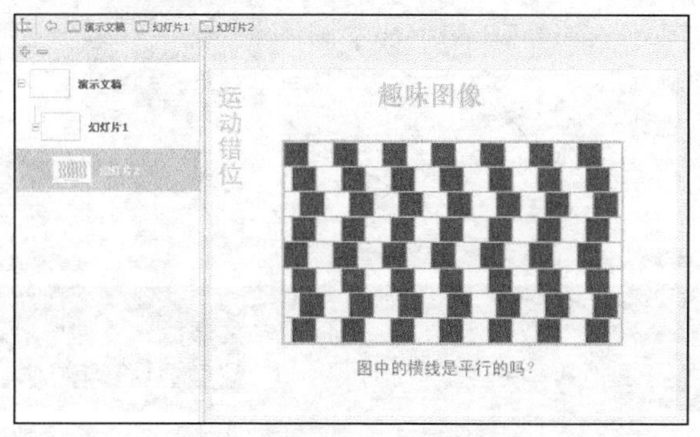

图11-35　制作“幻灯片 2”中的内容

8. 用鼠标右键单击“幻灯片 2”，从打开的快捷菜单中选择【复制】命令，然后再在这个快捷菜单中选择【粘贴】命令，粘贴出一个“幻灯片 2 副本”。
9. 在“幻灯片 2 副本”的名称处用鼠标左键双击，然后将名称修改为“幻灯片 3”。
10. 选择“幻灯片 3”屏幕中的图片，在【属性】面板中按 交换... 按钮打开【交换位图】对话框，用另外一张图片替换原有的图片，如图 11-36 所示。

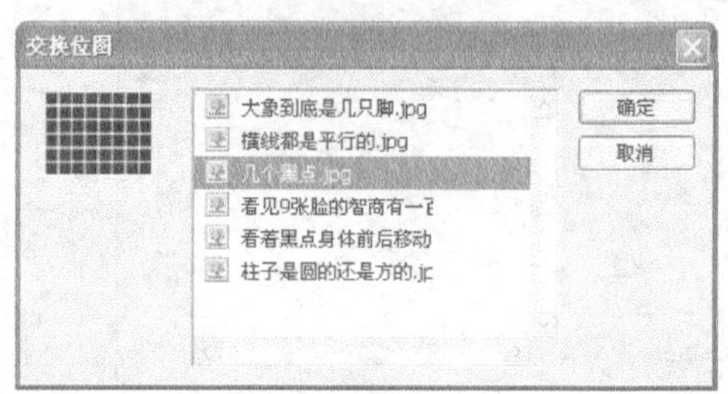

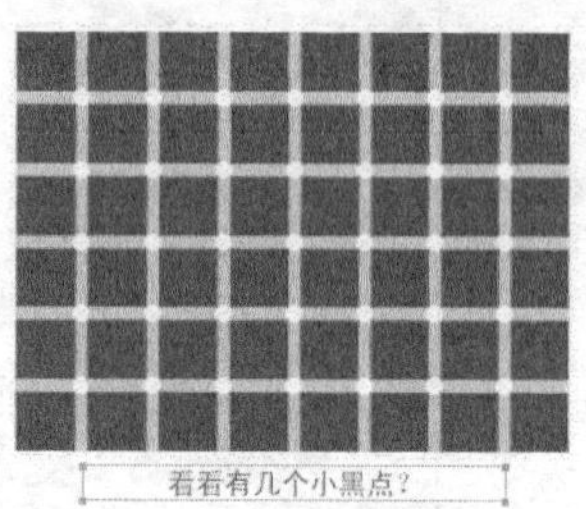

图11-36 替换图片

11. 选择“幻灯片 3”，单击鼠标右键，从打开的快捷菜单中选择【插入屏幕】命令，又创建了一个新的“幻灯片 4”。同样在其中添加一幅图片和相应的说明文字。如图 11-37 所示。
12. 选择“幻灯片 1”，单击 按钮增加一个“幻灯片 5”，使用这种方法添加幻灯片屏幕，所添加的幻灯片屏幕与所选的幻灯片屏幕是同一层次。在其中绘制一个静态文本内容，如图 11-38 所示。

图11-37 新的“幻灯片 4”

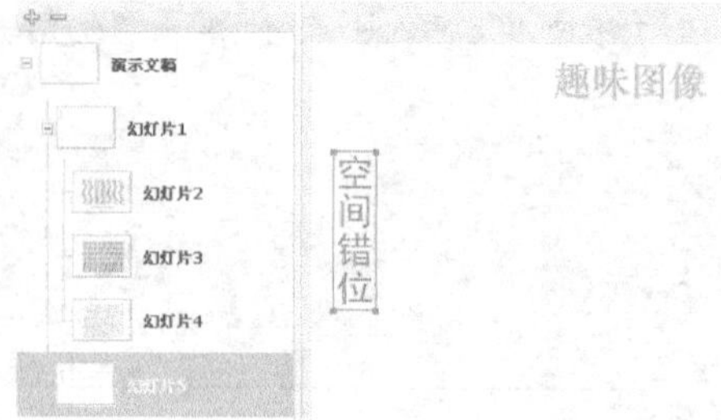

图11-38 增加 “幻灯片 5”

13. 同样为“幻灯片 4”屏幕增加 3 个子屏幕，分别导入不同的图片和文本内容，最终形成如图 11-39 所示的幻灯片层次结构。

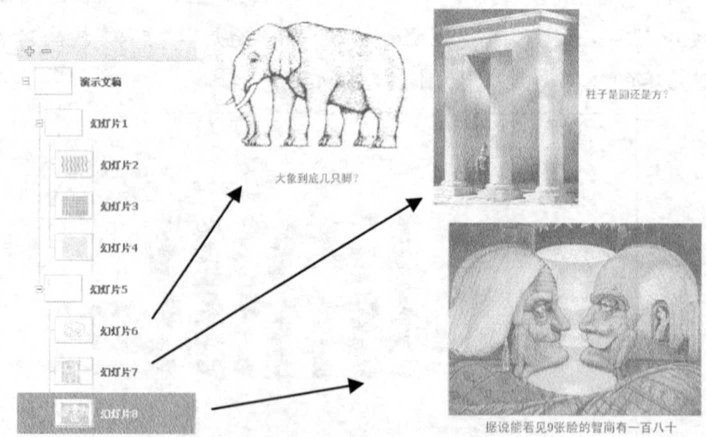

图11-39 幻灯片屏幕结构

14. 选择【控制】/【测试影片】命令测试动画，就可以看到幻灯片屏幕按设定的层次依次显示。使用空格键或者左右键可以控制幻灯片的播放。

在这个练习中，“演示文稿”屏幕包含了两个子屏幕“幻灯片 1”和“幻灯片 5”，这两个子屏幕又各自包含了 3 个子屏幕。用户可以修改幻灯片的名称、调整前后位置与嵌套关系等，如图 11-40 所示。

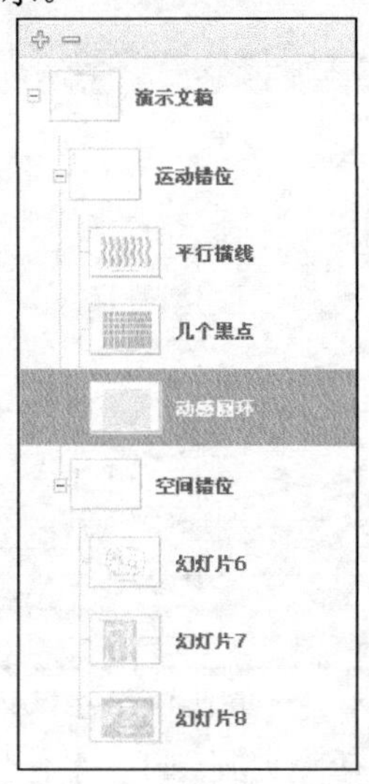

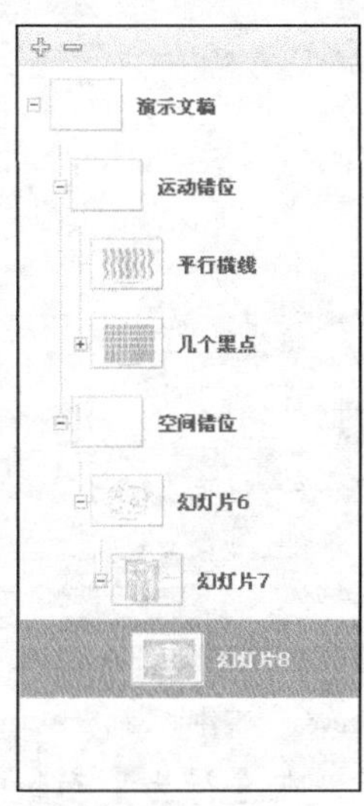

图11-40　修改幻灯片的名称、位置关系等

（三）图像切换

【任务要求】

下面对上节中幻灯片作品“趣味图像”的幻灯片切换采用不同的转变方式，如图 11-41 所示。

【操作步骤】

1. 打开前面制作的“趣味图像.fla”文件，将文件另存为“趣味图像切换.fla”。
2. 选择“幻灯片 2”，打开【行为】面板，单击 按钮，选择【屏幕】/【转变】命令，打开的【转变】面板。
3. 选择一种转变方式，如“旋转”方式，选择【输入】方向，【持续时间】设为“1”秒，其他使用默认设置，如图 11-42 所示。

趣味图像

运动错位

看着中间的黑点，前后移动头会有什么现象？

图11-41　设计作品展示修改

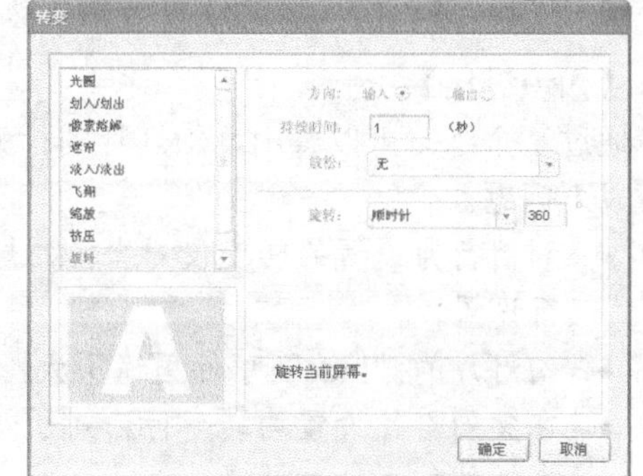

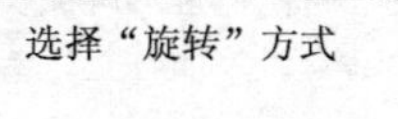
图11-42　选择“旋转”方式

4. 这时，一个“reveal”事件出现在【行为】面板中，如图 11-43 所示。这是一个屏幕进入事件。
5. 再次单击【行为】面板中的 按钮，选择【屏幕】/【转变】命令，打开【转变】面板。选择“划入/划出”方式，选择“输出”方向，持续时间为 1s，其他使用默认设置，如图 11-44 所示。

图11-43 “reveal”事件

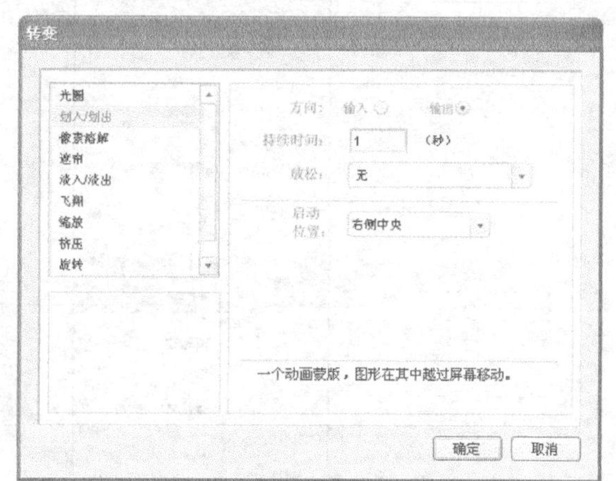

图11-44 选择【划入/划出】方式

6. 单击 确定 按钮后，在【行为】面板中出现了两个“reveal”事件。选择下面的行为事件，单击【事件】的下拉选项列表，从中选择“hide”事件替代默认的“reveal”事件，如图 11-45 所示。这样，就设置了屏幕内容的进入和离开的动作方式。

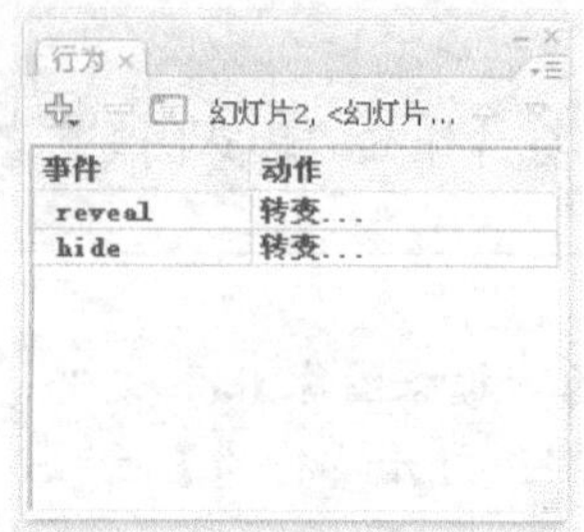

图11-45 修改事件类型

7. 选择其他幻灯片，分别设置各自的屏幕进入和离开方式。
8. 使用【控制】/【测试影片】命令测试动画，就会看到幻灯片间采用了多种方式进行切换。

【知识链接】

通过这个练习可以看出，幻灯片的行为方式设置的变化是很丰富的。在实际使用中，应注意以下问题。

- 利用行为设置的转变仅对当前幻灯片起作用，一般情况下都是对幻灯片单独进行设置。
- 幻灯片的“hide”事件用途不大，一般不需要设置。
- 在父幻灯片设置的转变行为对子幻灯片屏幕的影响，这同样是一种嵌套，会产生一种复合动画效果。

项目实训

完成本项目的各个任务后，读者初步掌握了学习目标中所阐述的内容，以下进行实训练习，对所学内容加以巩固和提高。

实训一　认识水果

这一实例利用“Accordion”组件，来显示一组垂直的互相重叠的视图。视图包含所要展示的水果图片，顶部有相应名称，用户单击这些名称可以在视图之间进行切换，效果如图 11-46 所示。

图11-46　认识水果

【操作步骤】

1. 新建一个 Flash 文档。
2. 新建一个【影片剪辑】元件“t1”，选择【文件】/【导入】/【导入到舞台】命令，导入一幅苹果图片的文件，并在【属性】面板中调整其坐标位置为（0,0）。如图 11-47 所示。

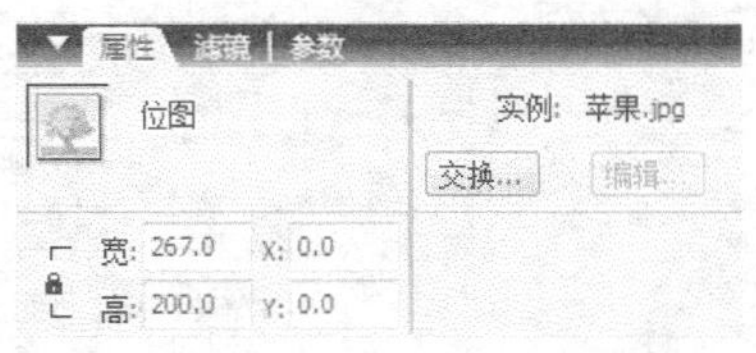

图11-47　调整图片坐标位置为（0,0）

3. 在【库】面板中，用鼠标右键单击“t1”元件，从打开的快捷菜单中选择【链接】命令，打开【链接属性】对话框，选中【为 ActionScript 导出】复选框，【在第一帧导出】复选框同时自动选中，然后设置【标识符】为“t1”，如图 11-48 所示。

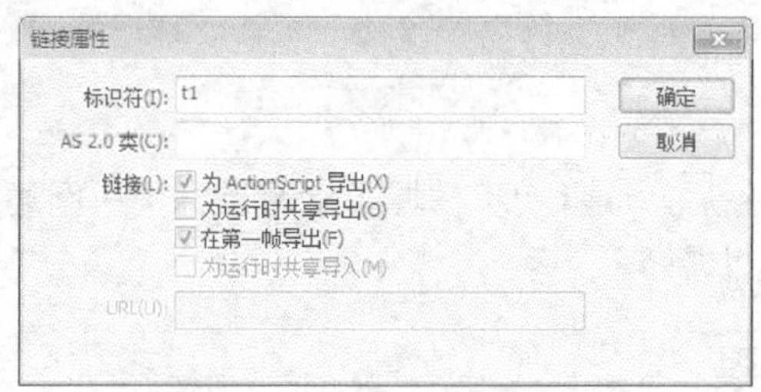

图11-48 设置元件的链接属性

4. 与【影片剪辑】元件“t1”类似，新建一个【影片剪辑】元件“t2”和“t3”，分别导入橙子和杨桃图片文件，并在【属性】面板中调整其坐标位置（0,0），设置链接标识符分别是“t2”和“t3”。
5. 单击【时间轴】面板上方的 按钮，返回到【场景 1】制作。
6. 在【组件】面板中，从“User Interface”分类夹下将“Accordion”组件拖入舞台。在【属性】面板中，设置大小以及坐标值，如图 11-49 所示。

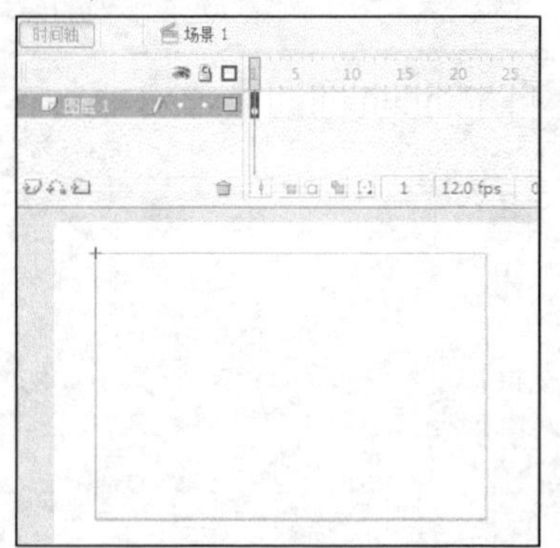

图11-49 将“Accordion”组件拖入舞台

7. 打开【组件检查器】，在【参数】面板中对组件“Accordion”的各项参数进行设置，如图 11-50 所示。

名称	值
childIcons	[]
childLabels	[苹果,橙子,杨桃]
childNames	[m1,m2,m3]
childSymbols	[t1,t2,t3]
enabled	true
visible	true
minHeight	0
minWidth	0

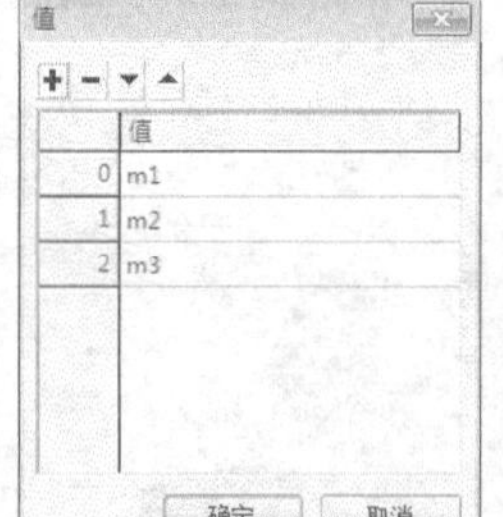

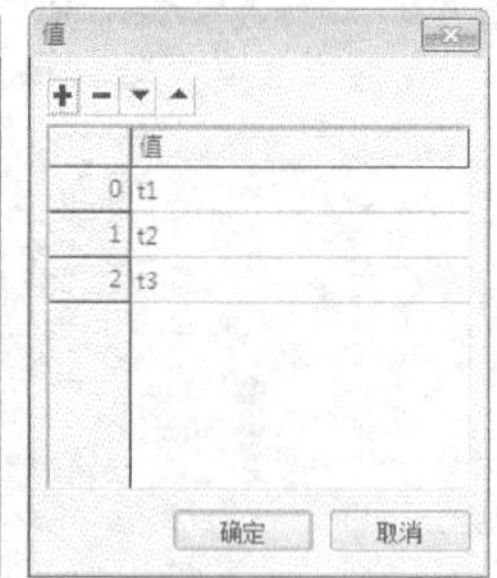

图11-50 对组件进行参数设置

其中，

- 【childIcons】用于设置折叠窗口左上方的小图标，若无则不显示图标；
- 【childLabels】用于设置折叠窗口左上方的文字；
- 【childNames】用于设置各折叠窗口的名称；
- 【childSymbols】用于设置各折叠窗口需要调用的链接标识。这里输入的链接标识，一定要和前面在【链接属性】面板中的设置相一致，否则不能调用。

8. 选择【控制】/【测试影片】命令测试动画，就会通过折叠窗口看到不同类型的水果图片了。

实训二　地理知识

这是一个地理知识的选择题。根据问题，对 4 个选项进行单选判断，确认后进行评判，如图 11-51 所示。

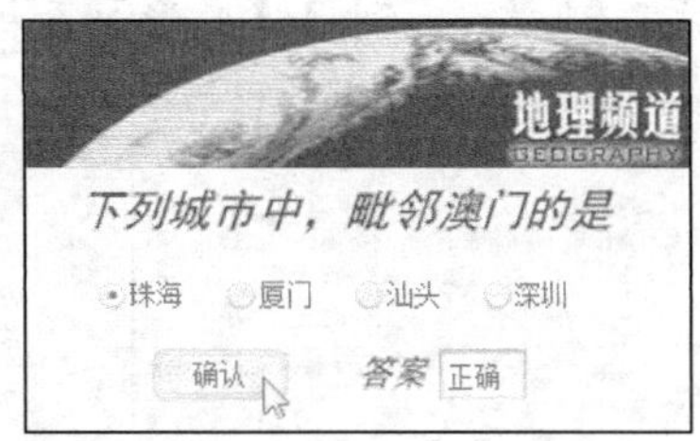

图11-51　单选判断

【操作步骤】

1. 新建一个 Flash 文档，尺寸为“300×180”像素。
2. 选择【文件】/【导入】/【导入到舞台】命令，导入“地理.jpg”文件。在【属性】面板中调整其坐标位置（0,0）。
3. 在工具面板选择 A 工具。在【属性】面板中，【字体】选择“黑体”，【字体大小】设为“20”，颜色选黑色，字体加粗，使用斜体，在图像下方输入所要提问的问题，如图 11-52 所示。
4. 在【组件】面板中，从“User Interface”分类夹下将“RadioButton”组件拖放到问题的下方。然后打开【变形】面板，对组件实例进行水平压缩，如图 11-53 所示。

图11-52　输入问题

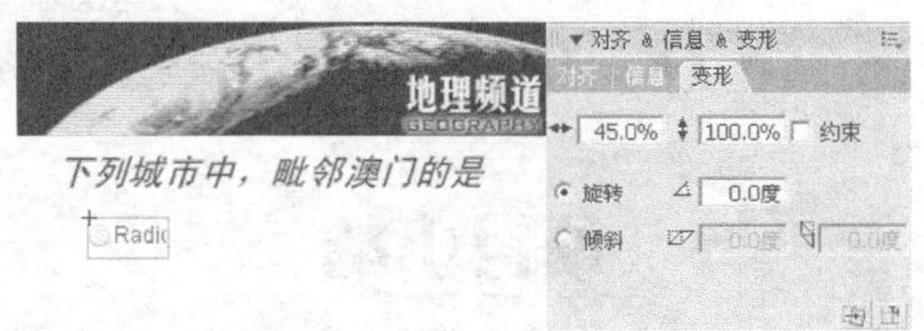

图11-53　对组件实例进行水平压缩

5. 打开【参数】面板，将【Label】参数值修改为“珠海”，如图 11-54 所示。这里设置的值，是显示在单选框右侧的文字。
6. 再从左向右依次放置 3 个“RadioButton”组件，同样进行水平压缩，然后将“Label”参数值分别修改为“厦门”、“汕头”和“深圳”。
7. 使用【对齐】面板，使 4 个单选按钮均匀分布并对齐，如图 11-55 所示。

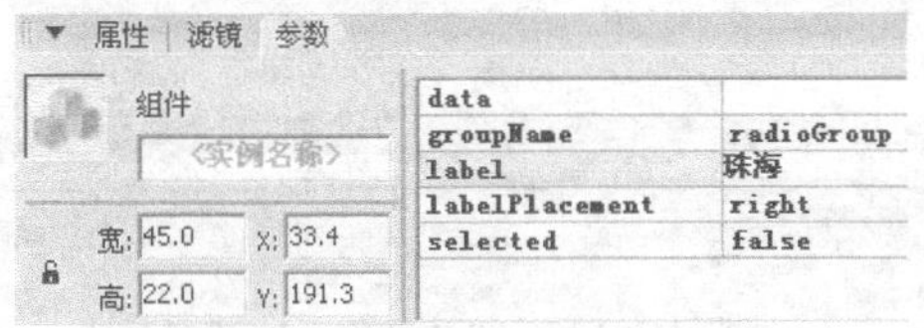

图11-54　修改“Label”参数

图11-55　均匀分布并对齐

8. 在【组件】面板中，从“User Interface”分类夹下将“Button”组件拖放到单选按钮的

下方。然后利用【变形】面板，将组件实例水平压缩到“60%”。

9. 在【参数】面板中，将【Label】参数值修改为“确认”，然后为组件实例取名“mybutton”，如图 11-56 所示。
10. 在工具面板选择 A 工具，在【属性】面板中，将字体大小修改为“15”，在确认按钮右侧输入静态文本“答案”。
11. 在【组件】面板中，从“User Interface”分类夹下将“TextInput”组件拖放到静态文本“答案”的右侧。然后利用【变形】面板，将组件实例水平压缩到“40%”。最后为组件实例取名“answer”，如图 11-57 所示。

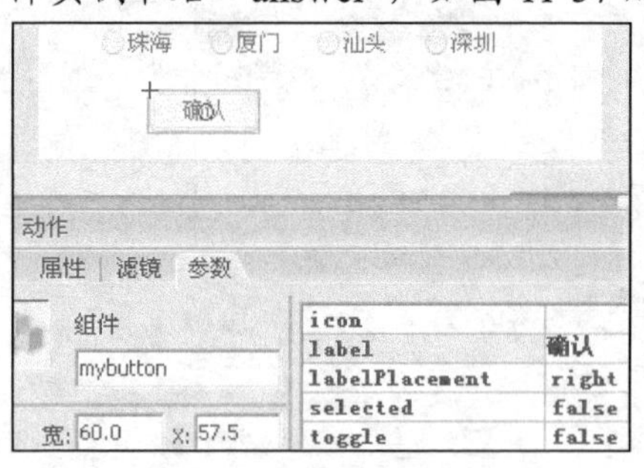

图11-56 设置组件实例

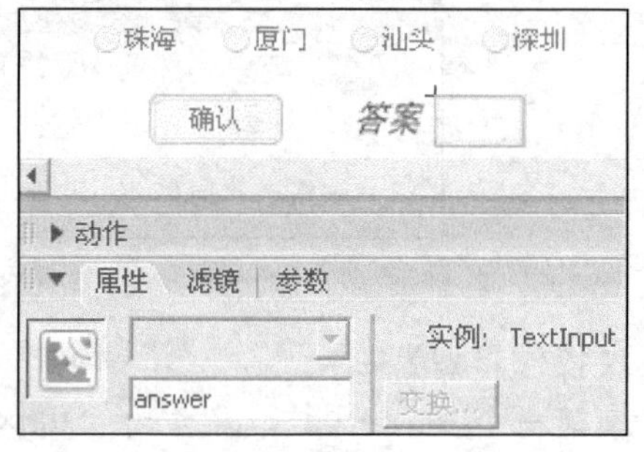

图11-57 为组件实例取名

12. 在【时间轴】面板中，选择第 1 帧，打开【动作】面板，输入动作脚本如图 11-58 所示。

```
mybutton.onPress = function() {
    if (radioGroup.selection.label == "珠海") {
        answer.text = "正确";
    } else {
        answer.text = "错误";
    }
};
```

图11-58 输入动作脚本

13. 选择【控制】/【测试影片】命令测试动画，就可以进行选择判断。

项目小结

本项目分通过 3 个项目任务了解了 Flash 的组件、行为和演示文稿的功能特点，掌握了其基本应用。组件涉及的内容还有很多，而且组件是一种开放的架构，吸引了很多爱好者投入组件的开发中，从互联网上就可以下载到很多网友自建的组件，合理使用它们无疑会大大提高工作效率。但是在实际应用中，行为、演示文稿使用的场合并不多。

思考与练习

一、填空题

1. 一个组件就是一段影片剪辑，其中所带的______由用户在创作时进行设置。
2. RadioButton 组件是______按钮，用于至少有______个 RadioButton 组件实例的组。

3.　对于 ComboBox 组件，使用______，用户可以从下拉列表中做出一项选择。使用______，用户可以在列表顶部的文本字段中______，也可以从下拉列表中选择一项。

4.　要应用行为控制，一般要选择____________，指定触发行为的____，选择受行为影响的________，并在必要时指定________的设置。

5.　在幻灯片演示文稿中，屏幕提供了一个具有__________的用户面。

二、操作题

1.　利用"ComboBox"组件制作一个可编辑的组合框，用户可以在列表顶部的文本字段中直接输入文本，如图 11-59 所示。

2.　利用"list"组件制作一个网站列表，如图 11-60 所示，单击其中的网站名称就可以打开相应的网站页面。

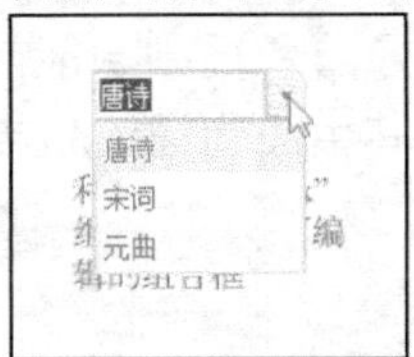

图11-59　可编辑下拉列表

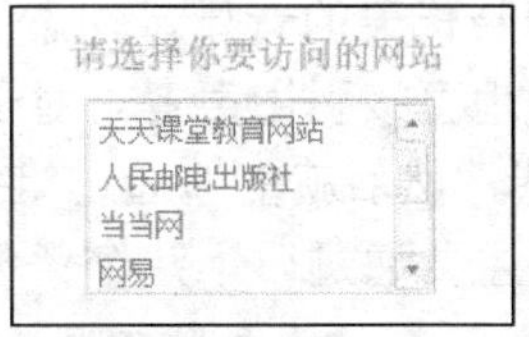

图11-60　网站列表

3.　使用"ScrollPane"组件显示一幅比较大的图片，如图 10-61 所示。

图11-61　滚动图片

4.　利用行为，实现使用鼠标单击来操作幻灯片的切换，并且，在最后一张幻灯片上单击鼠标，会切换到第一张幻灯片。基本效果如图 11-62 所示。

图11-62　使用鼠标单击来操作幻灯片的切换

项目十二

音视频应用：绘声绘影的动画

声音和视频可以使作品变得不再单调，选择优美的声音可以深化作品内涵。在许多人心目中，动画与优美的音乐、动态的视景是联系在一起的。Flash 具有良好的音视频功能，能够非常方便地直接引用声音。对于视频，一般则需要经过编码转换，将其生成为 Flash 专用的 FLV 格式，然后就能够通过组件等进行调用。

本项目主要通过以下几个任务完成。

- 任务一　认识音频视频
- 任务二　音频的应用
- 任务三　视频的应用

学习目标

了解音视频的概念和视频的转换。
为作品和按钮添加音频、视频。
掌握视频、音频的控制和变换方法。

任务一　认识音频视频

【任务要求】

在开始使用音视频素材资源之前，了解一些相关的专业知识，是非常有意义的。这对于作品中音视频的选择、变换、把握数据量等操作，有重要的作用。

（一）音频基础

声音是一种连续的模拟信号——声波，它有两个基本的参数：频率和幅度。根据声波的频率不同，将其划分成声波（20 Hz～20 kHz）、次声波（低于 20 Hz）、超声波（高于 20 kHz）。通常人们说话的声波频率范围是 300 Hz～3 000 Hz，音乐的频率范围可达到 10 Hz～20 kHz。

一般来说，音频的音质越高，文件数据量越大，但是 MP3 声音数据经过了压缩，比 WAV 格式的或 AIFF 格式的声音数据量小。通常，当使用 WAV 或 AIFF 文件格式时，最好使用 16 bit 22 kHz 单声，但是 Flash 只能导入采样率为 11 kHz、22 kHz、44 kHz 或 8 bit、16 bit 的声音。在导出时，Flash 会把声音转换成采样比率较低的声音。

声音信号是声波振幅随时间变化的模拟信号，是以模拟电压的幅度表示声音的强弱的。模拟声音的录制是将代表声音波形的电信号转换到磁带或唱片等媒体上，播放时将记录在媒

体上的信号还原为声音波形。

在计算机内，所有的信息均以数字形式表示，所以声音也必须先将模拟音频信号进行数字化处理，转换为数字音频信号。这一过程是通过模数（A/D）转换器来实现的。声音信息的数字化过程如图 12-1 所示。声音播放时再经数模（D/A）的转换，将数字音频信号转换为模拟信号。数字音频的最大优点是保真度好。

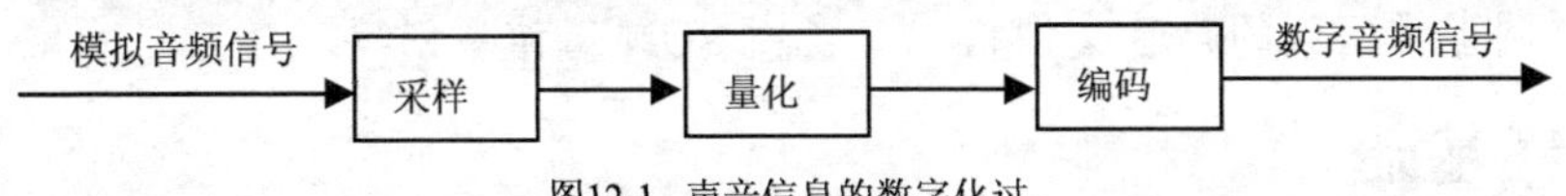

图12-1　声音信息的数字化过

在音频处理技术中，采样、量化和编码技术是音频信息数字化的关键。对音频信息的采样实际上是将模拟音频信号每隔相等的时间截成一段，将在时间上连续变化的波形截取成在时间上离散的数字信号，对所得的数字信号进行量化、编码后，形成最终的数字音频信号。影响数字化声音质量及声音文件大小的主要因素是采样频率、量化比特数和声道数。

- 采样率：简单地说就是通过波形采样的方法记录 1s 长度的声音，需要多少个数据。原则上采样率越高，声音的质量越好。
- 压缩率：通常指声音文件压缩前后的大小比值，用来简单描述数字声音的压缩效率。
- 比特率：是另一种数字声音压缩比率的参考性指标，表示记录音频数据每秒钟所需要的平均比特值，通常使用 kbit/s 作为单位。CD 中的数字音乐比特率为 1 411.2 kbit/s（也就是记录1s的CD 音乐，需要 1 411.2×1 024 比特的数据），近乎于 CD 音质的 MP3 数字音乐需要的比特率是 112～128 kbit/s。
- 量化级：简单地说就是描述声音波形的数据是多少位的二进制数据，通常以 bit 为单位，如 16 bit、24 bit。16 bit 量化级记录声音的数据是用 16 bit 的二进制数，因此，量化级也是数字声音质量的重要指标。
- 声道数：是指记录声音时产生波形的个数。如果只产生一个声波数据，称为单声道；若一次产生两个声波数据，则称为立体声。立体声能更好地反映人们的听觉感受，但需要两倍于单声道的数据量。

声音信息数字化后每秒的数据量计算公式如下：

数据量＝（采样频率×量化级×声道数）÷8（字节 / 秒）

在实际制作过程中，用户还是要根据具体作品的需要，有选择地引用 8 bit 或 16 bit 的 11 kHz、22 kHz 或 44 kHz 的音频数据。

音频数据因其用途、要求等因素的影响，拥有不同的数据格式。常见的格式主要包括 WAV、MP3、AIFF 和 AU。适合 Flash 引用的 4 种音频格式如下。

- WAV 格式：Wave Audio Files（WAV）是微软公司和 IBM 公司共同开发的 PC 标准声音格式。WAV 格式直接保存对声音波形的采样数据，数据没有经过压缩，所以音质很好。但 WAV 有一个致命的缺陷，因为对数据采样时没有压缩，所以体积臃肿不堪，所占磁盘空间很大。其他很多音乐格式可以说就是在改造 WAV 格式缺陷的基础上发展起来的。
- MP3 格式：Motion Picture Experts Layer-3（MP3）是读者熟知的一种数字音频格式。相同长度的音乐文件，用“*.mp3”格式来储存，一般只有“*.wav”文件的1/10。虽然MP3 是一种破坏性的压缩，但是因为采样与编码的技术优异，其音质大体接近 CD 的水平。由于体积小、传输方便、拥有较好的声音质量，所以现在大量的音乐都是以 MP3 的形式出现的。

- AIF/AIFF 格式：是苹果公司开发的一种声音文件格式，支持MAC 平台，支持 16 bit、44.1 kHz 立体声。
- AU格式：由SUN公司开发的 AU 压缩声音文件格式，只支持 8 bit 的声音，是互联网上常用到的声音文件格式，多由 SUN 工作站创建。

（二）视频基础

视频是连续快速地显示在屏幕上的一系列图像，可提供连续的运动效果。每秒出现的帧数称为帧速率，是以每秒帧数（fps）为单位度量的。帧速率越高，每秒用来显示系列图像的帧数就越多，从而使得运动更加流畅。但是帧速率越高，文件将越大。要减小文件大小，请降低帧速率或比特率。如果降低比特率，而将帧速率保持不变，图像品质将会降低。如果降低帧速率，而将比特率保持不变，视频运动的连贯性可能会达不到要求。

1. 常见格式

视频格式可以分为适合本地播放的本地影像视频和适合在网络中播放的网络流媒体影像视频两大类。尽管后者在播放的稳定性和播放画面质量上可能没有前者优秀，但网络流媒体影像视频的广泛传播性使之正被广泛应用于视频点播、网络演示、远程教育、网络视频广告等等互联网信息服务领域。

常用的视频文件和动画文件的格式有以下几种。

(1) MPEG/MPG/DAT

MPEG 是 Motion Picture Experts Group 的缩写。这类格式包括了 MPEG-1、MPEG-2 和 MPEG-4 在内的多种视频格式。MPEG-1 被广泛地应用在 VCD 的制作和一些视频片段下载的网络应用上面，大部分的 VCD 都是用 MPEG1 格式压缩的（刻录软件自动将 MPEG1 转为.DAT 格式）。MPEG-2 则是应用在 DVD 的制作，同时在一些 HDTV（高清晰电视广播）和一些高要求视频编辑、处理上面也有相当多的应用。

(2) AVI

AVI，音频视频交错(Audio Video Interleaved)的英文缩写。AVI 这个由微软公司发表的视频格式在视频领域已经存在很多年了。AVI 格式调用方便、图像质量好，但缺点就是文件体积过于庞大。

(3) MOV

MOV 格式是 Apple 公司的 QuickTime for Windows 视频处理软件所使用的视频文件格式，用于保存音频和视频信息，具有先进的视频和音频功能，被包括 Apple Mac、Microsoft Windows 等主流操作系统支持。QuickTime 软件支持 24 位彩色，支持 RLE、JPEG 等领先的集成压缩技术，提供了 150 多种视频效果，并配有提供了 200 多种 MIDI 兼容音响和设备的声音装置。QuickTime 以其领先的多媒体技术和跨平台特性、较小的存储空间要求、技术细节的独立性以及系统的高度开放性，得到了业界的广泛认可，目前已成为数字媒体软件技术领域的事实上的工业标准。国际标准化组织（ISO）也选择 QuickTime 作为开发 MPEG-4 规范的统一数字媒体存储格式的技术标准。

(4) ASF

ASF (Advanced Streaming format 高级流格式) 是 Microsoft 为了和现在的 Real player 竞争而发展出来的一种可以直接在网上观看视频节目的文件压缩格式。ASF 使用了 MPEG4 的压缩算法，压缩率和图像的质量都很不错。因为 ASF 是以一个可以在网上即时观赏的视频“流”格式存在的，所以它的图像质量比 VCD 差一点点并不出奇，但比同是视频“流”格式的 RAM 格式要好。

(5) WMV

一种独立于编码方式的在 Internet 上实时传播多媒体的技术标准，Microsoft 公司希望用其取代 QuickTime 之类的技术标准以及 WAV、AVI 之类的文件扩展名。WMV 的主要优点在于：可扩充的媒体类型、本地或网络回放、可伸缩的媒体类型、流的优先级化、多语言支持、扩展性等。

(6) 3GP

3GP 是一种 3G 流媒体的视频编码格式，主要是为了配合 3G 网络的高传输速度而开发的，也是目前手机中最为常见的一种视频格式。

简单的说，3GP 格式是“第三代合作伙伴项目”(3GPP)制定的一种多媒体标准，使用户能使用手机享受高质量的视频、音频等多媒体内容。其核心由包括高级音频编码(AAC)、自适应多速率 (AMR)、MPEG-4 和 H.263 视频编码解码器等组成。目前大部分支持视频拍摄的手机都支持 3GPP 格式的视频播放。

(7) REAL VIDEO

REAL VIDEO （RA、RAM）格式由一开始就定位在视频流应用方面，也可以说是视频流技术的始创者。它可以在用 56 kbit Modem 拨号上网的条件实现不间断的视频播放，当然，其图像质量和 MPEG2、DIVX 等相比要差一些。

(8) MKV

一种后缀为 MKV 的视频文件频频出现在网络上，它可在一个文件中集成多条不同类型的音轨和字幕轨，而且其视频编码的自由度也非常大，可以是常见的 DivX、XviD、3IVX，甚至可以是 RealVideo、QuickTime、WMV 这类流式视频。实际上，它是一种全称为 Matroska 的新型多媒体封装格式。这种先进的、开放的封装格式已经展示出非常好的应用前景。

(9) DIVX

DIVX 视频编码技术可以说是一种对 DVD 造成威胁的新生视频压缩格式，它由 Microsoft mpeg4v3 修改而来，使用 MPEG4 压缩算法。同时它也可以说是为了打破 ASF 的种种协定而发展出来的。

(10) FLV

FLV 流媒体格式是一种新的视频格式，全称为 Flash Video。由于它形成的文件极小、加载速度极快，使得网络观看视频文件成为可能。它的出现有效地解决了视频文件导入 Flash 后，使导出的 SWF 文件体积庞大，不能在网络上很好的使用等缺点。

2. 视频编码

视频压缩技术是计算机处理视频的前提。视频信号数字化后数据带宽很高，通常在 20MB/s 秒以上，因此计算机很难对之进行保存和处理。如果不压缩，一帧的标清视频将占用接近 1MB 的存储容量。当 NTSC 帧速率约为 30 帧/秒时，未压缩的视频将以约 30MB/s

的速度播放，35s 的视频将占用约 1GB 的存储容量。采用压缩技术以后通常数据带宽降到 1～10MB/s，这样就可以将视频信号保存在计算机中并作相应的处理。

所谓视频编码方式就是指通过特定的压缩技术，将某个视频格式的文件转换成另一种视频格式文件的方式。一般来说，视频图像数据有极强的相关性，也就是说有大量的冗余信息。其中冗余信息可分为空域冗余信息和时域冗余信息。压缩技术就是将数据中的冗余信息去掉（去除数据之间的相关性），压缩技术包含帧内图像数据压缩技术、帧间图像数据压缩技术和熵编码压缩技术。

目前常用的视频格式可以概述如下。

(1) AVI 格式（Audio Video Interleaved，音频视频交错）

1992 年由 Microsoft 公司推出，随 Windows 一起被人们所认识和熟知。所谓“音频视频交错”，就是可以将视频和音频交织在一起进行同步播放。这种视频格式的优点是图像质量好，可以跨多个平台使用，但是其缺点是体积过于庞大，而且更加糟糕的是压缩标准不统一，经常会遇到同一个 AVI 格式视频无法在不同版本 Windows 媒体播放器中播放的现象。

(2) DV-AVI 格式（Digital Video Format，DV）

由索尼、松下、JVC 等多家厂商联合提出的一种家用数字视频格式。目前的数码摄像机大都使用这种格式记录视频数据的，它可以通过电脑的 IEEE 1394 端口传输视频数据到电脑，也可以将电脑中编辑好的的视频数据回录到数码摄像机中。这种视频格式的文件扩展名一般也是.avi，所以我们习惯地叫它为 DV-AVI 格式。

(3) MPEG 格式（Moving Picture Expert Group，运动图像专家组格式）

MPEG 文件格式是运动图像压缩算法的国际标准，它采用了有损压缩方法从而减少运动图像中的冗余信息，通过保留相邻两幅画面绝大多数相同的部分，而把后续图像中和前面图像有冗余的部分去除，从而达到压缩的目的。目前 MPEG 格式有 3 个压缩标准，分别是 MPEG-1、MPEG-2、和 MPEG-4。

- MPEG-1：制定于 1992 年，它是针对 1.5Mbps 以下数据传输率的数字存储媒体运动图像及其伴音编码而设计的国际标准。也就是我们通常所见到的 VCD 制作格式。这种视频格式的文件扩展名包括.mpg、.mlv、.mpe、.mpeg 及 VCD 光盘中的.dat 文件等。
- MPEG-2：制定于 1994 年，设计目标为高级工业标准的图像质量以及更高的传输率。这种格式主要应用在 DVD/SVCD 的制作方面，同时在一些 HDTV（高清晰电视广播）和一些高要求视频编辑、处理上面也有相当的应用。这种视频格式的文件扩展名包括.mpg、.mpe、.mpeg、.m2v 及 DVD 光盘上的.vob 文件等。
- MPEG-4：制定于 1998 年，为了播放流式媒体的高质量视频而专门设计的，它可利用很窄的带度，通过帧重建技术，压缩和传输数据，以求使用最少的数据获得最佳的图像质量。它能够保存接近于 DVD 画质的小体积视频文件。这种视频格式的文件扩展名包括.asf、.mov 和 DivX、AVI 等。

(4) DivX 格式

这是由 MPEG-4 衍生出的另一种视频编码（压缩）标准，也即通常所说的 DVDrip 格式，它采用了 MPEG4 的压缩算法同时又综合了 MPEG-4 与 MP3 各方面的技术，就是使用 DivX 压缩技术对 DVD 盘片的视频图像进行高质量压缩，同时用 MP3 或 AC3 对音频进行压缩，然后再将视频与音频合成并加上相应的外挂字幕文件而形成的视频格式。其画质直逼

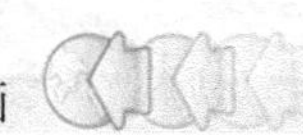

DVD 并且体积只有 DVD 的几分之一。

(5) MOV 格式

美国 Apple 公司开发的一种视频格式，默认的播放器是苹果的 QuickTimePlayer。具有较高的压缩比率和较完美的视频清晰度等特点，但是其最大的特点还是跨平台性，即不仅能支持 MacOS，同样也能支持 Windows 系列。

(6) ASF 格式（Advanced Streaming format）

微软为了和现在的 Real Player 竞争而推出的一种视频格式，用户可以直接使用 Windows 自带的 Windows Media Player 对其进行播放。由于它使用了 MPEG-4 的压缩算法，所以压缩率和图像的质量都很不错。

(7) WMF 格式 （Windows Media Video）

微软推出的一种采用独立编码方式并且可以直接在网上实时观看视频节目的文件压缩格式。主要优点包括本地或网络回放、可扩充的媒体类型、可伸缩的媒体类型、多语言支持、环境独立性、丰富的流间关系以及扩展性等。

(8) RM 格式（Real Media）

Networks 公司所制定的音频视频压缩规范，用户可以使用 RealPlayer 或 RealOne Player 进行实况转播，并且 RealMedia 还可以根据不同的网络传输速率制定出不同的压缩比率，从而实现在低速率的网络上进行影像数据实时传送和播放。这种格式的另一个特点是用户使用 RealPlayer 或 RealOne Player 播放器可以在不下载音频/视频内容的条件下实现在线播放。

(9) RMVB 格式

这是一种由 RM 视频格式升级延伸出的新视频格式，它打破了原先 RM 格式那种平均压缩采样的方式，在保证平均压缩比的基础上合理利用比特率资源，就是说静止和动作场面少的画面场景采用较低的编码速率，这样可以留出更多的带宽空间，而这些带宽会在出现快速运动的画面场景时被利用。这样在保证了静止画面质量的前提下，大幅地提高了运动图像的画面质量，从而图像质量和文件大小之间就达到了微妙的平衡。

（三）视频的转换

虽然有很多种视频格式，但是一般情况下，Flash 并不能直接使用普通的视频文件，而是需要将视频文件进行转换。这个转换工具就是 Flash 配套提供的 Video Encoder，如图 12-2 所示。

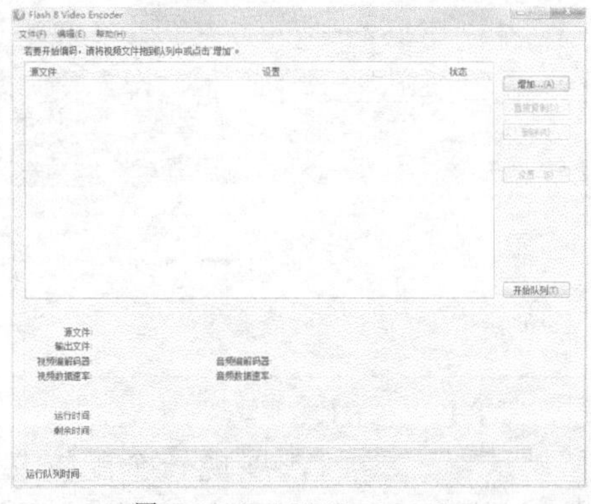

图12-2　Flash 8 Video Encoder

Video Encoder 是一个独立的 FLV 转换工具，简单地说，Flash 就是靠它进行多媒体视频/音频文件转换，从而导入不同格式视频。但它的运行是有条件的，就是需要相应的解码器才

能工作，这个解码器就是 DirectShow 和 QuickTime。

(1) DirectShow 是微软公司提供的一套在 Windows 平台上进行流媒体处理的开发包，与 DirectX 开发包一起发布。它广泛地支持各种媒体格式，包括 ASF、MPEG、AVI、DV、MP3、WAVE 等等，使得多媒体数据的回放变得轻而易举。DirectShow 还集成了 DirectX 其他部分（比如 DirectDraw、DirectSound）的技术，直接支持 DVD 的播放、视频的非线性编辑，以及与数字摄像机的数据交换。此外，DirectShow 提供的是一种开放式的开发环境，我们可以根据自己的需要定制自己的组件。

(2) QuickTime 是苹果公司提供的系统级代码的压缩包，应用程序可以用 QuickTime 来生成、显示、编辑、拷贝、压缩影片。除了处理视频数据以外，QuickTime 还能处理静止图像、动画图像、矢量图、多音轨、MIDI 音乐、三维立体、虚拟现实全景和虚拟现实的物体，当然还包括文本。它可以使任何应用程序中都充满各种各样的媒体。

Video Encoder 会随 Flash 一起安装，能够对视频进行格式转换，进行简单的编辑处理等。一般情况下，使用默认设置，直接转换视频即可。

单击操作界面上的 增加…(A) 按钮，打开选择文件对话框，从中选择需要转变的视频文件，则这些文件出现在 Video Encoder 的列表窗口，如图 12-3 所示。

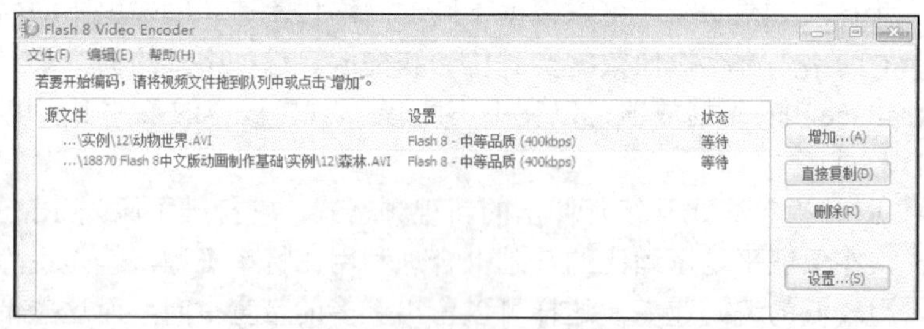

图12-3 文件出现在 Video Encoder 的列表窗口

选择一个文件，单击 设置…(S) 按钮，打开【Flash 视频编码设置】对话框，如图12-4 所示。其中给出了应用于所选文件的视频编码配置信息。

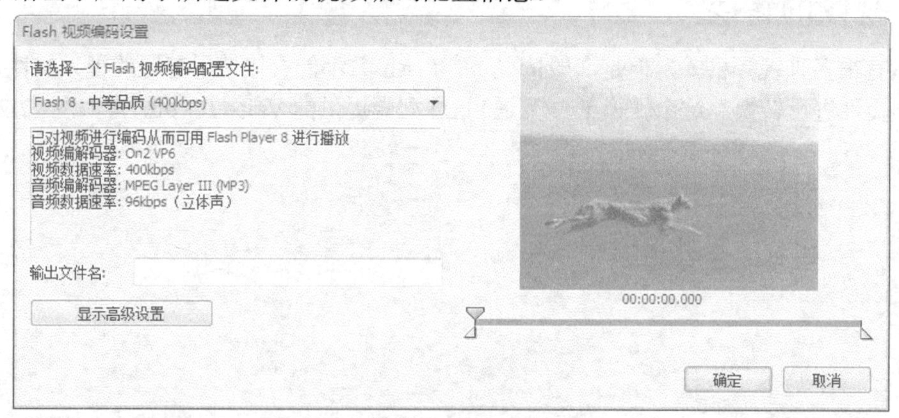

图12-4 文件的视频编码配置信息

单击 Flash 8 - 中等品质 (400kbps)，展现一个配置文件下拉列表，根据作品需要，可以为视频编码选择不同的视频品质，如图 12-5 所示。可见，不同的视频品质，其数据量是不同的。

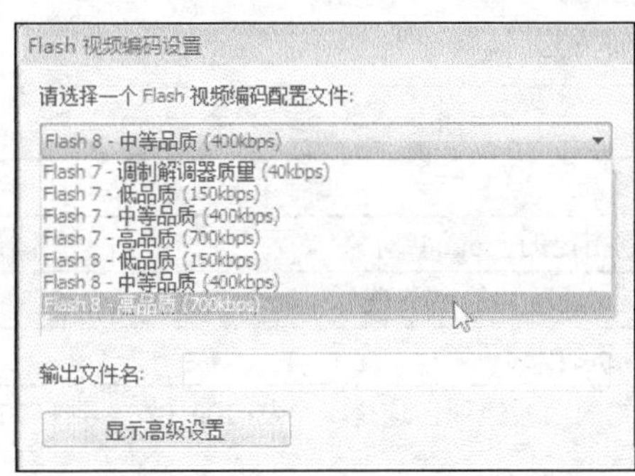

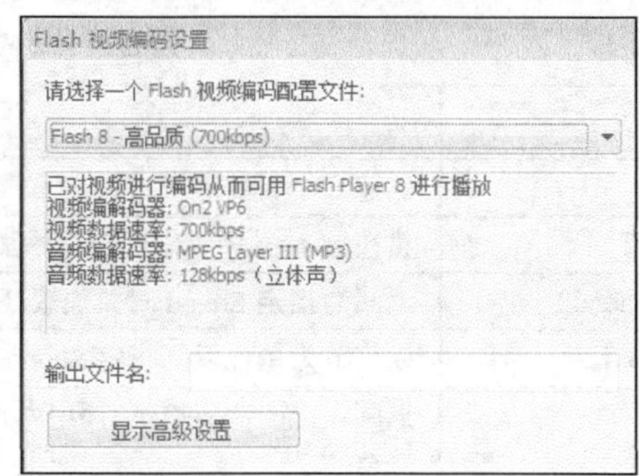

图12-5　为视频编码选择不同的视频品质

单击 显示高级设置 按钮，能够打开一个更详细、可调整的编码设置对话框，如图 12-6 所示。

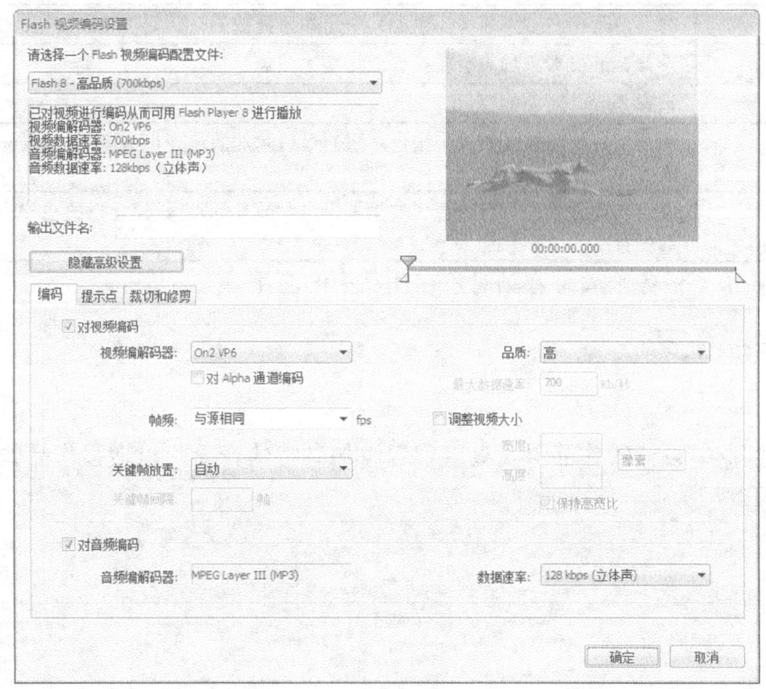

图12-6　高级视频编码对话框

任务二　音频的应用

【基本知识】

在 Flash 中有两种类型的声音：事件声音和音频流。事件声音必须完全下载后才能开始播放，除非明确停止，它将一直连续播放。音频流在前几帧下载了足够的数据后就开始播放；音频流可以通过和时间轴同步以便在 Web 站点上播放。

在 Flash 中，音频的使用非常简单，可以通过直接加载到作品中来实现。这在下面的任务中会涉及。

若要实现对声音的灵活控制，一般需要借助动作脚本来实现。通过构造Sound 对象并调用其中的各个方法，就可以根据需要控制影片中的声音了。如表 12-1 所示。

表 12-1　　　　　　　　声音对象的各种方法

方法	说明
new Sound	创建一个新的声音对象
attachSound	将在 id 参数中指定的声音附加到指定的 Sound 对象
getBytesLoaded	返回为指定 Sound 对象加载（流式处理）的字节数
getBytesTotal	以字节为单位返回指定 Sound 对象的大小
getPan	返回在上一次 setPan()调用中设置的面板级别，这是一个从-100（左）到+100（右）的整数
getTransform	返回用上一次 Sound.setTransform() 调用设置的指定 Sound 对象的声音转换信息
getVolume	返回音量级别，这是一个从 0 到 100 的整数，其中 0 表示关闭，100 表示最大音量
loadSound	将 MP3 文件加载到 Sound 对象中
setPan	确定声音在左右声道（扬声器）中是如何播放的
setTransform	设置 Sound 对象的声音转换（或均衡）信息
setVolume	设置 Sound 对象的音量
start	从开头开始播放（如果未指定参数）最后附加的声音，或者从由 secondOffset 参数指定的声音点处开始播放
stop	停止当前播放的所有声音（如果未指定参数），或者只停止播放在 idName 参数中指定的声音

下面通过各个子任务来演练音频对象在作品中的应用。

（一）为作品配乐

【任务要求】

为本书项目十中设计的作品“飞鸟翩翩”添加鸟鸣的音乐，以增强作品的艺术感染力。画面效果如图 12-7 所示。

图12-7　为作品添加鸟鸣

【操作步骤】

1. 打开前面设计的“飞鸟翩翩.fla”文档，将其另存为“飞鸟翩翩（鸟鸣）.fla”。
2. 选择【文件】/【导入】/【导入到库】命令，从附盘中找到“鸟鸣.wav”音频文件，将其导入到当前文件的【库】面板中。
3. 在【时间轴】面板中，选择【背景】层第 1 帧，在其【属性】面板中，单击面板右侧的【声音】下拉列表框框，在下拉列表中选择“鸟鸣.wav”音频对象，如图 12-8 所示。

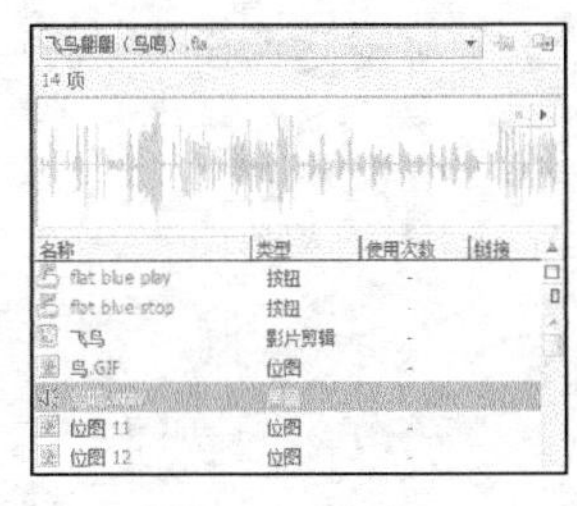

图12-8　选择音频对象

4. 这时，在【时间轴】面板中，可以看到一个声波曲线充满了全部动画帧，如图 12-9 所示，也就是说在这个动画过程中声音会始终播放的。

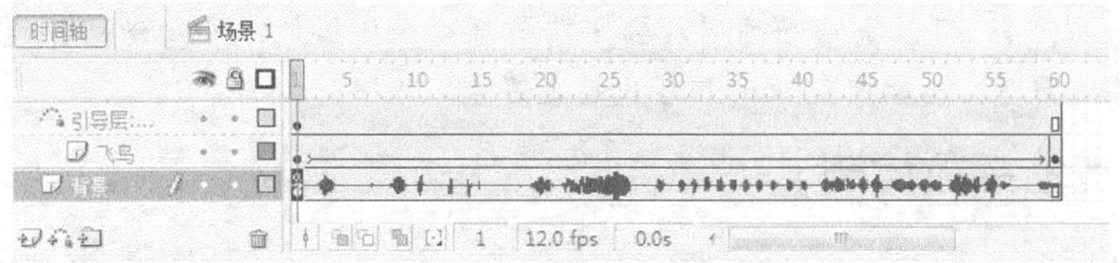

图12-9　声波曲线充满了全部动画帧

5. 选择【控制】/【测试影片】命令，就可以在动画中听到欢快的鸟鸣了。

在图 12-8 的声音属性部分，还有其他一些设置和参数，下面简单说明一下。

【效果】选项主要用于设置不同的音频变化效果，如图 12-10 所示。

- 【无】：不选择任何效果。
- 【左声道】：只有左声道播放声音。
- 【右声道】：只有右声道播放声音。
- 【从左到右淡出】：可以产生从左声道向右声道渐变的效果。
- 【从右到左淡出】：可以产生从右声道向左声道渐变的效果。
- 【淡入】：用于制造声音开始时逐渐提升音量的效果。
- 【淡出】：用于制造声音结束时逐渐降低音量的效果。
- 【自定义】：让用户根据自己的需要来调整声音效果。

单击【效果】选项后面的编辑...按钮，打开【编辑封套】对话框，如图 12-11 所示。利用该对话框，可以对音频的表现效果进行编辑调整。具体的编辑效果大家可以自行尝试。

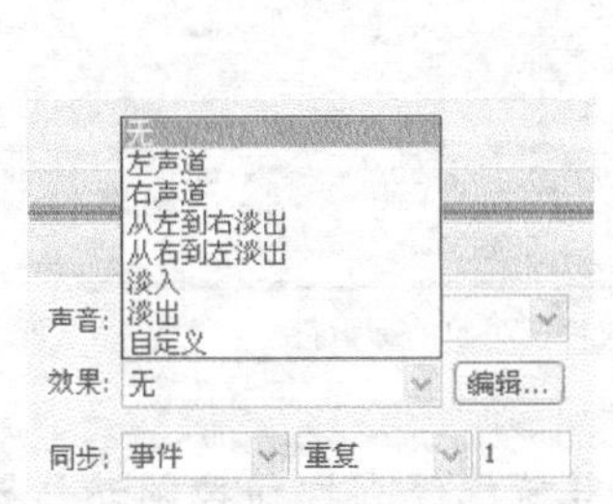

图12-10　【效果】选项

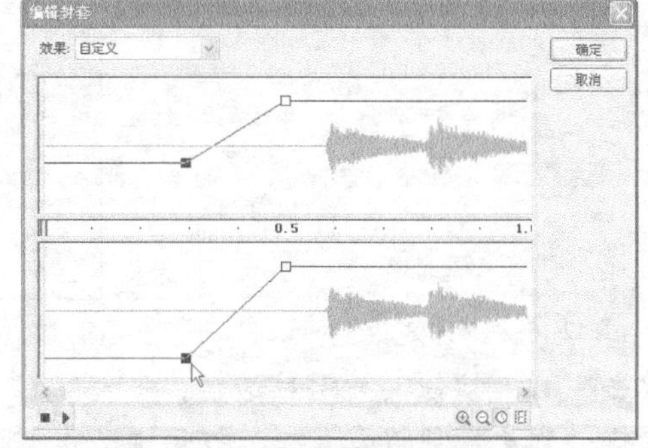

图12-11　对音频的表现效果进行编辑调整

【同步】选项用于设置不同声音的播放形式，如图 12-12 所示。

- 【事件】：这是软件默认的选项，此项的控制播放方式是当动画运行到导入声音的帧时，声音将被打开，并且不受时间轴的限制继续播放，直到单个声音播放完毕，或是按照用户在【循环】中设定的循环播放次数反复播放。
- 【开始】：是用于声音开始位置的开关。当动画运动到该声音导入帧时，声音开始播放，但在播放过程中如果再次遇到导入同一声音的帧时，将继续播放该声音，而不播放再次导入的声音。"事件"项却可以两个声音同时播放。

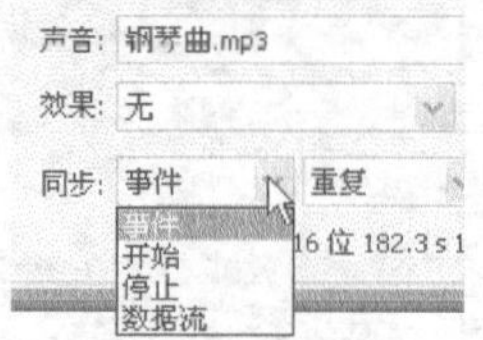

图12-12 【同步】选项

- 【停止】：用于结束声音的播放。
- 【数据流】：可以根据动画播放的周期控制声音的播放，即当动画开始时导入并播放声音，当动画结束时声音也随之终止。

（二）声音的播放控制

【任务要求】

在上节的范例中，直接将视频导入作品中播放，但是无法对声音进行控制。这个问题利用 ActionScript 能够方便的实现。下面我们继续在上面的范例中，利用按钮来控制声音的播放。

【操作步骤】

1. 将上例文件另存为"飞鸟翩翩（声音控制）.fla"。
2. 在【库】面板中，选择音乐文件"鸟鸣.wav"，单击鼠标右键，从弹出的快捷菜单中选择"链接"命令，如图 12-13 所示。
3. 在打开的【链接属性】对话框中，选中【为 ActionScript 导出】选项，并在【标示符】栏中输入一个名称"mymusic"，以便在 ActionScript 中引用此嵌入的声音对象时使用，如图 12-14 所示。

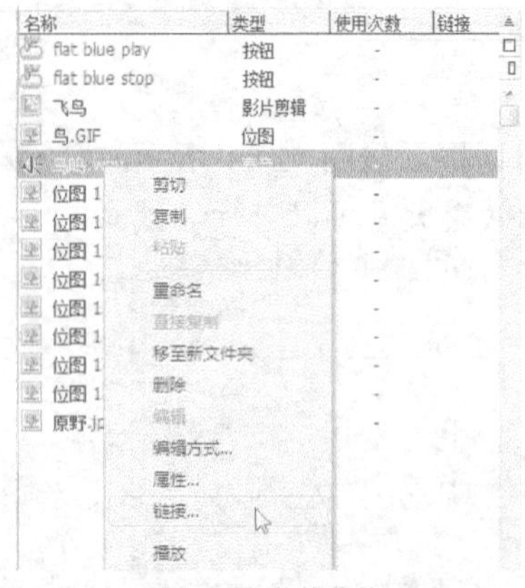

图12-13 快捷菜单

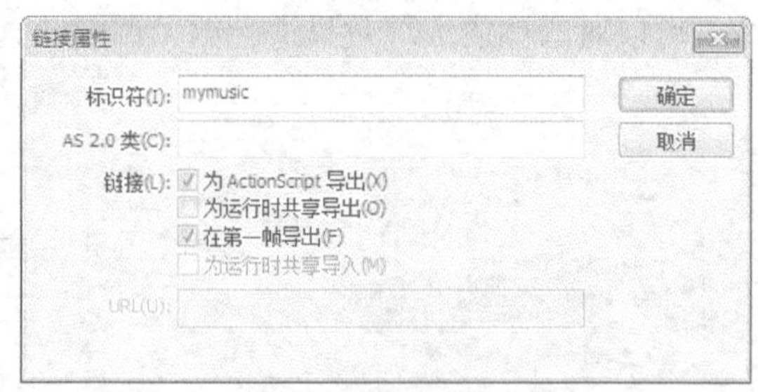

图12-14 输入声音对象的标识符

4. 单击 确定 按钮，关闭对话框。
5. 选择"背景"层的第 1 帧，打开【动作】面板，可见，当前已经有按钮控制动画播放的代码，如图 12-15 所示。
6. 输入一些新的代码，以控制声音的播放，如图 12-16 所示。

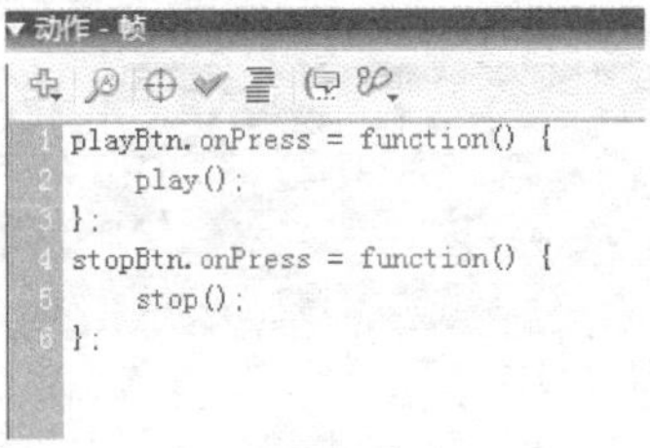

```
var snd:Sound = new Sound();
snd.attachSound("mymusic");
playBtn.onPress = function() {
    play();
    snd.start();
};
stopBtn.onPress = function() {
    stop();
    snd.stop();
};
```

```
▼动作 - 帧
playBtn.onPress = function() {
    play();
};
stopBtn.onPress = function() {
    stop();
};
```

图12-15　原先的代码

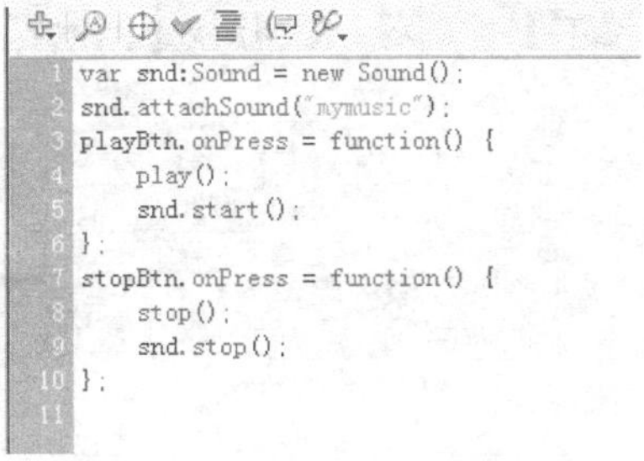

图12-16　输入新的代码

代码说明：

```
var snd:Sound = new Sound();          //定义 Sound 类的一个实例 snd
snd.attachSound("mymusic");               //将 mymusic 对象附加到实例上
playBtn.onPress = function() {
        play();
        snd.start();                      //让 snd 实例继续播放
};
stopBtn.onPress = function() {
        stop();
        snd.stop();                       //让 snd 实例停止播放
};
```

7. 测试作品，可以使用按钮来控制动画和声音的播放与停止了。

说明

若在第 1 帧的【属性】面板中设置【声音】为"无"，会出现什么样的动画效果呢？请大家尝试并对比一下。

（三）为按钮添加音效

【任务要求】

为按钮元件添加音效，也是作品设计中常见应用。当鼠标经过按钮时，会出现一个音效；按钮被按下，会发出另外一个音效。

【操作步骤】

1. 继续上面的练习，将文件另存为"飞鸟翩翩（按钮音效）.fla"。
2. 将两个音频文件"鼠标按下.wav"、"鼠标经过.wav"导入到【库】中。
3. 双击舞台上的播放按钮，进入元件的编辑状态。选择【指针经过】帧，在【属性】面板中的【声音】项中选择"鼠标经过.wav"，如图 12-17 所示。

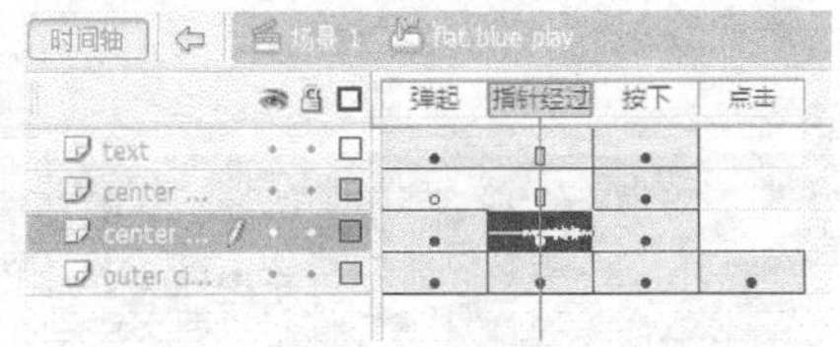

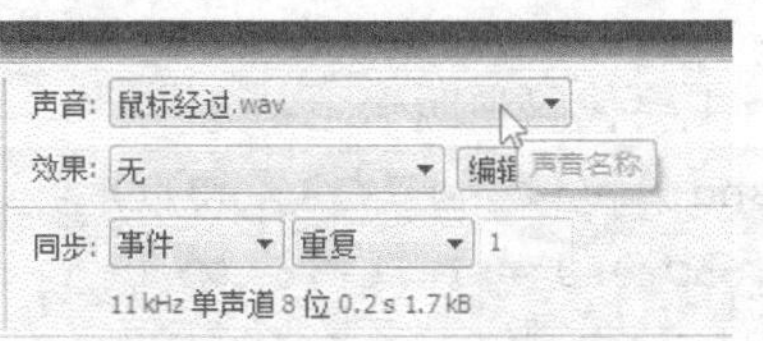

图12-17　为【指针经过】帧选择声音

4. 为【按下】帧选择“鼠标按下.wav”，如图 12-18 所示。

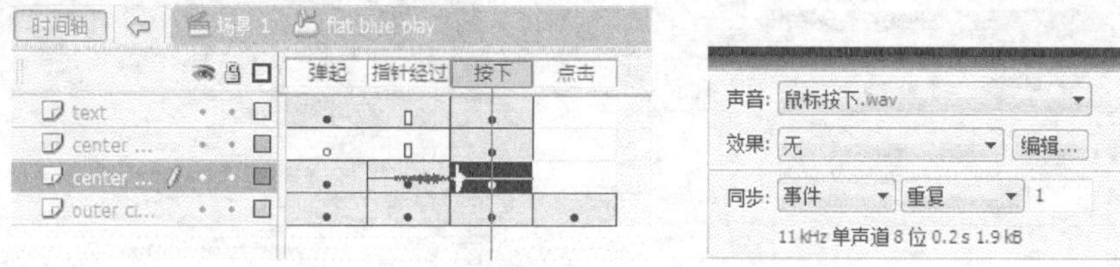

图12-18　为【按下】帧选择声音

5. 同理，再为停止按钮也设置声音效果。
6. 测试影片，在舞台中操作按钮，就可以听到不同的声音效果。

（四）变换音乐

【任务要求】

很多时候，需要对作品中的音乐文件进行改变。利用 ActionScript，可以方便地实现这种要求。单击不同的按钮，就会播放不同的乐曲，如图 12-19 所示。

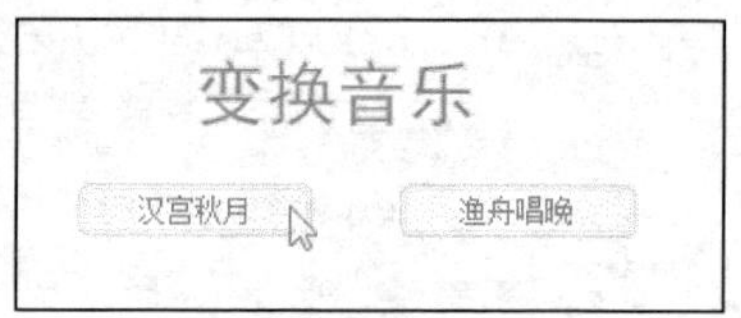

图 12-19　变换音乐

【操作步骤】

1. 新建一个 Flash 文档。用【文本】工具创建一个静态文本，输入内容“变换音乐”。
2. 从【组件】面板中拖动“Button”组件到舞台，创建两个实例对象，分别设置其名称和标签内容，如图 12-20 所示。

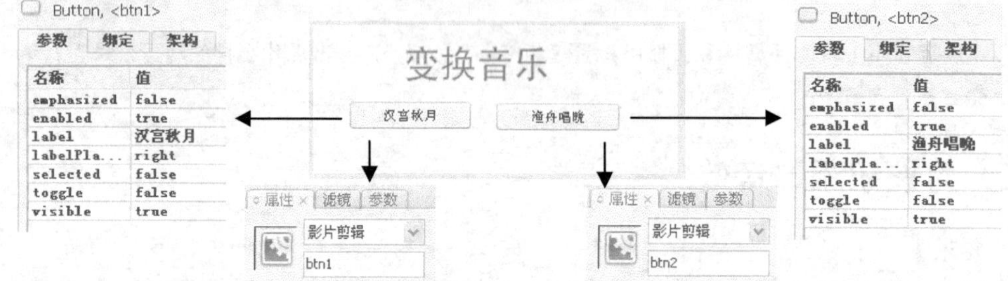

图 12-20　创建两个“Button”组件实例对象

3. 选择第 1 帧，打开动作面板，输入图 12-21 所示代码。

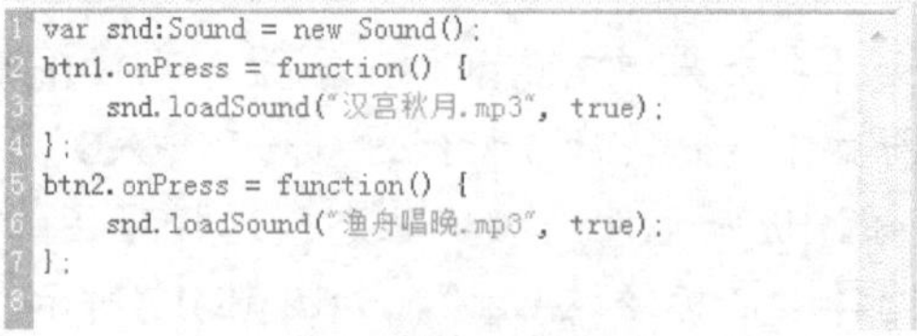

```
var snd:Sound = new Sound();
btn1.onPress = function() {
    snd.loadSound("汉宫秋月.mp3", true);
};
btn2.onPress = function() {
    snd.loadSound("渔舟唱晚.mp3", true);
};
```

图12-21　动作代码

下面对主要代码说明一下：

```
var snd:Sound = new Sound();                    //定义一个新的声音对象 snd
btn1.onPress = function() {                          //处理按钮 btn1 按下的事件
    snd.loadSound("汉宫秋月.mp3", true);      //载入
};
```

```
btn2.onPress = function() {
    snd.loadSound("渔舟唱晚.mp3", true);
};
```

4. 测试作品，读者可以用按钮来选择播放“汉宫秋月”或“渔舟唱晚”。

任务三　视频的应用

下面通过几个具体的子任务来说明视频素材的应用方法。

（一）视频的导入与播放

【任务要求】

在这个子任务中，将视频文件导入到作品中，并且能够使用播放控制条来控制视频的播放，如图 12-22 所示。

图12-22　应用视频

【操作步骤】

1. 新建一个 Flash 文档。
2. 选择【文件】/【导入】/【导入到库】命令，从打开的对话框中选择一个 FLV 格式的视频文件，则会出现一个【导入视频】的对话框，如图 12-23 所示。
3. 选择合适的文件后，单击 下一个＞ 按钮，进入【部署】页面，如图 12-24 所示。页面左侧是几个部署选项，右侧是对应每个选项的具体说明。

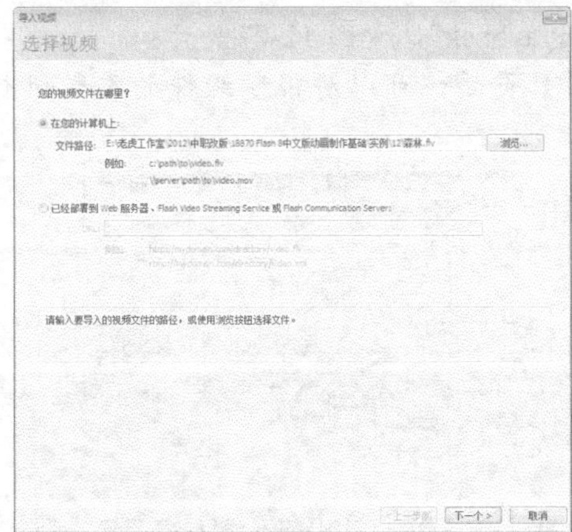

图12-23　【导入视频】对话框

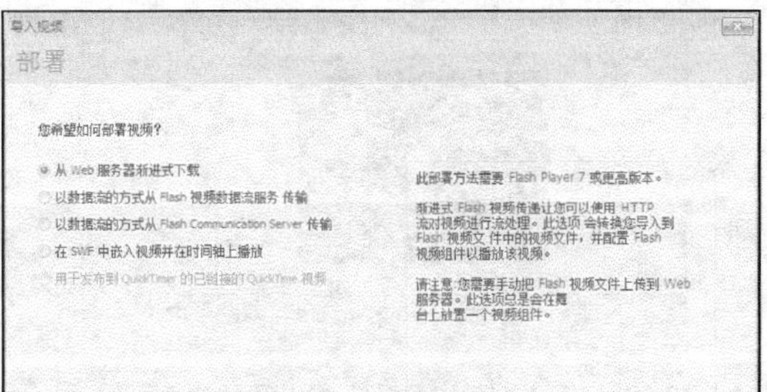

图12-24　嵌入选项

4. 保持默认设置，单击 下一步 > 按钮，出现【外观】页面。在这里可以选择不同的外观形式，包括使用播放控制条的按钮、颜色等，如图 12-25 所示。

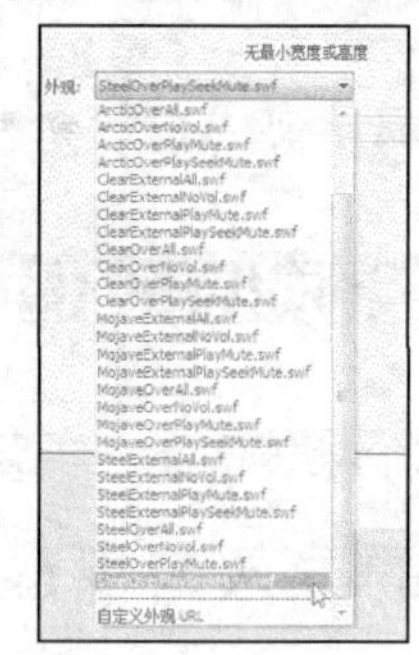

图12-25 选择不同的外观形式

5. 单击 下一步 > 按钮，出现【完成视频导入】页面，显示了前面设置的简单信息。
6. 单击页面上的 完成 按钮，出现一个保存文件的对话框。要求将当前 Flash 文档进行保存。
7. 选择文件名称、路径并保存文件后，会出现一个视频导入进度条。很快，该视频就被导入完成，舞台上出现了一个视频播放器的模样，如图 12-26 所示。现在已经可以测试并观看视频了，也可以像对待普通元件一样，使用任意变形工具 ，对视频播放器进行移动、旋转和缩放。
8. 测试作品。可以看到，视频可以播放了，并且可以方便地用播放控制条来控制视频的播放、暂停、静音，拖动游标还能够改变播放进度位置。

图12-26 视频播放器

（二）修改视频播放器

【任务要求】

在上面的练习中，实际上我们使用的播放器就是一个视频组件，所以，可以利用【组件检查器】来修改视频播放器的参数。继续上面子任务的练习。

【操作步骤】

1. 打开【库】面板，可见其中有一个组件“FLVPlayback”，如图 12-27 所示。
2. 选择舞台上的视频组件，打开【组件检查器】页面，可以对视频组件的参数进行设置，如图 12-28 所示。

图12-27 【库】面板中的组件“FLVPlayback”

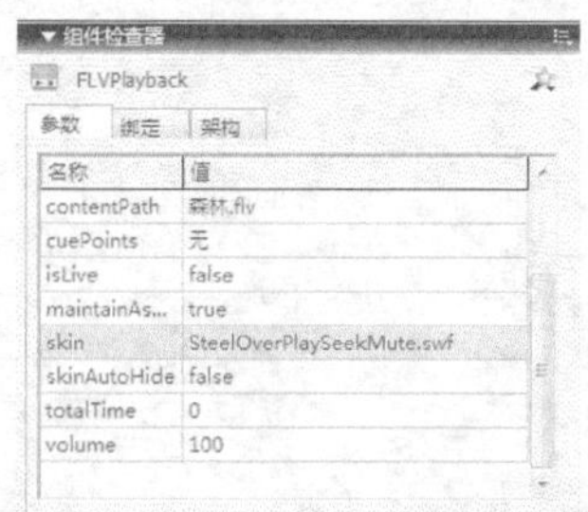

图12-28 对视频组件进行参数设置

一定要让视频文件与当前“.fla”文件保存在同一个文件夹下。

3. 设置“skinAutoHide”为“true”，则播放器上的控制条会自动隐藏，如图 12-29 所示，只有当鼠标移动到视频上时它才会出现。

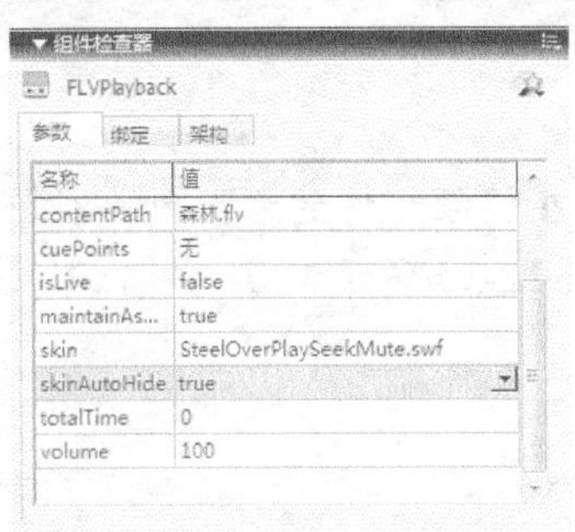

图12-29　设置组件的参数

（三）为视频添加水印

【任务要求】

在很多视频节目中都可以看到有一些透明的水印，如台标、标题、字幕等。利用 Flash 的视频组件，读者也能够轻松地为视频添加上自己的水印，如图 12-30 所示。

【操作步骤】

1. 新建一个 Flash 文件，保存为“视频水印.fla”文件。
2. 从【组件】面板中将“FLVPlayback”组件拖动到舞台上。
3. 选择舞台上的该组件，打开【组件检查器】，“contentPath”参数定义了组件要播放的视频文件，单击该参数的值域，会出现一个小的搜索按钮。
4. 单击该按钮，出现一个【内容路径】对话框，利用其中的按钮能够找到需要播放的视频文件，如图 12-31 所示。

图12-30　视频水印

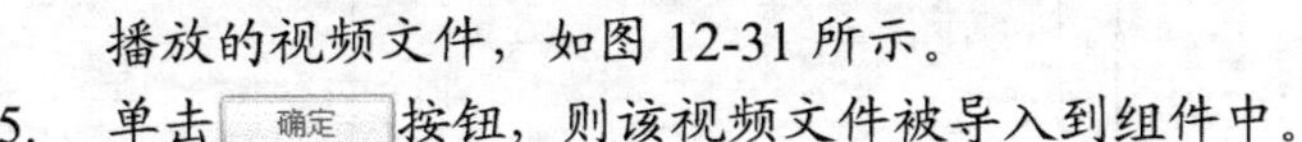
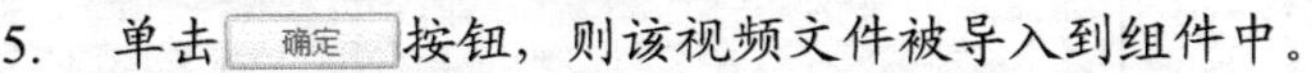

5. 单击 确定 按钮，则该视频文件被导入到组件中。
6. 读者可以根据自己的需要设置控制条的透明度、颜色等，如图 12-32 所示。

图12-31　选择视频文件

图12-32　指定组件要播放的视频文件

7. 创建一个“影片剪辑”类型的元件，在其舞台上输入文本“天天课堂”，适当设置字体、大小、色彩等，然后将文字完全分离，如图 12-33 所示。

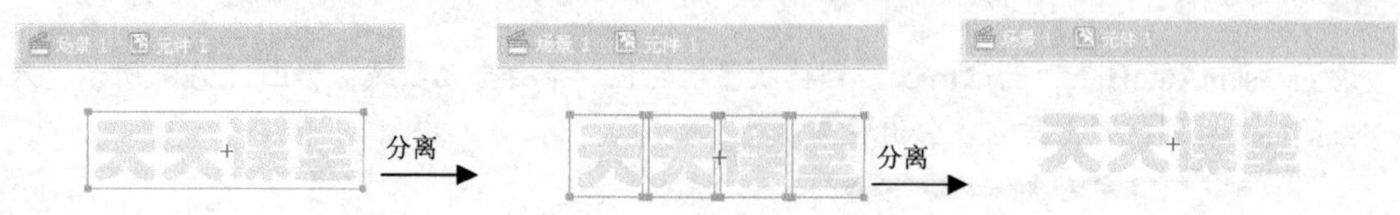

图12-33 创建水印标志

8. 返回“场景 1”中，将水印元件拖入舞台，放置在视频组件的右上角。在属性面板中，设置其【样式】为“Alpha”，数值为 50%，如图 12-34 所示。

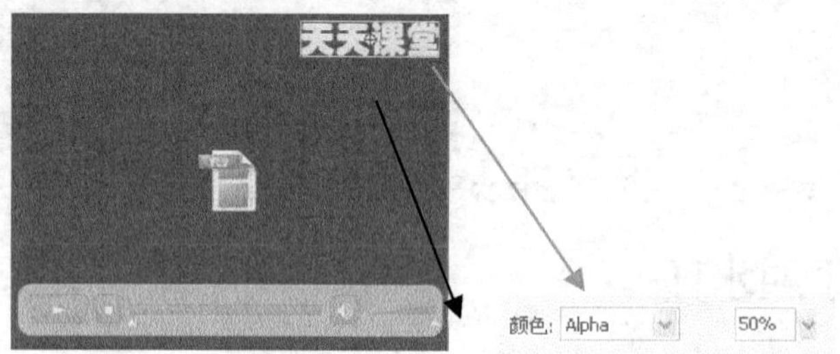

图12-34 将水印元件拖入舞台并设置

9. 测试作品，就可以在视频画面上看到我们定义的水印了。

项目实训

完成本项目的各个任务后，读者初步掌握了在 Flash 中使用音频、视频的方法，以下进行实训练习，对所学内容加以巩固和提高。

实训一 动画音量控制

【任务要求】

使用 NumericStepper（数字步进）组件，调节当前播放的声音的音量，效果如图 12-35 所示。

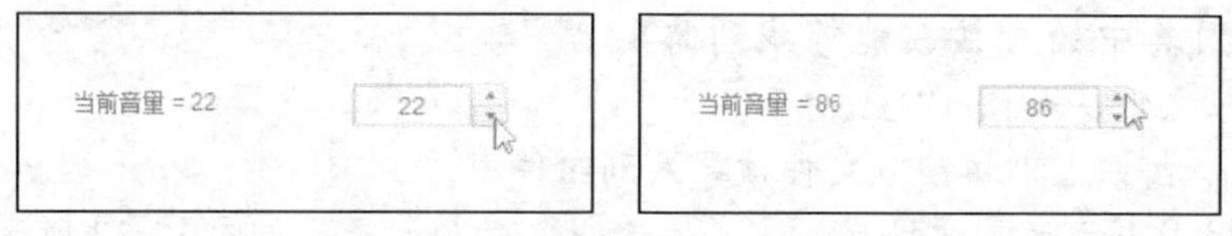

图12-35 音量控制

【操作步骤】

1. 新建一个 Flash 文件。
2. 从【组件】面板中拖动 Label 组件到舞台，设置其实例名称为“my_label”，如图 12-36 所示。
3. 从【组件】面板中拖动 NumericStepper 组件到舞台，设置其实例名称为“my_nstep”，如图 12-37 所示。

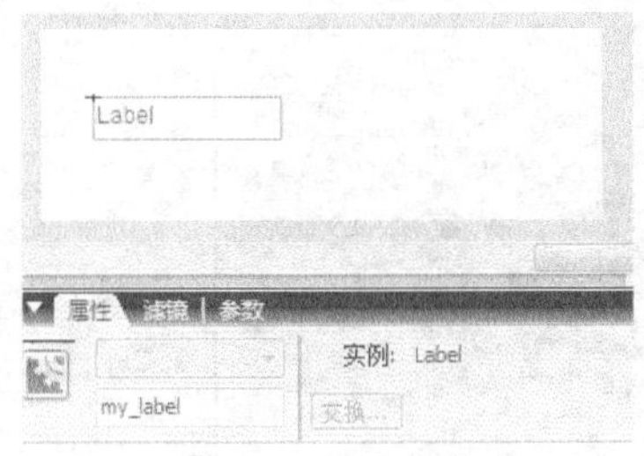

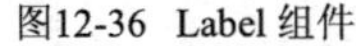
图12-36　Label 组件

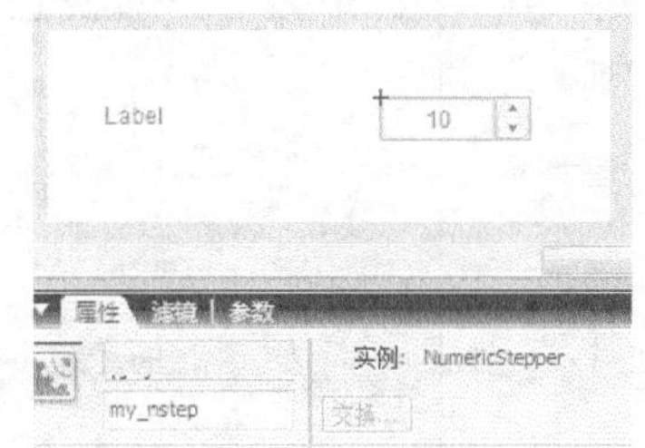

图12-37　设置 Slider 组件的参数

4. 选择第 1 帧，打开动作面板，输入图12-38 所示代码。

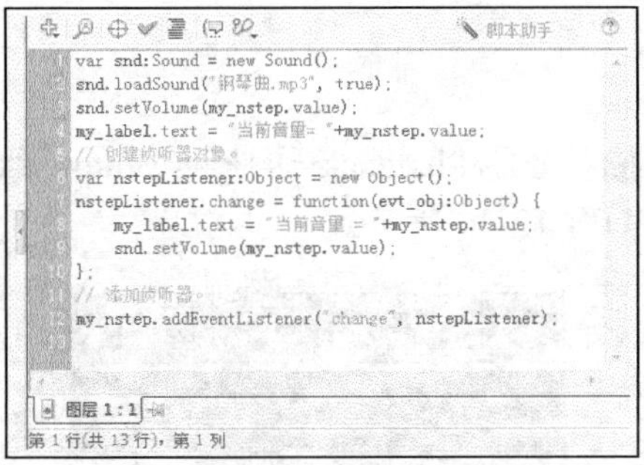

```
var snd:Sound = new Sound();
snd.loadSound("钢琴曲.mp3", true);
snd.setVolume(my_nstep.value);
my_label.text = "当前音量= "+my_nstep.value;
// 创建侦听器对象。
var nstepListener:Object = new Object();
nstepListener.change = function(evt_obj:Object) {
    my_label.text = "当前音量 = "+my_nstep.value;
    snd.setVolume(my_nstep.value);
};
// 添加侦听器。
my_nstep.addEventListener("change", nstepListener);
```

图层 1:1

第 1 行(共 13 行)，第 1 列

图12-38　动作脚本

代码说明：

```
var snd:Sound = new Sound();          //创建一个声音对象 snd
snd.loadSound("钢琴曲.mp3", true);  //为声音对象载入一个声音文件
snd.setVolume(my_nstep.value);        //设置声音对象的音量为对象 my_nstep 的值
my_label.text = "当前音量= "+my_nstep.value;          //显示当前音量的值
// 创建 nstepListener 类型的侦听器对象
var nstepListener:Object = new Object();
//自定义函数，处理此侦听器对象发生变化的事件
nstepListener.change = function(evt_obj:Object) {
        my_label.text = "当前音量 = "+my_nstep.value;
        snd.setVolume(my_nstep.value);
};
// 为 my_nstep 对象添加一个侦测"数值发生变化的事件"的侦听器
my_nstep.addEventListener("change", nstepListener);
```

一定要让音频文件与当前".fla"文件保存在同一个文件夹下。

5. 测试作品，可见随着数值的变化，乐曲的音量也不断发生变化。

实训二　更换视频文件

【任务要求】

通过对视频组件的属性修改，可以方便地更换视频文件，如图 12-39 所示。单击不同的按钮，组件就播放不同的视频。

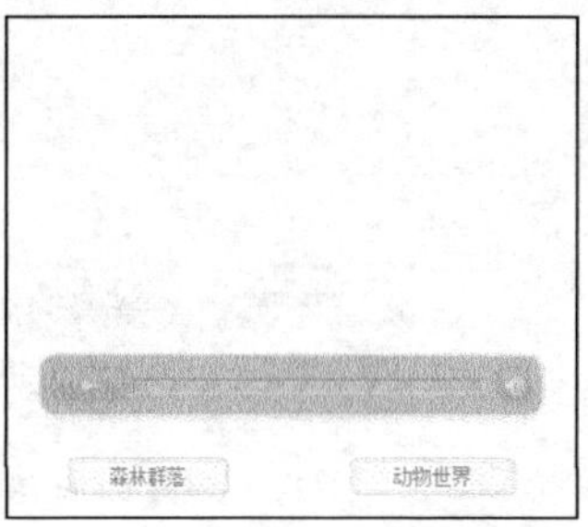

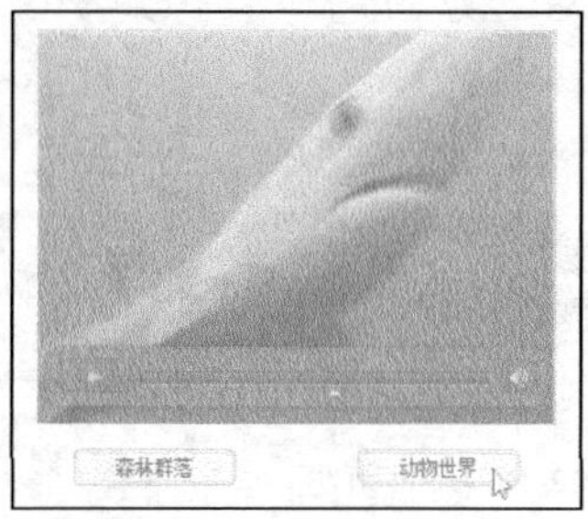

图12-39　更换视频文件

【操作步骤】

1. 新建一个 Flash 文档。
2. 从【组件】面板中分别拖动 FLVPlayback 组件和 Button 组件到舞台上，并分别设置其实例名称、标签内容，如图 12-40 所示。

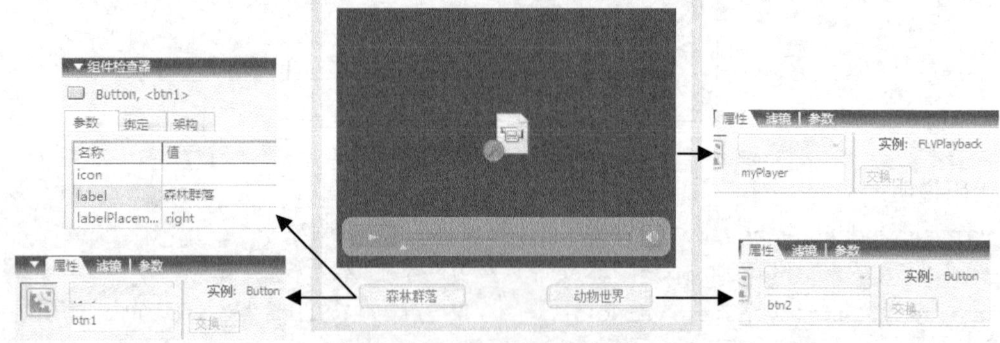

图12-40　设置各组件的属性和参数

3. 选择第1帧，打开动作面板，输入如图12-41所示代码。通过对组件的contentPath参数的设置，来改变组件播放的视频。

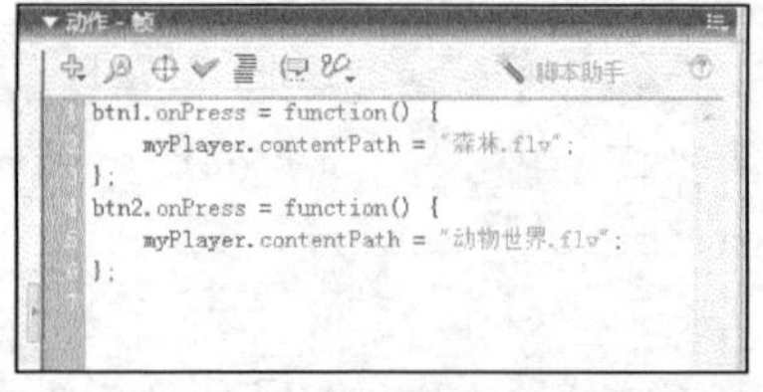

```
btn1.onPress = function() {
    myPlayer.contentPath = "森林.flv";
};
btn2.onPress = function() {
    myPlayer.contentPath = "动物世界.flv";
};
```

图12-41　修改组件的 contentPath 参数

一定要让视频文件与当前“.fla”文件保存在同一个文件夹下。

4. 测试作品，单击不同按钮，能够播放不同的视频。

项目小结

音视频可以使作品变得不再单调，选择优美的声音对表达作品内涵也很有帮助。例如，

通过向按钮元件添加音效可以使按钮具有更强的互动效果，通过声音淡入淡出效果处理还可以使音乐更加优美。Flash 提供了多种音视频应用的方法，可以是独立于时间轴连续播放，也可以通过脚本来调用。

对于音视频的引用和控制，读者应该结合动作语句的学习，掌握功能更强大的媒体控制方法，使声音播放时停、放自如，或是在多个音频文件之间来回切换，达到更为理想的作品音频效果。

在 Flash 作品中，使用音频、视频资源，能够为作品增色。但是也应当注意到，这些资源的使用会导致作品数据量增大，传输速度变慢。所以一定要合理应用，切忌滥用。

思考与练习

一、填空题

1. 根据声波的频率不同，将其划分成______、______、______。
2. 人们说话的声波频率范围是______～______。
3. 相同长度的音乐文件，用 MP3 格式来储存，一般只有 WAV 格式的______。
4. 有两种压缩类型可应用于数字媒体，分别是______压缩和______压缩。

二、操作题

1. 自己设计一个圆形按钮，为其添加按钮音效，如图 12-42 所示。
2. 请为任务二中的作品设计一个静音按钮。单击该按钮，作品中的声音就会暂停；再次单击，声音又会继续播放，如图 12-43 所示。

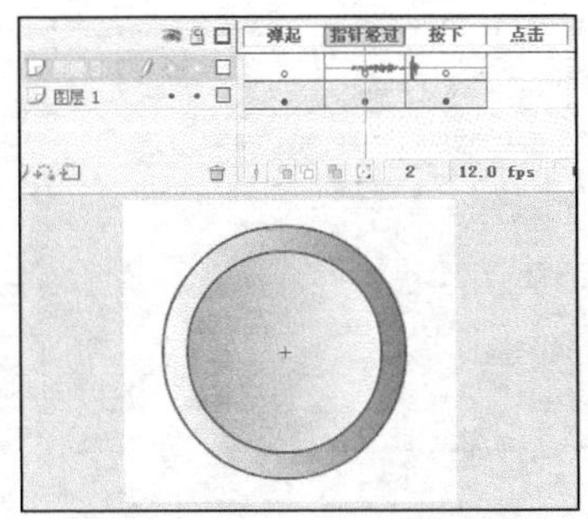

图12-42　自定义带有音效的按钮

图12-43　静音按钮

3. 设计一个动画，让视频画面逐渐旋转并放大，如图 12-44 所示。

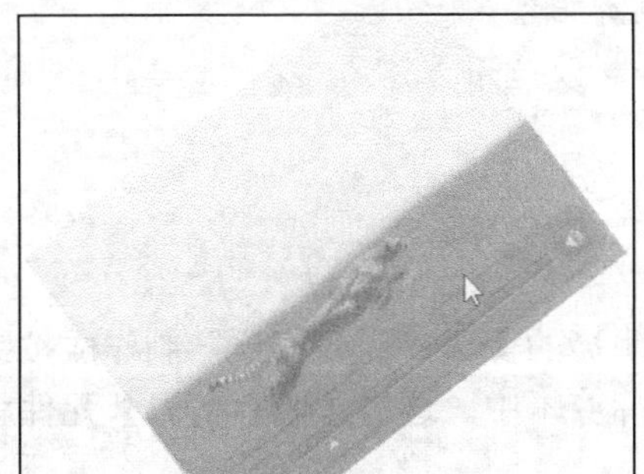

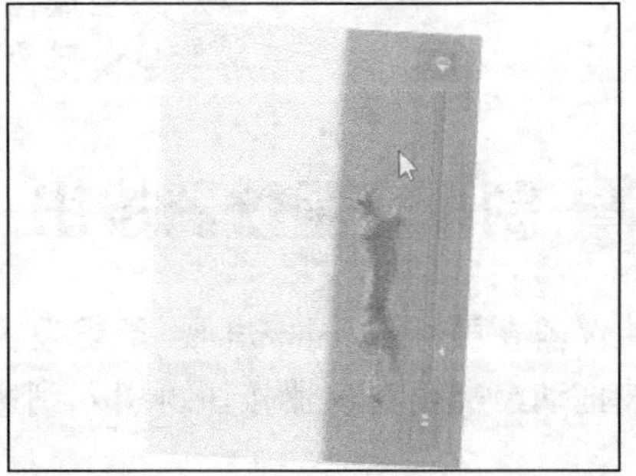

图12-44　旋转视频

项目十三

课件：组装实验仪器

本项目主要制作如图13-1所示的实验仪器组装动画（使用者可以按照提示将各个仪器拖放到合适的位置，以拼装成一个完整的化学试验装置，若操作错误，仪器会返回原始位置）。下面介绍 Flash 中屏幕对象拖放的操作方法，进一步说明 ActionScript 的用法。

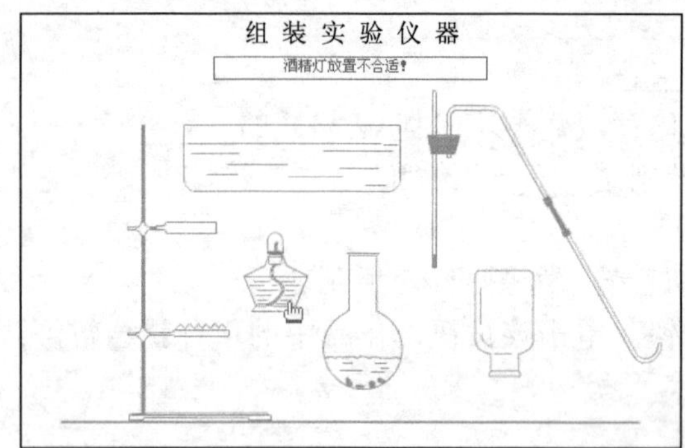

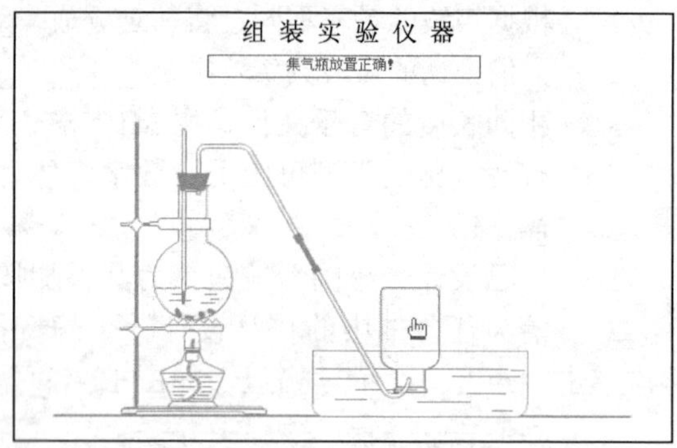

图13-1 “组装实验仪器”动画的画面效果

本项目主要通过以下几个任务完成。

- 任务一 制作实验仪器按钮
- 任务二 定义仪器目标位置
- 任务三 判断仪器位置是否正确

学习目标

掌握【按钮】元件与【影片剪辑】元件区别。
掌握对象碰撞检测的方法。
了解数学模型的分析及应用方法。

任务一 制作实验仪器按钮

为了使仪器在被选择和拖动时，能够发生明显的变化，需要将仪器制作成按钮。为了使仪器能够被拖动，需要将仪器按钮再引入到影片剪辑中。这样【影片剪辑】元件就具有了按钮的效果。

【任务要求】

将各实验仪器制作为包含按钮效果的【影片剪辑】元件。

【操作步骤】

1. 创建一个新的 Flash 文档。
2. 创建 6 个【图形】类型的新元件，按照动画效果的画面要求，分别绘制几个实验仪器（铁架台、烧瓶、酒精灯、水槽、导管和集气瓶）。

说明　在练习时，为了节约时间，大家可以绘制简化图形，或者打开教学辅助资料中的“化学仪器.fla”文件，从其库面板中提取相应的仪器元件。

3. 创建一个【类型】为【按钮】、【名称】为“酒精灯按钮”的元件。在元件编辑窗口中，在【弹起】帧下，将库面板中的“酒精灯”图形元件拖入舞台，与舞台中心对齐，如图 13-2 所示。

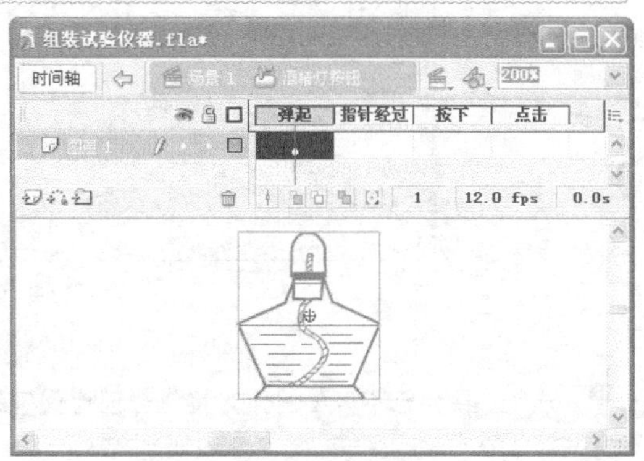

图13-2　引入仪器图形

4. 选择【指针经过】帧，利用 F6 键插入一个关键帧。这时，它会自动继承【弹起】帧中的酒精灯图形。
5. 选择酒精灯对象，在属性面板中设置【颜色】为“色调”；然后选择一种颜色，如青色，则酒精灯的色彩改变为相应的青色，如图13-3所示。这样，就能够使鼠标指针经过时，图形在色彩上有一个明显的变化。

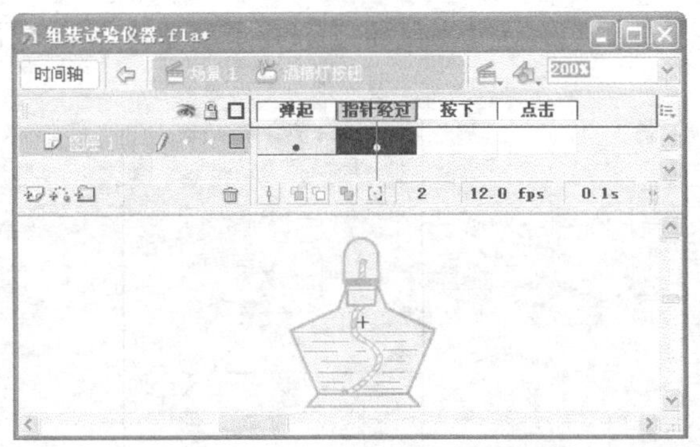

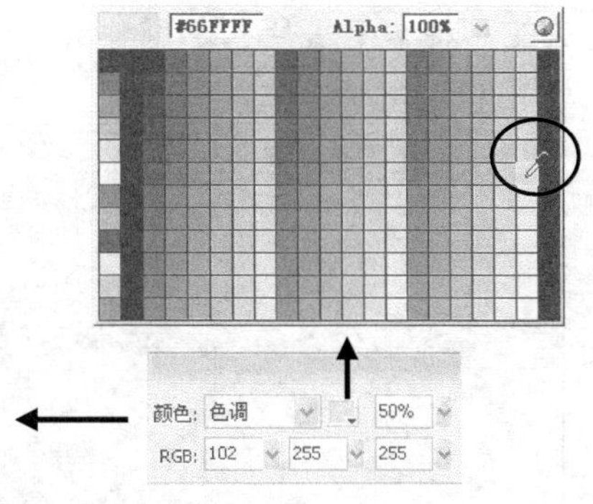

图13-3　改变【指针经过】帧对象的色调

6. 在【按下】帧插入一个关键帧，将酒精灯的色调修改为黄色，如图13-4所示。这样，酒精灯按钮就会在弹起、指针经过及按下情况下表现出 3 种不同的色彩。

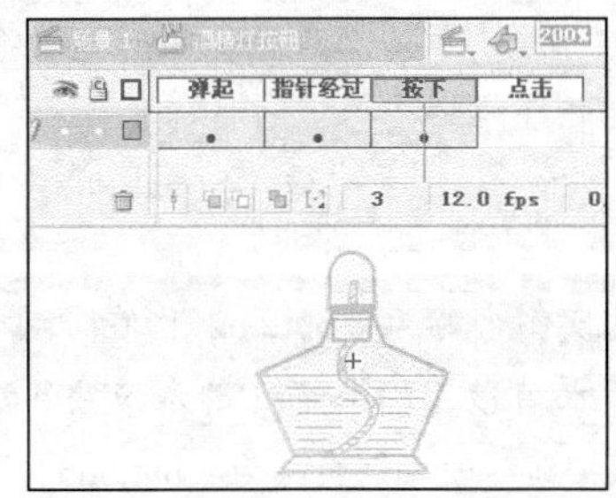

图13-4　修改【按下】帧中对象的色调

7. 同理，重复步骤 3～6，再为其他仪器建立按钮，分别命名为“烧瓶按钮”、“导管按钮”、“水槽按钮”和“集气瓶按钮”，如图 13-5 所示。

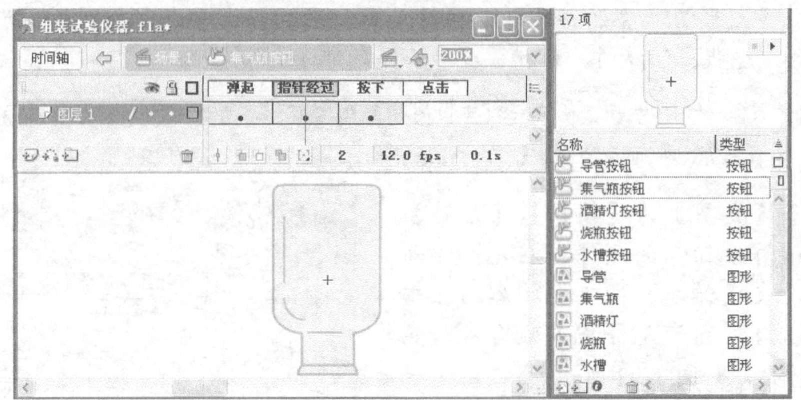

图13-5 创建其他仪器按钮

铁架台不需要制作为按钮，因为仪器的组装要以铁架台为基准进行，铁架台不可移动。

8. 选择【插入】/【新建元件】命令，创建一个【类型】为【影片剪辑】、【名称】为“酒精灯影片”的元件。从【库】面板中拖动“酒精灯按钮”元件到舞台上，定义实例名称为“button1”，如图 13-6 所示。这样，就建立了一个具有按钮特性的【影片剪辑】类型的元件。
9. 同理，将其他蜡烛也都制作成这种能够表现出按钮特性的【影片剪辑】类型的元件，如图 13-7 所示。

图13-6 具有按钮特性的【影片剪辑】类型的元件

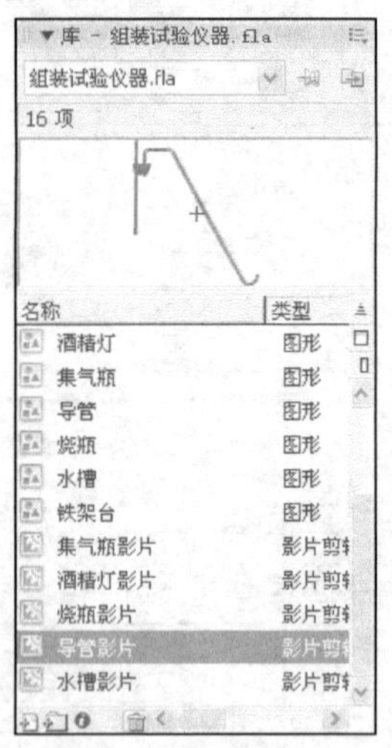

图13-7 创建各仪器元件

要在“烧瓶影片”中定义“烧瓶按钮”的实例名称为“button2”；在“导管影片”中定义“导管按钮”的实例名称为“button3”；在“水槽影片”中定义“水槽按钮”的实例名称为“button4”；在“集气瓶影片”中定义“集气瓶按钮”的实例名称为“button5”。

任务二 定义仪器目标位置

实验仪器在组装时，必然有自己正确的目标位置。在作品中，通过定义这个目标位置，就可以为 hitTest 函数提供判断依据。

【任务要求】

制作一个闪烁的虚线框作为目标区域，分别定义各目标区域的名称。

【操作步骤】

1. 回到【场景 1】编辑窗口，修改“图层 1”的名称为“仪器”。
2. 选择第 1 帧，利用A工具，在舞台上创建内容为“组装实验仪器”的静态文本框，说明动画的题目。
3. 为了对后面的拖放操作有一个提示，再创建一个文本框。在【属性】面板中设置该文本框为“动态文本”，实例名称为“info”，如图 13-8 所示。

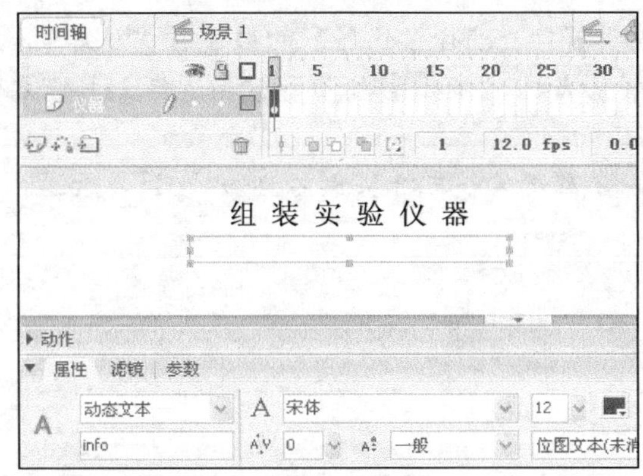

图13-8 创建一个动态文本框

4. 将“铁架台”图形元件拖动到舞台上，并在铁架台下方绘制一条直线，代表桌面，如图 13-9 所示。

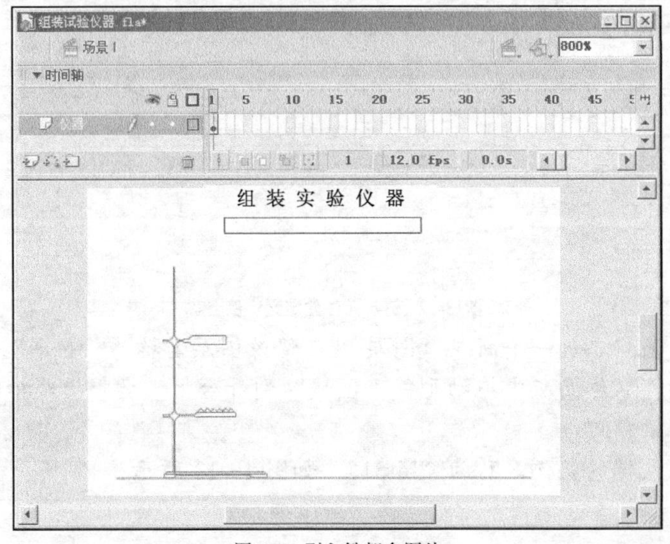

图13-9 引入铁架台图片

5. 选择【插入】/【新建元件】命令，建立一个【类型】为【影片剪辑】、【名称】为“区域”的元件。进入元件编辑窗口，绘制一个没有填充色的矩形框，设置边框线颜色为草绿、样式为虚线，如图 13-10 所示。
6. 在时间轴上添加一些关键帧，创建虚线框闪烁的动画效果，如图13-11 所示。

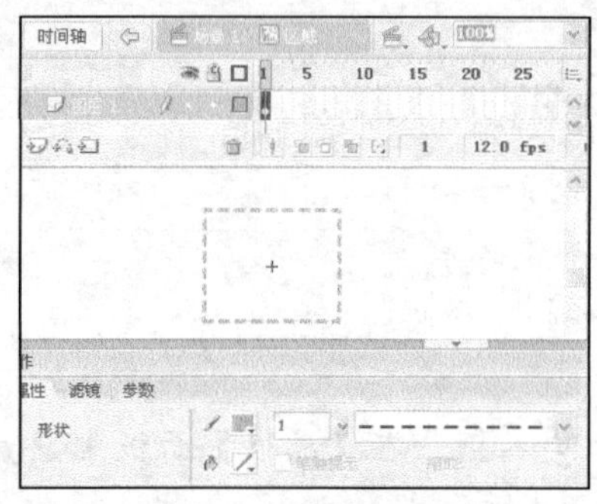

图13-10 绘制矩形框

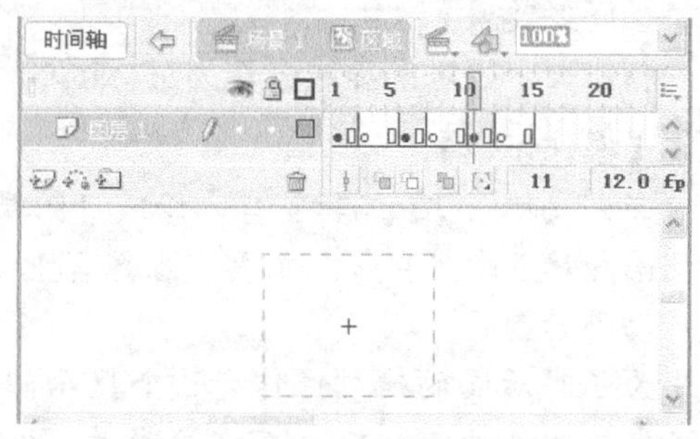

图13-11 创建虚线框闪烁的效果

7. 再回到【场景 1】编辑窗口。选择“仪器”的第 1 帧，从库面板中拖动“酒精灯影片”、“烧瓶影片”、“导管影片”、“水槽影片”和“集气瓶影片”元件到舞台上，并按照仪器正确的位置先摆放好。
8. 在【属性】面板中，分别定义各元件实例名称为“p1”、“p2”、“p3”、“p4”和“p5”，如图 13-12 所示。

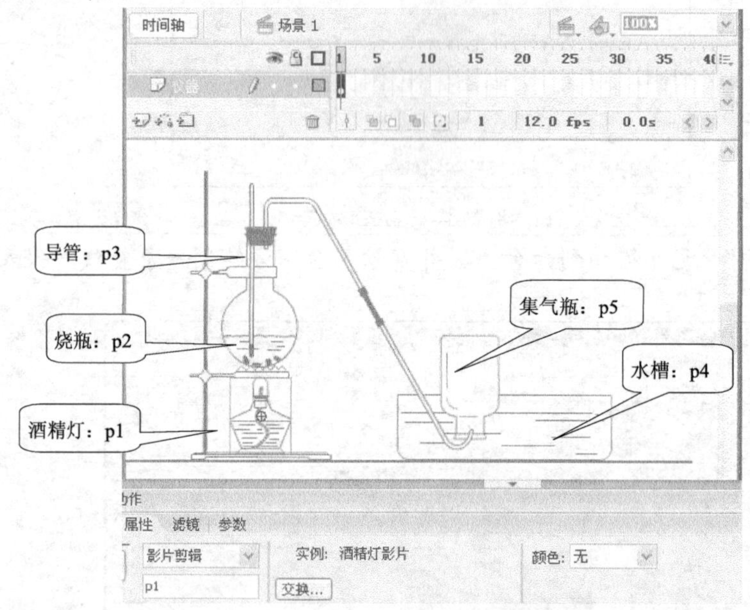

图13-12 引入元件并定义实例名称

9. 在【时间轴】窗口添加一个新层“图层 2”，修改图层名称为“位置”。
10. 选择其第 1 帧，从库面板中拖动元件“区域”到舞台上，调整虚线框的大小和位置，使它恰好包围住酒精灯。
11. 定义“区域”元件的实例名称为“hitp1”，如图 13-13 所示。

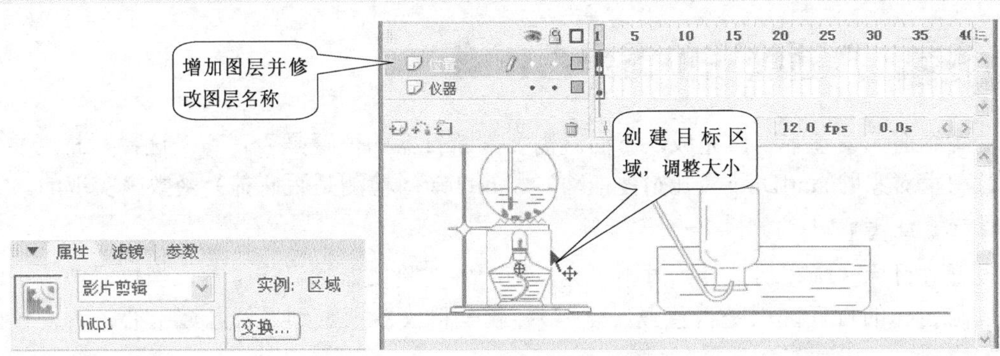

图13-13　建立元件“区域”的实例

目标区域可以比仪器对象要小，不包围仪器，但是区域的中心（形心）一定要与仪器的中心（形心）一致。

说明

12. 同理，再建立“区域”元件的另外4个实例，以分别对应其他仪器的目标区域。调整这些“区域”实例，使它们中心与各自对应的仪器基本重叠，如图13-14所示。分别定义实例名称为“hitp2”、“hitp3”、“hitp4”和“hitp5”。

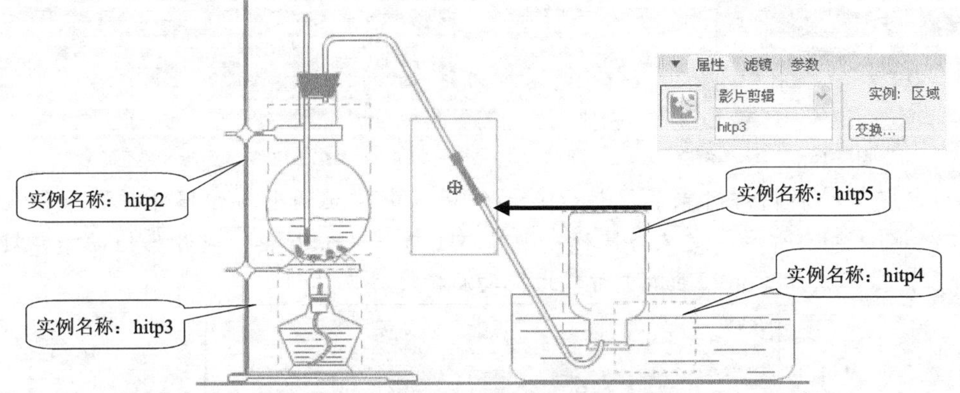

图13-14　创建并调整其他仪器的目标区域

13. 将“仪器”层中的仪器位置打乱，如图13-15所示。

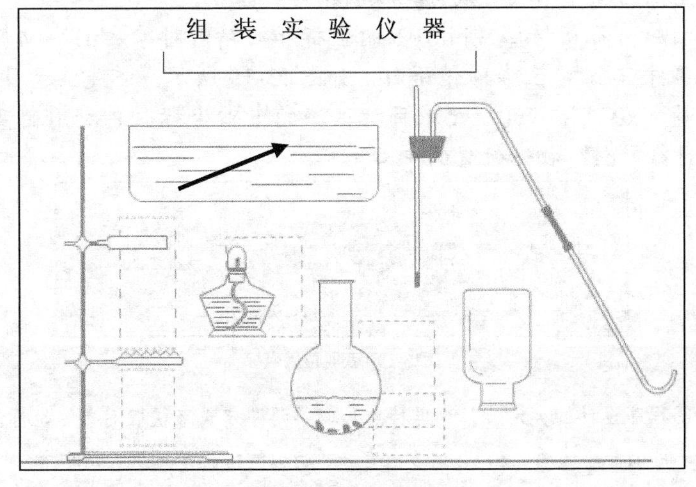

图13-15　打乱仪器位置

任务三 判断仪器位置是否正确

动画画面元素基本制作完成，下面就需要判断仪器的位置是否正确。这种判断主要是利用影片剪辑对象的 startDrag（开始被拖动）和 hitTest（检测是否碰撞）函数来实现的。

【任务要求】

设置各目标区域在动画开始时不可见，拖动各实验仪器到目标位置，当仪器被放下时，判断其与自己的目标区域是否重叠（碰撞），就是将仪器锁定到目标区域中心，否则仪器回到原始位置。利用动态文本框显示信息。

【操作步骤】

1. 在【场景 1】的【时间轴】面板，添加一个新层，命名为“代码”，如图 13-16 所示。
2. 打开【动作】面板，输入如图 13-17 所示代码，定义目标区域不可见。这样，在动画开始播放时，不会显示仪器的目标区域。

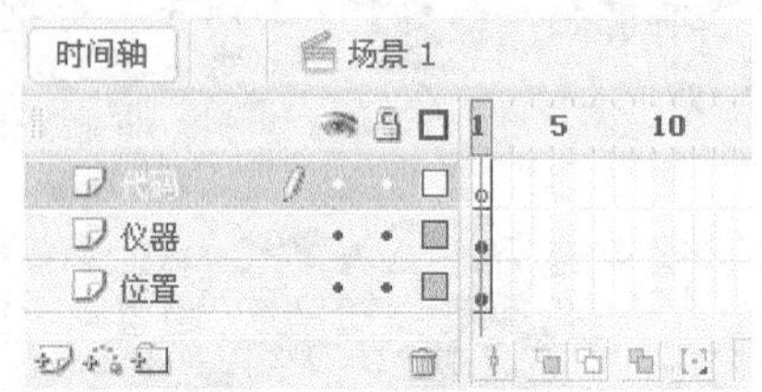

图13-16 添加一个新层

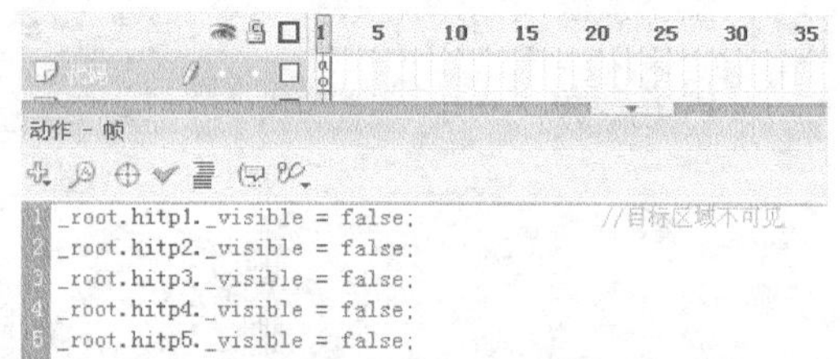

图13-17 定义目标区域不可见

3. 下面来定义对酒精灯对象的操作。在动作面板中建立两个按钮事件并添加相应的语句，如图 13-18 所示，定义当鼠标在酒精灯上按下（onPress）时开始拖动酒精灯对象“p1”，鼠标放开（onRelease）时停止拖动酒精灯对象“p1”。

```
_root.p1.button1.onPress = function() {      //酒精灯的按钮的按下鼠标事件
    _root.p1.startDrag();                     //酒精灯开始被拖动
};
_root.p1.button1.onRelease = function() {    //酒精灯的按钮的松开鼠标事件
    _root.p1.stopDrag();                      //酒精灯停止拖动
};
```

图13-18 定义对主舞台上的酒精灯对象“p1”进行拖放

4. 测试动画，现在已经可以利用鼠标拖放酒精灯对象了。
5. 下面要获得酒精灯目标区域（hitp1）的坐标和酒精灯对象“p1”初始位置的坐标。在“onPress”事件中添加 5 条赋值语句，如图 13-19 所示。首先显示目标区域（hitp1），然后利用变量“x0”和“y0”记录目标区域的中心坐标，再利用变量“x1”和“y1”记录酒精灯对象“p1”初始位置的中心坐标。

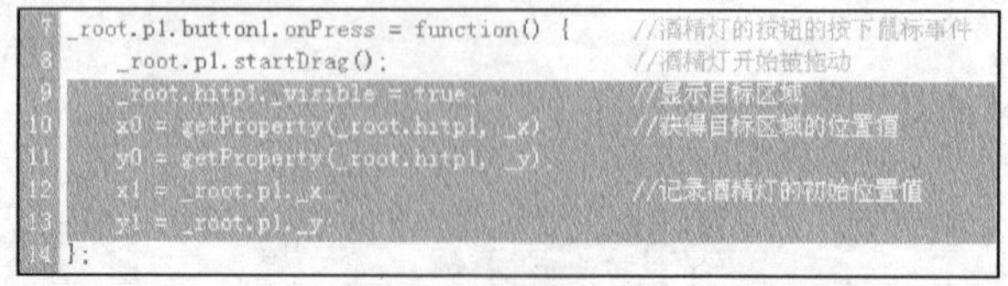

```
_root.p1.button1.onPress = function() {      //酒精灯的按钮的按下鼠标事件
    _root.p1.startDrag();                     //酒精灯开始被拖动
    _root.hitp1._visible = true;              //显示目标区域
    x0 = getProperty(_root.hitp1, _x);        //获得目标区域的位置值
    y0 = getProperty(_root.hitp1, _y);
    x1 = _root.p1._x;                         //记录酒精灯的初始位置值
    y1 = _root.p1._y;
};
```

图13-19 获取位置坐标

说明

为了说明程序设计的灵活性，这里特意采取了两种方式来获取对象的坐标值。两种方式具有相同的作用，可以任意选用。在 Flash 8 中有许多类似的情况，可以灵活运用。

6. 现在要判断当鼠标放开时酒精灯对象“p1”是否被放置到正确的位置。在鼠标松开事件中，首先隐藏目标区域，然后添加一个 if 语句，判断对象是否处于正确的位置，如图 13-20 所示。利用 MovieClip.hitTest 方法判断酒精灯对象“p1”是否命中（hit）指定的位置点（x0,y0）。如果命中，则将（x0,y0）赋值给“p1”，即酒精灯对象“p1”要停留在目标区域；如果没有命中，则将（x1,y1）赋值给“p1”，即酒精灯对象要返回其原始位置。最后，要对判断情况给出提示信息。

```
_root.p1.button1.onRelease = function() {      //酒精灯的按钮的松开鼠标事件
    _root.p1.stopDrag();                        //酒精灯停止拖动
    _root.hitp1._visible = false;               //隐藏目标区域
    if (_root.p1.hitTest(x0, y0, 0)) {          //对于酒精灯,检测其与目标区域是否重叠
        _root.p1._x = x0;                       //若重叠,将酒精灯等于目标区域的位置
        _root.p1._y = y0;
        _root.info = "酒精灯放置正确！";          //提示信息
    } else {                                    //否则
        _root.p1._x = x1;                       //将酒精灯放回其初始位置
        _root.p1._y = y1;
        _root.info = "酒精灯放置不合适！";
    }
};
```

图13-20　判断实例对象“p1”是否被放置到正确的位置

说明

“hitTest”中要区分大小写。ActionScript 严格区分大小写，这一点一定要注意。

7. 测试动画。在酒精灯上按下鼠标左键来拖动它，松开鼠标左键放下酒精灯。如果酒精灯放置的位置不对，会出现“酒精灯放置不合适!”的提示。如果将酒精灯放置到基本合适的位置处（铁架台底座上），则仪器会自动被吸附到准确的位置中心，同时位置标记消失，显示提示“酒精灯放置正确!”，如图 13-21 所示。

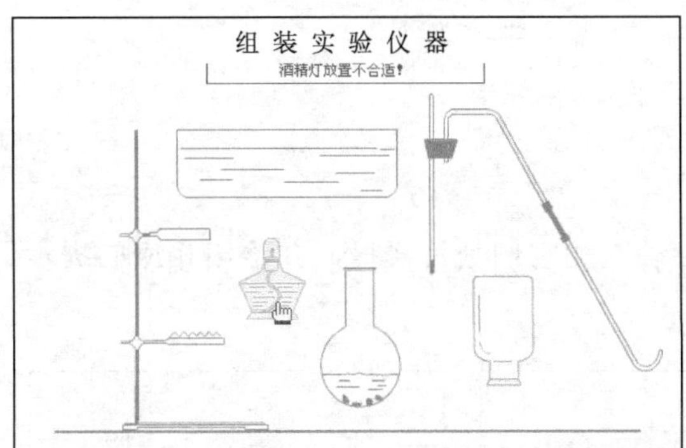

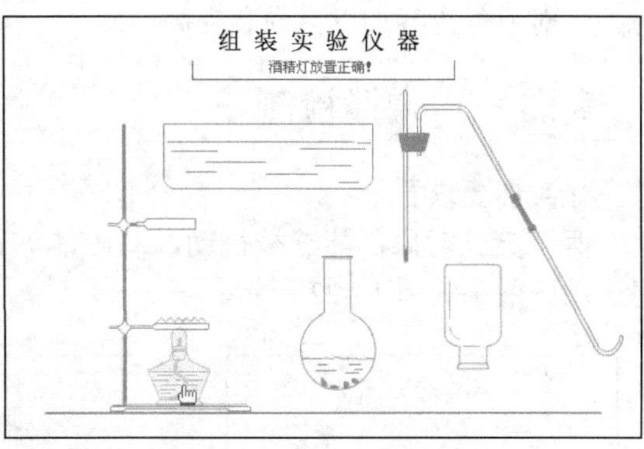

图13-21　测试动画

8. 其他仪器的拖放及位置判断的代码与此类似，例如，下面是集气瓶对象的代码：

```
_root.p5.button5.onPress = function() {      //集气瓶的按钮的按下鼠标事件
_root.p5.startDrag();                         //集气瓶开始被拖动
_root.hitp5._visible = true;                  //显示目标区域
x0 = getProperty(_root.hitp5, _x);            //获得目标区域的位置值
y0 = getProperty(_root.hitp5, _y);
x1 = _root.p5._x;                             //记录集气瓶的初始位置值
y1 = _root.p5._y;
};
```

```
_root.p5.button5.onRelease = function() {  //集气瓶按钮的松开鼠标事件
_root.p5.stopDrag();                        //集气瓶停止拖动
_root.hitp5._visible = false;               //隐藏目标区域
if (_root.p5.hitTest(x0, y0, 0)) {       //检测集气瓶对象与目标区域是否重叠
    _root.p5._x = x0;                    //若重叠,将集气瓶等于目标区域的位置
    _root.p5._y = y0;
    _root.info = "集气瓶放置正确！";            //提示信息
} else {                                    //否则
    _root.p5._x = x1;                       //将集气瓶放回其初始位置
    _root.p5._y = y1;
    _root.info = "集气瓶放置不合适！";
}
};
```

9. 全部设置完成后，测试动画播放情况。可见每个仪器在鼠标指针经过和拖动时都有明显的色彩变化。仪器被拖动到基本合适的位置松开后，就会被锁定到完全正确的位置，否则返回原位置。同时，对于每次操作正确与否都给出了提示。

项目实训

完成项目十二的各个任务后，读者初步掌握了学习目标中所阐述的内容，以下进行实训练习，对所学内容加以巩固和提高。

实训一　碰撞检测

【实训要求】

两个笑脸对象都能够被拖动，动画能够自动检测它们是否碰撞，并给出相应的提示信息。动画效果如图 13-22 所示。

图13-22　碰撞检测

【操作步骤】

1. 创建两个【影片剪辑】类型的元件，其中一个绘制大的笑脸，另外一个引入一个 GIF 动画，如图 13-23 所示。

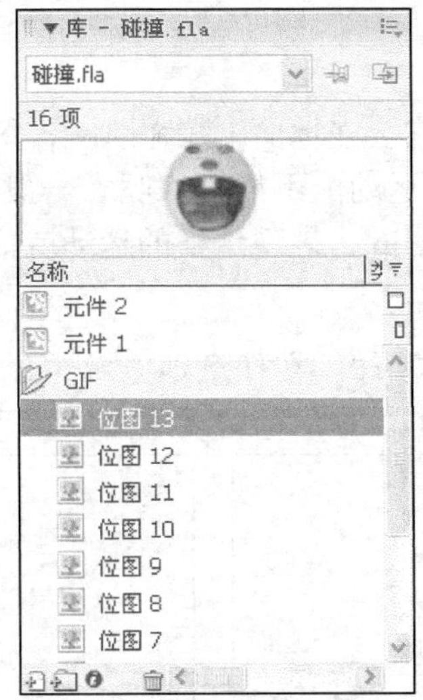

图13-23　创建两个元件

2. 将两个元件拖入到舞台中，分别命名实例名称为“face1”和“face2”。
3. 创建一个文本框，设置【类型】为“动态文本”，实例名称为“info”。
4. 在【场景 1】第 1 帧中，输入如下代码：

```
this.onEnterFrame = function() {
if (_root.face1.hitTest(_root.face2))
    _root.info.text = "嘿，碰到了！";
else
    _root.info.text = "哦，没碰到！";
}
_root.face1.onPress = function(){
_root.face1.startDrag();
}
_root.face1.onRelease = function(){
_root.face1.stopDrag();
}

_root.face2.onPress = function(){
_root.face2.startDrag();
}
_root.face2.onRelease = function(){
_root.face2.stopDrag();
}
```

5. 不需要对其他实例对象进行调整和编写代码。测试动画，可见已经实现了需要的动画效果。

实训二　蹦跳的篮球

把一个篮球从半空中抛下，它会在地面上蹦蹦跳跳，每次抛球的高度不同，篮球弹跳的高度、次数也不同。这样的一个运动能不能模拟呢？一般的动画软件在表现时都会比较困难，但是因为 Flash 中有 ActionScript，表现这样的运动就很简单了。

【实训要求】

画面的上方，有一个转动的篮球。在任意地方单击鼠标，都会有一个篮球从该位置落下，在地面上蹦跳反弹，逐渐降低，最后停留在地面上。动画效果如图 13-24 所示。

图13-24　蹦跳的篮球

【基础知识】

首先来分析一下篮球下落和弹起时的运动状态。

(1)　篮球下落

篮球下落的运动状态如图 13-25 所示，此时篮球要加速下落，即下落速度越来越快。在计算机屏幕坐标系下，这时篮球的 y 坐标要增加，而且这种增加的幅度要越来越大。

因此，我们需要设定一个参数 g，用于模拟重力值。下落过程的每一次循环，下落速度都需要用 g 加以修正。

设篮球当前位置坐标为 y1，下落的速度为 yspeed，则下一下落速度为：

```
yspeed=yspeed+g  （下落速度加快）
```

下一位置的坐标值 y2 为：

```
y2=y1+yspeed    （下落距离越来越大）
```

(2)　篮球弹起

篮球弹起的运动状态如图 13-26 所示。此时篮球要减速上升，即上升速度越来越慢，最终变化为 0。在计算机屏幕坐标系下，这时篮球的 y 坐标要减小，而且这种减小的幅度在变小。

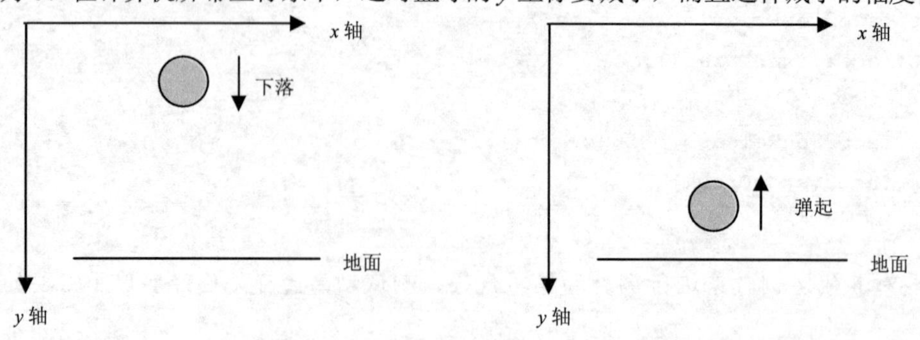

图13-25　篮球下落　　　　图13-26　篮球弹起

问题是，当篮球到达地面时，其速度值为正，数值较大。为使篮球反向弹起，需要使速度转化为负值，然后在重力值的作用下，使其渐趋于 0。

设篮球到达地面时，速度为 yspeed0，则在理想状态下，其反弹速度 yspeed1 应为：

```
yspeed1=-yspeed0    （反弹速度与下落速度大小相等，方向相反）
```

若弹起过程的某位置坐标为 y1，上升的速度为 yspeed，则下一上升速度为：

```
yspeed=yspeed+g  （由于此时 yspeed 为负值，而 g 为正，所以 yspeed 渐小）
```

下一位置的坐标值 y2 为：

```
y2=y1+yspeed   （篮球位置向上变化）
```

> 说明　提示：一定要注意在篮球弹起时，yspeed 的数值为负值。这样就容易理解篮球速度和位置的变化情况了。

通过上面的分析，可以总结篮球速度和位置的变化规律。不论篮球是下落还是弹起，其速度公式和位置公式都是：

```
yspeed=yspeed+g  ，  即：  yspeed +=g
y2=y1+yspeed     ，  即：  y +=yspeed
```

【操作步骤】

1. 在文档中导入一个图片作为背景，查看图片的属性，然后根据其大小设置文档的舞台大小。
2. 创建地面。在【时间轴】面板添加一个新层“图层 2”，在其第 1 帧，绘制一个黑色边框、土色填充的矩形，矩形的宽、高和位置属性如图 13-27 所示。这个矩形恰好覆盖住舞台的下面，可以用来表现篮球蹦跳的地面。

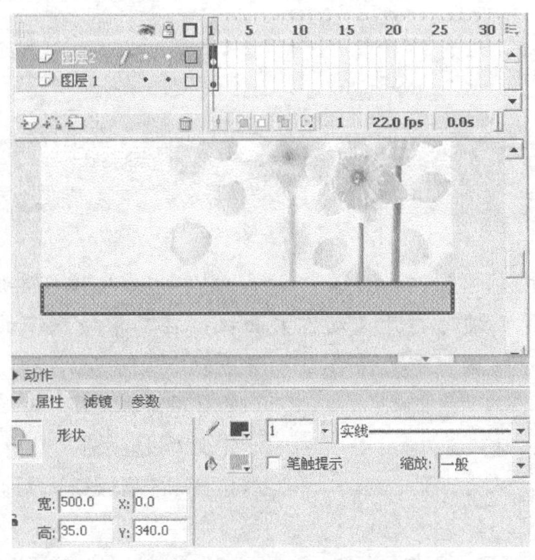

图13-27　绘制代表地面的矩形

> 说明　这里矩形的 y 坐标“340.0”是一个非常重要的数据，下面来判断篮球是否抵达地面，就使用这个数值。

3. 创建【影片剪辑】类型的“篮球”元件。使用绘图工具绘制一个深红色的篮球，并设

置篮球与舞台中心对齐，如图 13-28 所示。

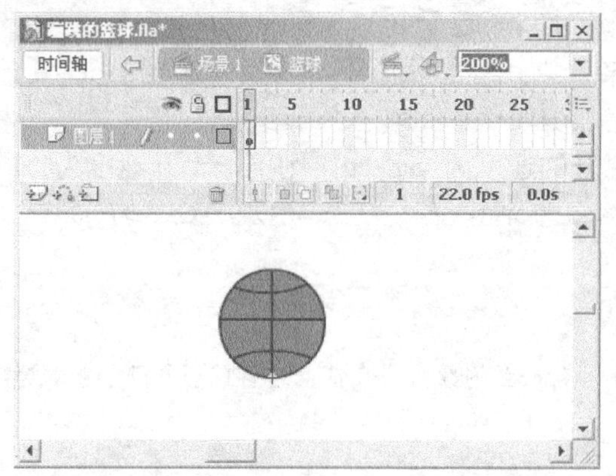

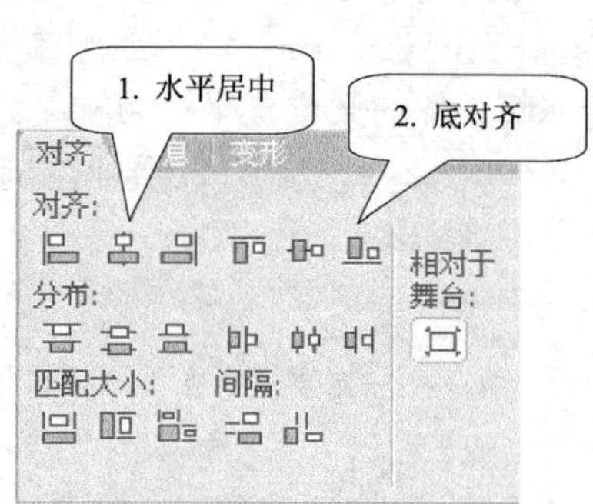

图13-28 创建“篮球”元件

4. 创建一个【影片剪辑】类型的“篮球转动”元件。选择第 1 帧，设置【补间】为“动画”，【旋转】为“顺时针”，旋转数为“1”，如图 13-29 所示。
5. 回到【场景 1】，在【时间轴】面板添加一个新层“图层 3”。从【库】面板中将“篮球转动”元件拖入舞台，调整实例位置，使其位于画面上部居中位置。定义实例名称为“ball”，如图 13-30 所示。

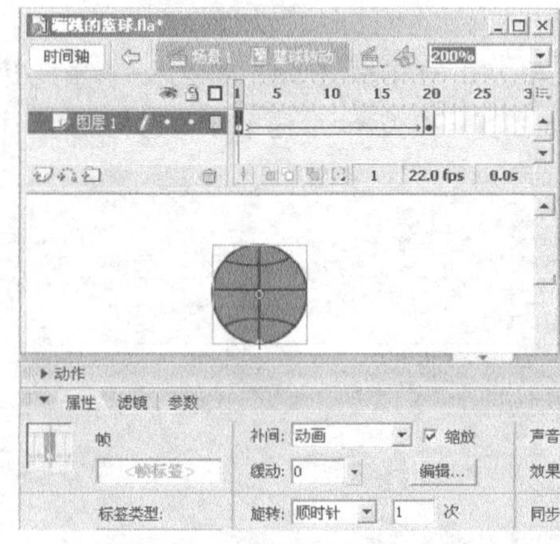

图13-29 创建“篮球转动”元件

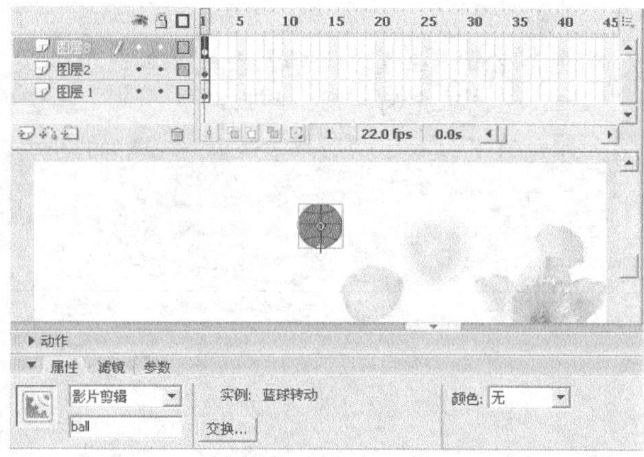

图13-30 引入“篮球转动”元件并定义实例名称

6. 选择“图层 3”的第 1 帧，打开【动作】面板，在其中输入下面的代码，定义篮球出现在鼠标单击位置，并初始化重力值参数和速度值。

```
g = 2;                              //设置重力值参数，此为经验值
onMouseDown = function () {         //定义“鼠标按下”事件的处理函数
_root.ball._x = _root._xmouse;      //定义球的坐标等于鼠标按下点的坐标
_root.ball._y = _root._ymouse;
yspeed=0;                           //速度参数的初始值为 0
this.onEnterFrame = function() {    //只要在当前帧，就反复执行本事件
        yspeed +=g;                 //修正速度值
        _root.ball._y += yspeed;    //篮球位置的变化
        if (_root.ball._y>=340) {   //当篮球到达地面时
```

```
                _root.ball._y = 340;    //篮球不能低于地面，最终停留在地面
                yspeed *= -0.9;         //速度反向。0.9是经验值，加速运动收敛
                }
        }
}
```

7. 测试作品。可以看到，在画面的任何位置单击鼠标，都会有篮球落下，在地面上反复弹跳，并最终停留在地面上。

项目小结

本项目主要目的是使读者理解屏幕对象的拖放操作。这个动画虽然并不复杂，但是其中包含了如何实现对象拖放的基本原理。要拖放一个对象，就要使对象能够响应鼠标按下（onPress）和鼠标放开（onRelease）事件。影片剪辑和按钮元件的实例都能够接受这些事件。但是，一方面，只有按钮元件能够在光标经过和按下时表现出与弹起时不同的外观；另一方面，要对对象进行拖放控制和位置检测等，该对象就必须是影片剪辑。所以要实现本范例动画的效果要求，被拖动的对象必须既是按钮的实例，又是动画的实例，是二者的结合。

在实际动画设计过程中，特别是在模拟一些现实对象时，对象的运动分析是非常有必要的。只有正确理解运动的过程，合理使用数学工具，总结出对象的运动规律和公式，才能够设计出逼真的动画作品。

在Flash 8所使用的ActionScript 2.0中，代码允许附加在对象上，即可以在对象上添加代码。但是在Flash CS3所使用的ActionScript 3.0上，已经不允许在对象上附加代码了，代码只能在帧上书写。虽然Flash 8和ActionScript 2.0的功能已经足够我们使用，但是作为一种规范，希望读者能够重视这个问题，尽可能将代码写在帧上。

思考与练习

1. 设计一个“心花怒放”的动画，用一颗跳动的心替代光标，在花丛中移动。动画效果如图13-31所示。

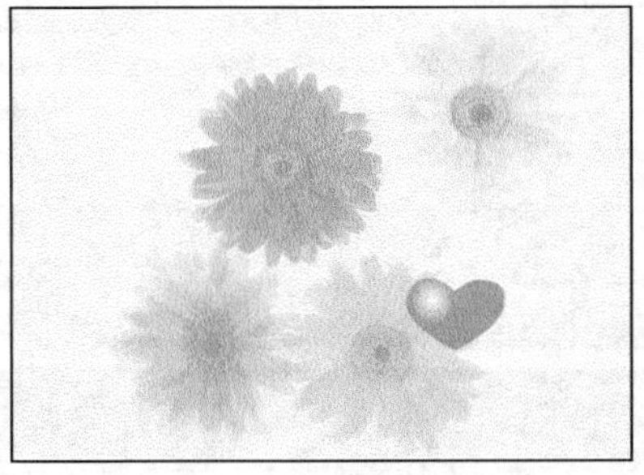

图13-31　心花怒放

2. 设计“金属活动顺序表”动画。要求按照金属的活动性，拖动给定的金属元素（以

金属符号的形式给出），将其排列在合适的位置。按下鼠标开始拖动对象，松开鼠标停止拖动。若位置正确，金属就停留在该位置，否则回到原始位置。动画效果如图 13-32 所示。

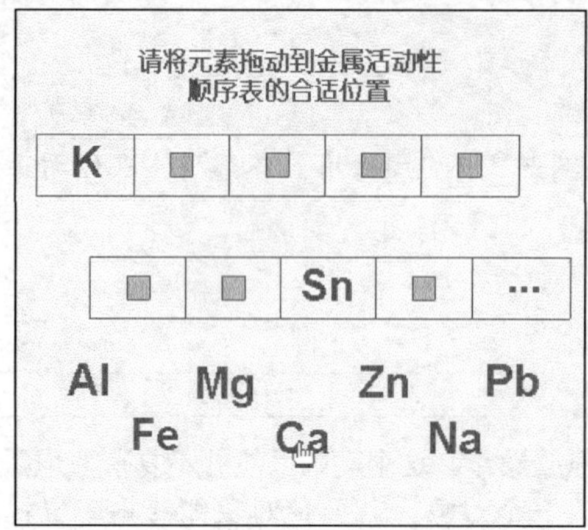

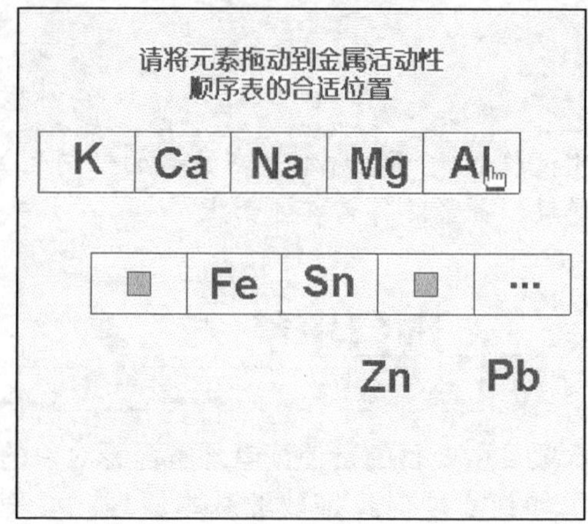

图13-32 金属活动性顺序表

3. 设计“函数曲线”动画。动画首先显示一个坐标轴和两个按钮，单击按钮会在画面上绘制相应的正弦曲线或余弦曲线。画面效果如图 13-33 所示。

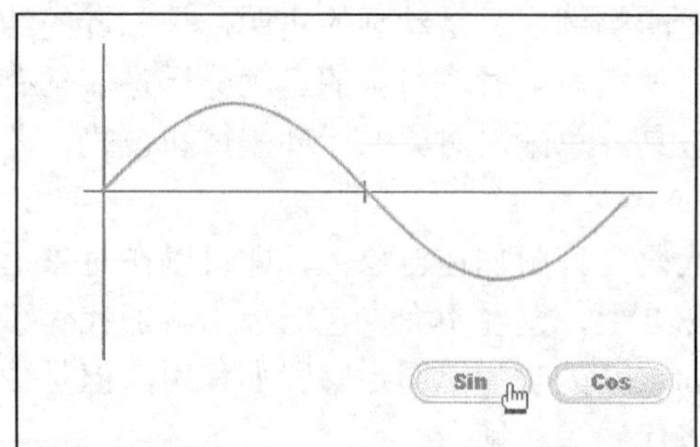

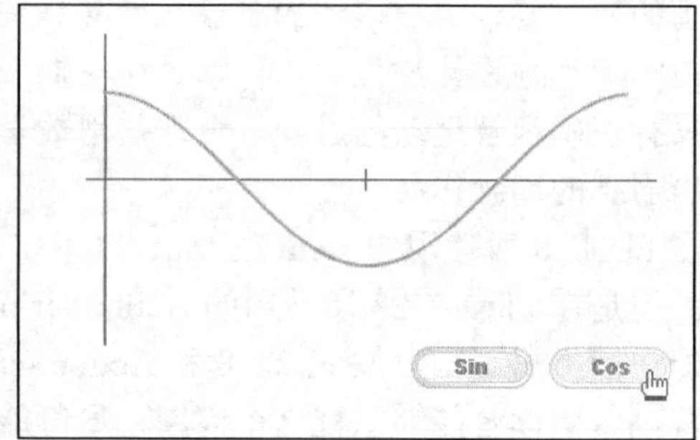

图13-33 函数曲线